국민대학교 중국인문사회연구소 지식계보 시리즈 1

중국 과학 지식 엘리트
중국과학원 원사(1955~2009)

1. 이 저서는 2009년 정부(교육과학기술부)의 재원으로 한국연구재단의 지원을 받아 연구되었음(KRF-2009-362-B00011).

2. 본 저서의 일부 내용은 「중국 과학 공동체의 형성과 작동 원리에 관한 연구: 중국과학원 원사의 경력 네트워크 분석을 중심으로」(『한중사회과학연구』 10권 2호)와 「과학과 민주의 현주소: 중국 과학기술 민주주의를 중심으로」(『중국과 중국학』 제16호)에서 발표된 바 있다.

3. 본 저서의 중국어 표기는 국립국어원 외래어 표기법의 기준에 따랐다.

국민대학교 중국인문사회연구소 지식계보 시리즈

중국 과학 지식 엘리트
중국과학원 원사(1955~2009)

유정원 · 김판수 공저

學古房

PREFACE

　중국 과학기술은 괄목할 만한 성장을 하고 있다. 2010년 '중국 과학기술 발전 보고(中國科學技術發展報告)'에 따르면 중국의 R&D 지출은 해마다 평균 20% 이상 성장하였으며 2010년 R&D 총 지출은 7062.6억 위안으로 2005년의 2.9배에 해당한다. 중국의 R&D 지출 총액은 2005년 세계 6위에서 2010년 3위로 3계단 상승했다. 보고에 따르면 중국의 과학기술 인적 자원은 세계 1위 수준으로 총 5100만 명에 달하였으며 2005년에 비해 46% 성장했다. 과학기술 분야에 대한 인적, 물적 자원의 증대는 과학기술 분야의 성과로 이어졌다. '중국 과학기술 발전 보고'는 2010년 중국의 SCI급 논문이 13만 편이며 2005년 세계 5위에서 그 순위가 3단계 상승하여 2010년 세계 2위를 차지하였다고 발표하였다. 논문의 질적 우수성을 평가하는 지표가 되는 인용지수도 2005년 세계 13위에서 2010년 8위로 상승하였다. 2010년 81.5만 건의 특허등록 중 13.5만 건이 발명특허이며 2005년 대비 전체 특허등록은 3.6배 증가하였고 발명특허는 2.6배 증가하였다. 중국은 2010년 현재 세계 3위의 특허 보유국이다. 2010년 국제 특허출원은 총 1.2만 건으로 2005년 세계 10위에서 4위로 상승하였다. 중국의 첨단기술 산업 총생산량은 74,708.9억 위안으로 2005년 대비 2.2배 성장하였고 세계 2위를 차지하고 있다. 첨단 기술 수출 총액은 4924억 달러로 2005년 대비 2.3배 성장하였다.

　이러한 중국 과학기술 성장 요인을 크게 두 가지로 요약할 수 있다. 먼저 기업 중심의 연구 체제로의 전환이다. 개혁개방이후 중국정부는 과학기술 연구의 폐쇄성을 극복하고 연구의 다각화를 모색하기 위하여 과학기술 체제 개혁을 실시하였다. 그 결과 시장 체제 하에서 기업을 주체로 한 기술 경쟁 체제가 형성되었다. 생산성 증대와 이윤확대를 목적으로 하는 기업의 R&D 투자가 증가하면서 기업은 연구비와 연구 인력 면에서 정부 산하 연구기관을 압도하게 되었다. 2011년 과학기술통계연감에 의하면 현재 기업의 R&D 종사자는 2,185,241명으로 연구기관(323,034명)과 고등교육기관(509,366명)을 월등히 앞서고 있으며, R&D 지출도 42억 4천 8백만 위안으로 연구기관(9억 9천 5백만 위안)과 고등교육기관(4억 6천 8백 만 위안)의 지출을 크게 상위하고 있다. 이러한 까닭에 시장에서 경쟁력을 확보하기 위한 기업의 투자는 중국 과학기술 수준을 향상시킨 중요한 요인이라고 여겨지고 있다.

그러나 기업 연구비의 약 98%가 실험개발비로 지출되고 있는 상황에서 기업의 연구 활동으로 과학기술 발전에 필요한 모든 연구가 수행될 것이라고 기대하는 것은 무리가 있다. 기초연구와 응용연구를 담당하는 정부 산하 연구기관과 고등교육기관은 각각 연구비의 85%와 56%를 정부로부터 지원받고 있다. 중국 정부는 정부 산하 연구소를 기업으로 이전하거나 연구형 기업으로 독립시킨 후 직접 연구를 진행하기보다는 기초과학과 공공성 연구를 지원하고 있다. 정부의 연구 지원은 과학연구의 목표와 계획에 따라 선택적으로 이루어진다. '2001~2005 국민경제사회발전 제10차 5개년 계획 강요(國民經濟社會發展第十個五年計劃綱要)'는 "과학기술의 혁신 역량을 제고하여 기술 초월식(跨越式) 발전을 실현"할 것과 "상대적으로 유리한 영역에서 먼저 세계 선진국 수준에 도달하여 초월이 가능한 부문이 먼저 돌파구 마련"하도록 목표를 설정하고 이를 위해 '국가혁신체제(國家創新体系)'를 건설하기로 결정하였다. 5년 후, '2006~2010 제11차 5개년 계획 강요'에서는 "과학기술과 교육으로 국가를 부흥하게 한다(科敎興國)"는 전략에 맞추어 자주혁신 역량 강화와 우수 인재양성을 목표로 중대 과학기술 기초시설 건설, 산학연기술혁신 체제 구축, 교육 예산 확충 등의 계획안을 발표하였다. 이와 더불어 중국 정부는 5개년 계획보다 중장기적인 관점에서 과학기술 발전을 도모하기 위해 '2006~2020년 국가 중장기 과학기술발전계획강요(國家中長期科學和技術發展規劃綱要)' (이하 '중장기 발전계획')을 수립하였다. '중장기 발전계획'은 특히 "현재 기술 수준과 필요에 입각하여 몇 가지 중점 영역을 설정하고 핵심 기술을 개발하여 돌파구를 마련한 후, 기술 능력을 전반적으로 향상시키는 것", "국가 목표에 초점을 맞춘 중요 프로젝트를 실시하고 초월식 발전을 실현한 후 나머지 공백을 메우는 것"을 발전 방식으로 지정했다. 중국 정부의 과학기술 정책은 정부가 경쟁력 있는 특정 영역에 대한 집중 투자를 통하여 혁신 기술 개발에 성공한 후 이를 원동력으로 전 영역에 걸친 기술 향상을 도모하는 선택적·집중적 개발 전략을 추진하고 있다는 사실을 보여주고 있다.

이러한 전략이 성공하기 위해서는 무엇보다도 과학 엘리트의 역할이 중요하다. 우선 기본적으로 과학 엘리트는 연구를 수행하는 주체이다. 과학 엘리트가 자신의 지식과 경험을 바탕으로 경쟁력 있는 연구 성과를 도출할 때 중국은 목표로 삼고 있는 기술 혁신에 도달할 수 있다. 또한 중국의 과학 엘리트는 과학기술 정책 수립 과정에 참여하여 과학기술의 혁신방향을 제시하는 역할을 담당한다. 과학 엘리트의 의견을 청취하여 정부는 중점 영역을 선정하고 개발 목표를 수립하며 구체적으로는 개발 프로그램을 계획하고 관련 연구를 지원한다. 중국 정부의 정책과 계획이 중국 과학기술의 발전에 미치는 영향력을 생각할 때, 정책 과정에 참여하여 의견을 개진하는 과학기술 엘리트의 역할은 그들이 실제 연구를 통해 도출한 연구 성과만큼이나 중요하다고 할 수 있다.

본 저서가 중국 과학엘리트 중에서도 중국과학원의 원사를 선정하여 지식계보를 작성한 것은 두 가지 이유에서이다. 먼저, 중국과학원은 중국 과학기술계를 대표하는 최고수준의 학술기구, 연구소, 자문기관으로 국가의 중요한 과학연구를 담당할 뿐만 아니라 과학기술 관련 정책에 관한 전문적인 자문을 제공한다. 대표적으로 1997년 '지식경제시대를 맞아 국가혁신체제를 건설하자(迎接知識經濟時代建設國家創新体系)'는 내용의 연구보고서를 정부에 제출하여 과학기술 정책의 새로운 방향을 제시하였고 이후 '지식혁신공정(知識創新工程)'의 시범기지로 선정되어 정부의 지원을 받게 되었다. 이처럼 중국과학원은 국가급 자문기관으로서 중요한 정책을 제안하며, 정부는 중대한 정책 과제를 중국과학원을 통하여 수행한다.

중국과학원 원사(院士)는 국가가 설립한 과학기술 방면의 최고 학술 칭호이다. 원사로 선출되면 전공에 맞추어 중국과학원 학부(學部)에 소속되게 되는데, 원사로 구성된 중국과학원 학부는 국가의 사회경제 발전에 필요한 과학기술 문제, 과학기술 발전 계획, 학술 발전 전략 및 과학기술 정책에 관한 자문을 담당한다. 또한 주요 연구영역, 연구계획, 연구기관의 학술적인 문제를 논의하고 지도한다. '중국과학원 원사장정(中國科學院院士章程)'이 규정하고 있는 원사의 책무를 고려할 때, 국가급 자문기관인 중국과학원에서 그 역할을 실질적으로 담당하고 있는 것은 과학원 원사라고 할 수 있다. 따라서 과학원 원사는 중국에서 가장 영향력 있는 과학 엘리트이다.

본 저서는 1955년부터 2009년까지 선발된 과학원 원사 1141명의 출신 지역, 출신 학교, 경력, 학문적·사회적 영향력을 조사·분석한 결과를 책으로 묶은 것이다. 중국 과학기술의 성장과 부상이 세간의 주목을 받고 있는 만큼 중국 최고 엘리트인 과학원 원사에 대한 학계의 궁금증도 커지고 있을 것이라고 판단된다. 중국 최고 과학 엘리트 계층 속성과 중국 과학지식 사회의 특징을 파악하는데 본 연구가 미약하나마 도움이 되기를 바래본다.

CONTENTS

서문

I. 중국 과학기술 성장의 특징 • 13

   1. 과학기술 정책 수립과 민주주의 ·· 13
   2. 엘리트 중심의 과학기술 성장 ·· 17
   3. 과학기술의 전략적 발전 ··· 23

II. 중국 과학발전과 중국과학원 원사 • 27

   1. 과학체제의 변화와 중국과학원 원사 ·· 27
   2. 과학원 원사제도의 변천 ··· 29

III. 중국과학원 원사(1955~2009)의 경력네트워크 • 37

   1. 중국과학원 원사의 구성 ··· 37
   2. 원사의 학술 업적 • 사회적 영향력 ·· 41
   3. 경력과 원사의 네트워크 ··· 45
   4. 경력네트워크의 영향력 분석 결과 및 해석 ······························ 48

Ⅳ. 역대 중국과학원 원사의 구성과 특징 · 53

1. 1955년 원사 ··· 53
2. 1957년 원사 ··· 59
3. 1980년 원사 ··· 63
4. 1991년 원사 ··· 69
5. 1993년 원사 ··· 74
6. 1995년 원사 ··· 78
7. 1997년 원사 ··· 83
8. 1999년 원사 ··· 87
9. 2001년 원사 ··· 91
10. 2003년 원사 ··· 96
11. 2005년 원사 ··· 100
12. 2007년 원사 ··· 104
13. 2009년 원사 ··· 108

참고문헌 · 113

부   록 : 역대 중국과학원 원사명단(1955~2009) · 117

[표목차]

[표 Ⅰ-1] 과학기술 정책 의사 과정 모델 ·················· 15
[표 Ⅱ-1] 중국과학원 원사(학부위원) 선출 현황 ·············· 34
[표 Ⅲ-1] 선발된 원사 수 ···························· 38
[표 Ⅲ-2] 학부별 원사 선발 현황 ······················· 38
[표 Ⅲ-3] 원사 선발 당시 연령 비교 ····················· 40
[표 Ⅲ-4] 학술 업적·사회 영향력 평균 비교 ················ 41
[표 Ⅲ-5] 원사의 교육 및 경력 기관 비교 ·················· 44
[표 Ⅲ-6] 2009년 선출 원사의 연구·교육 기관 연결 관계 예시 46
[표 Ⅲ-7] 2009년 선출 원사-기관 연결 행렬표 예시 ··········· 47
[표 Ⅲ-8] 2009년 원사 간의 연결 중심성 측정 결과 예시 ······· 47
[표 Ⅲ-9] 경력 네트워크와 학술적 영향력 상관관계 분석 결과 · 49
[표 Ⅲ-10] 경력 네트워크와 사회적 영향력 상관관계 분석 ······ 50
[표 Ⅳ-1] 1955년 과학원 원사의 구성과 특징 ··············· 55
[표 Ⅳ-2] 1957년 과학원 원사의 구성과 특징 ··············· 61
[표 Ⅳ-3] 1980년 과학원 원사의 구성과 특징 ··············· 65
[표 Ⅳ-4] 1991년 과학원 원사의 구성과 특징 ··············· 70
[표 Ⅳ-5] 1993년 과학원 원사의 구성과 특징 ··············· 75
[표 Ⅳ-6] 1995년 과학원 원사의 구성과 특징 ··············· 79
[표 Ⅳ-7] 1997년 과학원 원사의 구성과 특징 ··············· 84
[표 Ⅳ-8] 1999년 과학원 원사의 구성과 특징 ··············· 88
[표 Ⅳ-9] 2001년 과학원 원사의 구성과 특징 ··············· 93
[표 Ⅳ-10] 2003년 과학원 원사의 구성과 특징 ·············· 97
[표 Ⅳ-11] 2005년 과학원 원사의 구성과 특징 ············· 101
[표 Ⅳ-12] 2007년 과학원 원사의 구성과 특징 ············· 105
[표 Ⅳ-13] 2009년 과학원 원사의 구성과 특징 ············· 109

[그림목차]

[그림 Ⅳ-1] 1955년 과학기관과 과학자의 연결망 ·················· 56
[그림 Ⅳ-2] 1955년 원사 연결중심성과 기관 ······················· 58
[그림 Ⅳ-3] 1957년 과학기관과 과학자의 연결망 ·················· 62
[그림 Ⅳ-4] 1980년 과학기관과 과학자의 연결망 ·················· 67
[그림 Ⅳ-5] 1980년 원사 연결중심성과 기관 ······················· 68
[그림 Ⅳ-6] 1991년 과학기관과 과학자의 연결망 ·················· 72
[그림 Ⅳ-7] 1991년 원사 연결중심성과 기관 ······················· 73
[그림 Ⅳ-8] 1993년 과학기관과 과학자의 연결망 ·················· 76
[그림 Ⅳ-9] 1993년 원사 연결중심성과 기관 ······················· 77
[그림 Ⅳ-10] 1995년 과학기관과 과학자의 연결망 ················· 81
[그림 Ⅳ-11] 1995년 원사 연결중심성과 기관 ······················ 82
[그림 Ⅳ-12] 1997년 과학기관과 과학자의 연결망 ················· 85
[그림 Ⅳ-13] 1997년 원사 연결중심성과 기관 ······················ 86
[그림 Ⅳ-14] 1999년 과학기관과 과학자의 연결망 ················· 90
[그림 Ⅳ-15] 1999년 원사 연결중심성과 기관 ······················ 91
[그림 Ⅳ-16] 2001년 과학기관과 과학자의 연결망 ················· 94
[그림 Ⅳ-17] 2001년 원사 연결중심성과 기관 ······················ 95
[그림 Ⅳ-18] 2003년 과학기관과 과학자의 연결망 ················· 98
[그림 Ⅳ-19] 2003년 원사 연결중심성과 기관 ······················ 99
[그림 Ⅳ-20] 2005년 과학기관과 과학자의 연결망 ················ 102
[그림 Ⅳ-21] 2005년 원사 연결중심성과 기관 ····················· 104
[그림 Ⅳ-22] 2007년 과학기관과 과학자의 연결망 ················ 106
[그림 Ⅳ-23] 2007년 원사 연결중심성과 기관 ····················· 107
[그림 Ⅳ-24] 2009년 과학기관과 과학자의 연결망 ················ 110
[그림 Ⅳ-25] 2009년 원사 연결중심성과 기관 ····················· 111

I. 중국 과학기술 성장의 특징

China's Scientific Elite: Chinese Academy of Science Members(1955~2009)

1. 과학기술 정책 수립과 민주주의

　과학과 기술의 발전이 점차적으로 인간의 일상생활과 밀접한 관련을 갖게 되면서 일반 대중들의 과학기술에 대한 관심은 날로 높아지고 있다. 현대인들은 과학기술의 발전이 인간의 삶을 보다 더 풍요롭게 하고 더 나은 편의를 제공할 것이라고 기대하며 이를 통해 경제 이익과 국가 안보가 확보될 수 있기를 바라고 있다. 과학기술이 미치는 영향이 단순하게 학문 영역에 그치는 것이 아니라 사회전반으로 계속 확장되고 강화되고 있는 까닭에 과학기술 발전의 의미와 방향성에 대해 사회가 함께 참여하고 고려해야 한다는 의식이 현재 주목받고 있는 중이다. 그러기 위해서, 전통적인 의미에서 과학적 성과를 단순하게 사회에 보고하는 수준의 "과학기술의 대중화(traditional science population)"가 아닌 "대중이 이해하는 과학기술(public understanding of science)"을 거쳐 최근에는 "성찰적 과학 소통(reflective science communication)"이란 개념으로 과학과 사회의 관계가 재설정 되고 있는 중이다(유정원, 2011b).

　과학과 사회의 관계가 어떻게 설정되느냐에 따라 소통의 주체와 내용이 조금씩 변하게 된다. 일방적인 과학의 대중화는 지식이 중심에서 주변부로 확장하는 형태(central broadcasting model)를 취하게 된다. 즉, 과학기술을 생산해내는 주체와 이를 통제하는 주체가 위로부터 아래로의 명령과 지도를 수행하며 사회는 지식 주체의 계획과 의도를 신뢰하고 이를 수용하는 수동적 입장에 처하게 된다. 대중은 과학지식의 수용자일 뿐 과학기술을 비판할 수 있는 권위를 인정받지 못한다.

"대중이 이해하는 과학"의 단계에서는 위로부터 아래로의 교육과 사회영역의 과학 인식이 함께 고려된다(劉華傑, 2010). 과학과 사회의 모순이 철저하게 과학에 대한 대중의 무지와 이해 결핍으로부터 비롯된다고 파악하고 있기 때문에 "대중이 이해하는 과학"의 단계를 결핍모델(deficient model)이라고 부르기도 한다(Durant, 1999). 결핍 모델은 과학이 완전무결하다는 전제하에서 사회가 과학기술 지식을 수동적으로 수용하고 과학기술 발전을 지지할 것을 요구한다.

성찰적인 과학 소통의 단계에서는 과학계와 사회와의 대화가 중요시되며 과학정책 수립과 이에 대한 지원이 민주적인 절차를 통해서 이루어지게 된다. 이 단계에서는 알 권리와 대중의 문제 제기가 함께 강조된다. 결핍모델이 과학자를 특권화하고 전문가로부터 일방향적인 의사소통을 강조하였다면 성찰적인 소통은 과학자와 비과학자가 동등한 위치에서 과학의 문제를 토론하도록 전개한다. 과학의 문제는 단순한 지식의 문제가 아니며 광범위한 사회적 가치와 정치·경제적 문제 등이 결합하고 있다. 그렇기 때문에 다원화된 창구를 통해서 민주화된 숙의 과정(Deliberative Democracy)을 통해야 만이 사회 구성원 모두가 신뢰할 수 있는 과학정책과 과학의 발전 방향이 결정될 수 있다(김환석, 2010).

햄리트(Hamlett, 2003)는 사회 구성주의적 입장에서 민주화된 숙의 절차를 통해 과학기술 정책이 수립될 경우, 권력을 갖지 못한 집단, 일반 시민의 가치, 복잡화되고 분절된 사회 조직과 기관들의 이익과 견해가 고르게 반영될 것이라고 주장했다. 그는 과학적 전문성을 갖추지 못한

단체와 조직의 참여가 과학의 발전을 저해하지 않았다는 경험적 연구 결과를 제시하기도 하였다(Hamlett, 2003).

엘리트 중심의 과학기술 발전에 대한 위험성은 울리히 벡의 『위험사회』에서 이미 지적된 바 있으며 환경문제와 핵발전소 건립 등 일반인의 삶과 뗄 수는 민감한 사안들에 대하여 정작 당사자인 시민들의 의견이 반영되지 못하고 있는 것에 대해 세계 시민 사회가 문제를 제기하고 있는 중이다(율리히 벡, 2006). 최근에는 "기술 시민권"이라는 개념이 대두되어 과학기술 발전 방향을 소수의 엘리트가 아닌 시민사회 전체가 함께 고민해야 한다는 주장도 제기되고 있다(김환석, 2006, 127).

중국은 공공정책 수립 과정에서 중앙 정부와 행정 관료가 중요한 역할을 담당하는 것으로 알려져 있다. 이러한 정책 수립 과정에서는 정책에 대한 사회의 요구와 지지보다는 사회에 필요한 것을 보급한다는 정책 결정자의 의지가 중요하다. 과학기술 정책 수립 과정도 예외는 아니다. 중앙 정부와 과학기술 관련 정부 부서는 과학기술 정책을 심의, 검토, 결정하는데 있어 가장 중요한 역할을 담당하고 있다(유정원, 2011b).

리우리(劉立, 2008)는 과학기술 정책 과정에 있어 중요 행위자를 중공 중앙과 국무원, 과학기술 부문, 과학기술 공동체, 경제계, 시민조직으로 나누고 과학기술 공동체의 참여도가 높고 낮음에 따라 과학기술 정책 수립 과정의 특성을 [표 Ⅰ-1]과 같이 나누었다.

[표 Ⅰ-1] 과학기술 정책 의사 과정 모델

		정책결정자				
		중공 중앙 및 국무원	과학기술 부문	과학기술 공동체	경제계	시민조직
과학기술 공동체 참여도	고	개방모델	협력모델	건의모델	경제계 발의 모델	시민조직 발의 모델
	저	내부모델	부문 건의 모델	압력모델		

* 출처: 리우리(劉立, 2008) 「과학기술 정책 의사 과정 모델(中國政策的議程配置模式)」

최근 국가의 중요한 과학기술 정책은 주로 중국 공산당 중앙위원회와 국무원 각 부처가 주도하고 과학기술 공동체가 적극적으로 참여하는 개방모델을 채택하여 수립되고 있다. 그 대표적인 사례가 '국가 중장기 과학기술발전 계획 요강(國家中長期科學与技術發展規划綱要(2006~2020) 이후 '중장기 발전 계획')' 수립 과정이다. '중장기 발전 계획'은 전문가와 사회 각 계의 여론을 다양하게 수용하여 수립되었다. 먼저 국무원은 2003년 6월 국가중장기 과학기술발전계획 영도소조(國家中長期科學和技術發展規划小組)를 발족하였다. 영도소조는 원자바오 총리를 조장으로 중국과학원과 공정원 원장, 과학기술부 부장 및 24명의 정부 부문 부장으로 구성되었다. 영도소조는 전략 연구 아젠다 설정을 중국과학원과 중국공정원에 위탁하였다. 아젠다가 설정된 후에는 각 영역 별로 아젠다 팀을 구성하고 아젠다 팀 상호간, 아젠다 팀과 관련 정부 부서 간, 아젠다 팀과 산업 부문 간 협의를 다각도로 진행하였다. 또한 이를 기초로 여론 조사와 기업 좌담회, 전문가 인터뷰 등을 시행하였다. 특히 경제계 인사들의 여론을 적극 반영하여 소우강집단(首鋼集團), 중국이동(中國移動), 중국왕통(中國網通), 상치집단(上汽集團) 등의 기업 대표들과 여러 차례 좌담회를 가졌으며 민간 컨설팅 업체인 베이징 창청(北京長城) 기업전략연구소, 베이따 쫑헝(北大縱橫), 마이컨치아오(麥肯橋) 공사 등의 의견도 청취하였다(『21世紀經濟報道』, 2004.6.4).

성공적인 과학기술 정책을 수립하기 위해서는 정부와 학술계 인사, 재계 인사 등 다양한 사회 계층의 의견을 청취하는 개방모델이 적합하다는 것이 중국 정부와 과학 공동체, 이해 당사자들의 일반적인 의견일 것이다. 그러나 '중장기 발전 계획'의 정책 결정 과정에 참여하는 인사들은 정계, 재계, 학계 최고급 엘리트로 일반 시민이 이러한 정책을 검토하고 숙의하는 실질적인 과정은 찾아보기 힘들다. 아직까지 중국 정부에게 일반 시민은 정재계 인사들과 과학 공동체가 협의를 통해 결정한 과학기술 정책을 설명하고 교육시켜야 할 대상이다.

이렇듯 개방모델은 엘리트의 범주를 확대시킨 것에 불과하며 개방모델이 채택되었다고 과학정책에 대한 의제 설정 과정이 사회 전반으로 확대하고 있다고 보기에는 어렵다. 오히려 중국 과학정책 과정에서 개방성이 확대되면서 사회 각 계 각 층의 엘리트들, 특히 과학 엘리트의 역할이 더욱 중요시 되었다.

2. 엘리트 중심의 과학기술 성장

중국의 지식인들은 전통적으로 매우 현실적이고 실리적인 속성을 가지고 있는 것으로 알려져 있다. 중국 지식인은 지식을 위한 지식을 추구하지 않으며 실리적인 목적에 근거하여 관련 지식을 습득한다. 지식을 치세(治世)에 활용하는 것은 전통 유가 지식인이 학문을 익히는 궁극적인 목표였다. 중국 지식인은 세상을 통치하는 술(術)을 깨우치기 위하여 마음을 다스리고 독서를 한다. 이렇듯 중국 지식인은 현실적이면서도 동시에 엘리트주의적이다. 중국에서는 전통적으로 지식인의 사회적 역할이 강조되었는데 그 이유는 지식인이 사회를 통치하고 올바른 방향으로 이끌어야 하는 선구자적인 존재로 인식되었기 때문이다.

근대 정치사회적 혼란기 중국 지식인들은 몽매한 중국 인민들을 계몽하고 현대화를 추진해야 한다는 강한 목표 의식을 가지고 있었다. 그러나 지식인과 달리 당시 일반 민중들에게는 여전히 민족주의적 정서가 강하게 남아 있었다(루오즈톈, 2011, 302). 중국 지식인은 민족주의를 통하여 현대 지식의 대중화를 시도하기도 하지만 건국 단기간에 사회 하층을 계몽하는데 실패하였다(양궈창, 2011, 332). 그리하여 중국 지식인은 함께 힘을 합쳐 구국의 길을 개척해나갈 파트너를 사회 하층이 아닌 사회

상층에서 찾기로 한다. "지식인들이 전개하는 사업은 정부의 도움을 받지 않고는 성공할 수 없었고 상층부와 긴밀한 소통이 있어야지만 일의 처리가 쉽고 효과도 빨리 볼 수 있었기" 때문이다(장칭, 2011, 293).

국가-과학공동체 협력모델은 중화민국시기에 가장 처음 등장하였다. 중국 지식인들 사이에서는 서양의 선진적인 기술을 도입하여 국난을 극복해야 한다는 공감대가 형성되어 있었다. 이를 위해 당시 중국 지식인들은 국민당 정부에게 정부의 지원을 받는 과학연구 기관인 중앙연구원을 설립하도록 건의하였다. 과학자 민간 학회인 중국과학사(中國科學社)도 정부와 상층 인사들의 지원으로 회비를 충당하여 운영되었다. 비록 정부의 자금 지원을 받기는 하였지만 이 시기 국가와 과학 공동체는 비교적 평등한 관계로 지식사회와 국가가 부국강병, 과학구국의 목표 하에서 협력적 관계를 유지할 수 있었다.

과학발전을 국가가 주도하고 공권력을 이용하여 사회역량을 집중시키는 전체주의적 성향은 중화인민공화국 건국 이후 더욱 두드러졌다. 그러나 일부 학자들은 과학이 민주의 가치위에서 성장하지 못하고 국가-과학공동체 모델에 머무르게 된 것은 중화민국시기부터 이어진 중국식 계몽의 한계라고 지적한다(이상화, 2011).

중국에서 "과학"과 "민주"에 대한 논의는 비교적 일찍 등장하였다. 전통 왕조가 붕괴하고 새로운 국가와 사회에 대한 지식인들의 논쟁이 뜨거웠던 1915년, 사회 개혁자이자 이론가였던 천두슈(陳獨秀)는 자신이 창간한 『신청년(新靑年)』의 권두에 「청년에게 고함(敬告靑年)」이란 글을 발표하여 청년들에게 전통적인 유가사상을 비판하고 진보적, 과학적, 민주적 태도를 취하라고 독려하였다. 그는 새로운 국가를 건설하기 위한 "기본 과제는 서양 사회의 기반, 곧 평등과 인권에 대한 믿음을 수입하는 것이다. 우리는 유교와 새로운 믿음, 새로운 사회, 새로운 국가는 양립할 수 없다는 것을 명확히 인식해야 한다"고 강조했다(스펜스, 1998, 369). 낡은 전통의 거부와 새로운 서구 문화 가치의 수용은 "과학"과 "민주"라는 용어로 수렴되어 중국 젊은이들에게 퍼져나갔고 신문화운동의 캐치프레이즈가 되었다. 당시 천두슈가 "과학"과 "민주"를 주장한 까닭은 서양의 발전의 철학적, 문화적, 사회적 기원을 밝혀, 이를 전면적으로 수용하기 위함이었다. 천두슈가 과학과 민주를 별개의 용어로 구별한 것은 과학과 민주가 두 가지의 가치체계를 대표한다고 여겼기 때문일 것이다.

이상화(2011)는 천두슈가 주창한 과학과 민주에서 중국적 계몽의 한계가 드러난다고 보고 있다. 기존의 가치체계인 전통적 윤리와 정치를 비판하는 것이 민주의 역할이었고, 기존의 세계관과 자연관인 전통적 종교와 예술을 비판하는 것이 과학의 역할이었다. 이상화는 리쩌허우(李澤厚)를 인용하여 국가적 위기라는 특수한 상황과 '나라를 구하는 것(전체주의)'이 우선적으로 해결해야할 문제로 대두되면서 개체성의 자각을 전제로 하는 민주가 전체주의에 압도되었다고 주장하고 있다. 뿐만 아니라 천두슈와 후스가 강조한 과학은 기본적으로 특수성보다는 보편성을 지향하고 있다. 뿐만 아니라 천두슈와 후스가 과학의 객관성과 보편성, 그리고 법칙성을 강조하는 것은 '모든 사람이 인정해야 하는' 객관적 옳음을 전제하는 인식론에 근거하고 있다고 지적했다. 따라서 당시 계몽주의자들이 민주를 통해 국민 개개인의 개성을 아무리 강조했더라도 객관적 옳음 앞에서 다름보다는 같음을 지향할 수 밖에 없도록 만들었다는 점에서 천두슈와 후스의 과학은 이미 전체주의적 성격을 가지고 있었다.

1920년대 "과학과 인생관" 논쟁, "과학과 현학" 논쟁을 통해서 과학은 주관성, 자율성을 초월하는 객관적 보편적 원리로 찬양되었으며 유물사관의 등장으로 과학의 보편적 성격은 더욱 강조되었다. 허중(2011)은 취추바이(瞿秋白)가 "사람이 자연의 노예로부터 자연의 왕으로 진입하려면 반드시 '과학적 인과율'을 알아야 한다고" 주장한 것을 인용하며 사람의 의지와 행위가 사회적 인과율에 의해 지배된다는 유물사관은 개인적 주관성과 자유의지에 기초를 두고 있던 과학파의 입장을 초월했다고 지적한다. 또한 유물사관은 '구망(救亡)'이라는 역사적 과제를 제시함으로써 사회공동체의 변혁을 도모하는 등 과학적 해석과 현실적(역사적) 실천성을 강조하였다(허중, 2011). 유물사관파의 주장은 중국청년들 사이에서 광범위하게 전파되었다. 개인의 자유의지가 인과율이 지배하는 객관적 사실에 기초해야한다는 유물사관의 주장은 개인의 자유와 합리성을 강조하는 민주의 가치를 잠식해 들어가고 있었다.

'구망'이라는 정치사회적 목적하에서 형성된 국가-과학공동체 협력모델은 중화인민공화국 건국이후 일시적으로 해체되었다. 중국 건국 이후 자율적인 지식공동체적 속성이 완전히 사라지고 과학계가 국가의 권력에 종속되었기 때문이다. 건국 초기 중국 정부는 취약한 과학 토대 위에서 국가 건설에 필요한 과학 연구를 수행하기 위하여 우선적으로 전국에 흩어져 있는 과학자들을 결집시키는 작업에 착수하였다. 한정된 자원과 인재를 공업, 농업, 국방 건설에 효과적으로 이용하기 위하여 중국 정부는 모든 교육기관, 연구기관을 국유화 하였으며 과학자들을 정부의 정책과 계획에 따라 각 기관에 배치하였다(張藜, 2005). 교육, 연구기관 그리고 과학자들에 대한 중국 정부의 통제는 사회주의 시대 내내 지속되었으며 개혁개방 이후 과학체제를 개혁하는 과정에서도 자신의 소속 기관과 연구 활동을 결정하는데 있어 정부의 행정 명령과 정부의 과학정책에 의존하는 수동적인 입장에 처해 있었다. 특히, 건국 초기 중국 정부는 핵과 미사일 개발을 위하여 국방연구소와 중국과학원을 중심으로 국가의 자원과 인재를 총동원하였으며 연구 자체가 극비리에 진행된 만큼 과학자들은 거대과학 체제 하에서 연구의 자율성과 독립성을 거의 상실한 상태로 과학연구에 몰두하게 되었다.

과학기술 지식이 사회와의 소통이 단절될 경우 그 전문성과 난해함이

특권과 엘리트주의로 비춰져 대중의 오해와 적대감을 불러일으킬 수도 있다. 문화대혁명 기간 과학연구에 표출되었던 군중들의 적대감이 그 대표적인 예라고 할 수 있다. 이런 이유로 개혁개방을 시작하고 "과학기술을 제일의 생산력"으로 선언한 후 중국 정부가 가장 먼저 한 일은 과학자들의 사회적 지위를 회복시키는 일이었다. 문화대혁명 시기 숙청의 대상이었던 과학기술자에게 지식 노동자의 지위를 부여하였고 일상생활을 통해 획득될 수 없는 난해한 전문지식의 가치를 사회경제적 발전을 추동하는 중요한 "생산력"으로 격상시켰다. 정부의 정책과 선전으로 중국 과학자의 사회적 지위와 명망은 회복되었으며 지금은 지식인 집단 중에서도 가장 높은 사회적 지위를 향유하고 있다. 과학자는 중국 사회에서 지식과 실천(생산력)을 결합한 대표적인 직업군으로 인정받고 있다.

그러나 이렇게 소비되고 있는 과학자의 이미지는 국가의 발전 전략의 일환으로 정부에 의해 의도적으로 만들어진 측면도 많다. 대중과 과학자의 소통이 원활하지 않은 상태에서 정부에 의해 과학기술자의 사회·경제적 가치가 일방적으로 제공되다보면 대중은 과학자를 사회집단의 구성원이 아닌 권력 집단의 일원으로 간주할 수도 있다. 최근 중국과학원 원사의 부정행위에 대해 사회적 비난이 거세게 일었던 것은 중국 시민들이 과학원 원사를 특권 계층으로 간주하였기 때문이다. 실제 현재 과학기술자는 중국의 과학기술 정책 수립을 도와주고 과학연구를 수행하는 정부의 충실한 조력자이기도 하다.

과학기술 발전의 중요성이 강조되면서 과학자와 국가권력과의 권력 네트워크는 다시 작동하기 시작했다. 반면 과학자와 사회의 민주적인 소통은 여전히 제대로 성사되고 있지 못하다. 중국 과학기술자는 사회적 위신과 명성을 동료 학자나 사회로부터 획득하기보다는 정부로부터 제공받고 있다.

특히 과학기술 고급인재는 과학연구와 국가의 최고 과학기술목표를 연계할 중차대한 학문적 책임을 가지고 있다. '중장기 발전 계획'이 수립된 이후 과학기술에 있어 혁신이 강조되면서 고도의 자질, 고도의 기동력, 고도의 건전성을 지닌 과학기술 공동체가 필요하게 되었다. 사이먼과 차오(Simon&Cao, 2011)는 첫째 중국과학원과 중국 공학원의 연구원, 둘째 중국과학원의 백인계획(百人計劃)으로 초빙된 학자나 국가자연과학기금(國家自然科學基金)이 진행하는 연구계획, 연구지원 계획에 선발된 경험이 있는 학자 그리고 장지앙학자(長江學者)로 선발된 학자, 셋째 국가가 인정한 젊고 탁월한 연구 실적을 가진 45세 미만의 청년과학자, 넷째 중앙 혹은 지방정부로부터 특별 급여를 받는 우수한 전문기술자, 다섯째 중앙과 지방정부에서 실시중인 천인계획(千人計劃)과 만인계획(萬人計劃)으로 선발된 과학자들, 여섯째 박사학위 소지자나 박사후 경험을 가진 연구원을 국가 최고급 과학기술인재라고 분류했다(사이먼과 차오, 2011, 94). 이들은 선진국의 기술을 모방하고 추격하는 것이 아닌, 선진국의 과학기술을 초월하려는 전략적 목표를 실현시켜줄 인재풀로 여겨지고 있다. 과학기술 인재들은 중국 과학기술체제 개혁을 통하여 기관 연구소에서 기업체로 이동하거나 국가자연과학기금으로부터 연구비를 수혜하면서 사회경제적 지위를 향상시킬 수 있었다. 과학기술 지식의 가치를 정치·사회·경제적으로 재해석한 정부의 정책변화는 과학기술자의 지위가 상승하는데 중요한 동기가 되었다. 과학기술 공동체의 성공적인 활약이 중국의 미래를 담보하고 있다는 전략적 판단 하에서 정치지도세력과 과학기술 인재 집단 간의 관계는 더욱 밀접하고 긴밀해지고 있는 중이다(사이먼과 차오, 2011, 94).

중국 정부는 과학기술 전략을 수립하는 데 있어 최고급 과학기술자들의 의견을 청취하고 적극 반영하여 선택적이고 집중적인 과학기술 혁신을 추진하고 있다. 또한 과학기술 연구의 지도력을 확보하고 성장 속도에 맞춰 우수한 인재풀을 확충해나가기 위하여 고급 인재 유치 정책을 실시하고 있다. 이처럼 중국의 과학기술 전략은 과학 엘리트에 의해 수립되고, 과학 엘리트 확보를 위해 진행되었다. 과학기술의 전문성을 인정하여 과학기술 공동체의 의견을 적극 반영하는 개방모델 정책 결정과정을 도입하고 연구자금 지원을 통해 연구의 자율성을 보장하는 것은 바로 국가와 과학 공동체 간의 밀접한 협력 관계를 보여주는 것이다. 중국 과학기술의 도약과 성장은 양자의 협력관계가 유효하게 작동하고 있다는 현실적 증거라고 할 수 있다.

3. 과학기술의 전략적 발전

건국 이후, 중국 정부는 과학기술 정책을 수립하는데 있어서 언제나 전략적인 태도를 견지해왔다. 그러나 중국 정부가 과학 엘리트를 협력의 대상으로 간주하고 과학기술 정책에 이들의 의견을 적극적으로 수용하기 시작한 것은 과학기술체제 개혁과 궤적을 같이 하고 있다.

국가의 계획과 지원, 그리고 연구 공동체 내의 자율성과 시장의 경쟁이 혼재하고 있는 형태의 과학기술 체제가 비단 중국만의 특징은 아니다. 국가가 과학 공동체와 맺은 사회계약을 대표하는 첫 번째 사건은 미국립과학재단(NSF)의 성립이다. 이 사회계약에 따르면 국가는 과학에 대해 지원하고 과학은 기술 진보로써 국가에 기여하는 것으로 간주되었으며 과학의 관리를 철저히 과학자 공동체의 자율적 내부 통제에 맡겨야 했다. 국가와 과학 공동체의 이러한 관계는 2차 세계 대전 이후 과학과 과학 정책이 황금기를 구가하는 배경이 되었다(웹스터, 1998, 130). 그러나 국가의 지원 하에서 과학 공동체가 자율적으로 연구를 수행하는 방식에도 변화가 나타나게 되는데, 웹스터는 이러한 변화를 '재편(restructuring)'과 '상업화(commercialisation)'로 요약했다. 웹스터(1998)에 의하면 재편은 다음과 같은 방식으로 진행된다. 첫째, 1980년대 초에 정부의 지원이 삭감됨에 따라 학계에서는 대규모의 '합리화'가 진척되었는데, 이로 인해 교육진과 연구진의 축소 및 재배치, 그리고 교육의 '생산성' 및 '선택성'이 증가하게 되었다. 둘째, 전통적인 학문의 경계가 무너지고 학제 간 연구를 위한 새로운 제도적 틀이 개발되었다. 셋째, 공공 부문 기관과 고용인 사이에 계약 관계는 산업과 기업의 특수성이 반영되는 '효율적인' 패턴을 강조하는 방향으로 변화되었다. 이것은 새로운 유형의 관리 전략과 결부된 것으로써 보다 '지식적인' 성격을 띠고 있다(웹스터, 1998, 103~104).

상업화는 공공 부문에 시장 관계가 도입되는 것으로 주로 학계에 소속된 개인 혹은 집단과 기업 연구소를 연계시키는 메커니즘을 통해 진척되었다. 과학기술 분야에 대한 정부 재정이 감소하면서 과학기술 연구의 상업화에 가속도가 붙게 되었다. 과학연구에는 개발비가 필요하고 혁신에는 막대한 위험이 따르기 때문에 일각에서는 결국 대기업이 '지식 기반'을 점유하게 될 것이라고 비판적인 태도를 보이기도 한다. 상품으로서의 과학은 연구에 자원을 배분하는 사람들의 목적에 맞게 조작될 것이라는 점을 지적하기도 한다. 그러나 웹스터는 연구의 주제설정은 '항상' 외부적 요소에 영향을 받아왔으며 과학자가 외부의 투자기관이나 정책기관의 우선순위에 부합하는 연구 프로젝트를 채택하는 것은 특별히 과학자의 자율성을 침해하는 것은 아니라고 설명한다. 또한 최근의 산학협동 프로그램은 학계와 산업계의 연구진을 결합하는 특성을 가지고 있으며 이러한 연구 지원 방법은 지시적인 계약과는 다른 유형이라는 것이다(웹스터, 1998, 109~110). 이처럼 과학연구의 상업화는 이에 대한 전형적인 비판과는 달리 매우 복잡한 상황이라고 볼 수 있다.

과학연구의 "재편"과 "상업화" 경향은 중국 과학기술체제 변화에서도 그대로 나타나고 있다. 그러나 중국의 경우 정부가 개혁을 주도하고 통제하면서 개혁 과정을 통해 정부의 역할이 재설정되기는 하였지만 정부의 권위가 사라지고 다른 사회조직이 이를 완벽하게 대체한 것은 아니다.

중국의 과학기술 체제 개혁은 정부주도의 일원화된 연구체제를 해체하고 사회의 수요에 보다 더 능동적으로 대처할 수 있는 기업 연구소와 연구형 기업을 육성하는 방향으로 전개되었다. 2002년 당 대회를 통해 샤오캉 사회 건설을 국가 발전 목표로 확정한 중국 지도부는 과학기술 분야의 혁신체제 건설을 추진하였다. 모방과 추격을 초월하는 혁신적인 과학기술 지식을 생산하기 위해서는 보다 더 구체적이고 정교한 사회경제 시스템의 지지가 필요하였다. 그리하여 정부는 거시적인 경제 발전, 지속가능한 성장에 관련된 핵심 과학기술을 개발하는 기업을 지원하는 정책과 제도를 마련하였다. 이러한 조치는 정부의 직접적인 연구 참여와는 구분되는 것으로 정부는 연구의 목적과 방향성을 분명히 하여 지원 대상을 선택하였으며 지원 방식도 직접적인 연구비 지원보다는 간접적인 지원을 우선하여 기업의 연구 지원이 경제·사회제도의 틀 속에서 이루어질 수 있도록 하였다.

기업이 주도하는 과학기술 지식 생산 체제로 전환된 이후 과학기술 지식을 생산하는 과학 기술자, 과학기술 지식의 생산 기지라고 할 수 있는 R&D 연구소, 공인된 과학기술 지식인, 특허등록이 양적으로 급격하게 증가하게 되었다. 기업 주도의 과학기술 체제 하에서 기업은 과학기술의 생산자임과 동시에 성과이전 등의 방식으로 과학기술 지식을 거래하는 지식 확산의 주체가 되었다(유정원, 2012). 일반적으로 OECD 국가들은 국내총생산의 2~3%를 연구개발비로 투자하고 있다. 중국의 경우, 11.5계획이 종료되었던 R&D 투입 GDP 비중이 1.8%로 선진국 수준에 다다르지 못하고 있으나 12.5계획 기간 R&D 투입 GDP 비중을 2010년 1.8%에서 2015년 2.2%까지 확대할 예정이다. 이러한 발전은 과학기술 연구에 대한 정부 재정지출과 기업 연구개발비 지출이 크게 증가하면서 가능하였으며 특히 기업의 R&D 지출은 전체의 70%을 차지하여 연구개발의 상업화 현상이 두드러지고 있는 것으로 나타났다.

그러나 기업 주도의 과학기술 체제가 성립하였다고 해서 이 분야에서의 정부의 역할이 축소된 것은 아니다. 오히려 장기적인 핵심 기술 개발과 기술 업그레이드 분야에서 정부는 과학기술 전문가들을 동원하여 발전 전략과 목표를 수립하고 각종 제도를 마련하여 기업의 연구개발을 유인하고 있는 중이다. 또한 정부는 과거처럼 대규모의 정부 자금을 투입하거나 연구조직을 직접적으로 운영하지 않지만 중개기구를 설립함으로써 과학기술 지식이 효과적으로 생산되고 확산될 수 있도록 유도하는 간접적이지만 여전히 중요한 역할을 담당하고 있다. 국가 전략 발전 목표는 혁신체제를 구성하는 중심축이 된다. 중국 정부는 프로젝트 공모나 연구 아이템 공모를 통하여 직접적으로 고등교육 기관과 기업 연구소에 정부 자금을 투입할 뿐만 아니라 세금 우대, 정책적 대출 등과 같은 간접적인 방법으로 기업을 지원한다(유정원, 2012).

정부는 학계와 기업 연구소의 과학기술자를 통하여 전문적인 견해를 토대로 발전전략을 수립한다. 뿐만 아니라 인재 양성 계획을 수립하고 적합한 사회체제를 구성하며 연구프로젝트를 지원하거나 프로젝트를 외주한다. 이와 같은 국가-과학공동체 협력 모델은 중국 과학기술 성장의 원동력이 되고 있다.

정부의 권위가 다른 사회 조직이나 기관에 비해 월등하고 다양한 정책적, 행정적 수단을 통제할 수 있는 까닭에 중국 정부는 과학기술체제에서 중추적인 역할을 담당하고 있다. 그러나 국가 혁신체제 하에서 정부의 과학기술 정책은 과학 공동체의 전문 지식과 연구성과에 기반을 두고 있다. 중국 과학기술체제의 "재편"과 "상업화" 과정에서 과학기술 고급인재는 전략적인 발전 계획 수립, 계획에 대한 평가, 혁신 연구를 수행하고 있다. 정부가 주도하는 과학기술 체제 하에서 국가-과학공동체 협력모델은 더욱 긴밀해지고 있다.

II. 중국 과학발전과 중국과학원 원사

China's Scientific Elite: Chinese Academy of Science Members(1955~2009)

1. 과학체제의 변화와 중국과학원 원사

　건국 초기 중국 정부는 취약한 과학 토대 위에서 국가 건설에 필요한 과학 연구를 수행하기 위하여 우선적으로 전국에 흩어져 있는 과학자들을 결집시키는 작업에 착수하였다. 중국과학원은 이 작업을 담당하였으며 중화민국 중앙연구원 원사 81명에게 추천을 의뢰하여 우선적으로 233명의 전문가를 확보하였고 233명의 전문가에게 다시 추천을 받아 총 865명의 자연과학자들을 국가 발전 계획에 동원할 수 있게 되었다. 한정된 자원과 인재를 공업, 농업, 국방 건설에 효과적으로 이용하기 위하여 중국 정부는 모든 교육기관, 연구기관을 국유화 하였으며 과학자들을 정부의 정책과 계획에 따라 각 기관에 배치하였다(張藜, 2005).

　교육, 연구기관 그리고 과학자들에 대한 중국 정부의 통제는 사회주의 시대 내내 지속되었다. 개혁개방 이후 과학체제를 개혁하는 과정에서도 자신의 소속 기관과 연구 활동을 결정하는데 있어서 과학자들은 정부의 행정 명령과 정부의 과학정책에 의존하는 수동적인 입장에 있었다. 이러한 과학연구의 종속성이 타파되고 연구의 자율성을 획득하게 된 시기는 과학체제의 개혁이 제도의 "재편"에서 지식생산체제로 전환되면서부터이다.

1995년 과교흥국(科敎興國) 전략이 채택되고 "지식혁신"과 "기술혁신"이 강조되면서 정부 정책에 동원되는 과학자가 아닌, 과학지식 생산자로서 과학자의 능동성과 창의성이 요구되었다. 이제 과학자는 과거에 비해 자율적인 시스템 하에서 연구를 수행할 수 있게 되었으며 자신들의 전문 지식을 바탕으로 정부의 과학 정책 수립에 참여하거나 국가의 과학 정책을 검토하는 역할까지 담당하게 되었다.

중국 과학자의 이러한 위상 변화는 국가가 설립한 최고 학술 칭호라는 중국과학원 원사의 선발과 역할 변화에도 반영되었다. 건국 초기 과학인재를 중앙에 집중하여 국가의 과학정책에 동원하기 위하여 설립된 원사제도(당시는 학부위원제도)는 국방 과학을 우선하는 정부의 강압성이 과학자의 연구 활동을 압도하면서 유명무실해졌고 실제 상당기간 동안 원사 선발이 중단되기도 하였다. 개혁개방 이후 원사제도는 건국 초기 자연과학자 인재 현황을 조사하는 과정 중 원사제도가 설립되었던 것과 비슷한 원인으로 부활하였다. 문화대혁명 시기를 거치면서 많은 과학자들이 생산기지로 전출되거나 연구 활동에서 배제되었기 때문에 과학자들의 지위를 복귀시키고 과학체제를 재조직하기 위해서 과학원 원사제도를 다시 부활시킨 것이다(王揚宗, 2005; 趙明·徐飛, 2010). 이런 까닭에 1980년도의 원사 선출은 여전히 정치적인 요인에 큰 영향을 받았으며 과학의 전문성과 업적에 근거한 최고 학술 지위자로서의 원사 선발은 1990년대 이후에나 가능하게 되었다.

그러나 국가혁신체제 건설이 정책 목표로 등장하면서 과학원 원사 선발이 과학자들의 자율성을 증가시키는 방향으로 제도화 되었고 그 결과 과학자 공동체의 평가가 중요하게 작동하기 시작하였다. 1992년 제정된

'중국과학원 학부위원 장정(中國科學院學部委員章程)'에 따르면 원사 3인 이상의 추천을 받은 사람, 혹은 연구기관, 고등교육 기관, 학회와 같은 조직의 추천을 받아 관련 부서의 승인을 받은 사람을 원사 후보로 선정하며 각 학부의 원사 1/3이상이 참여한 선거에서 2/3 이상의 득표를 한 사람을 원사로 선출한다. 이러한 제도변화로 과학자가 자신의 교육과 연구 과정에서 축적한 명망, 인맥, 경력, 성과 등이 원사 선발에 유리하게 작동하게 되었다. 실제로 차오(cao, 2004)의 연구는 과학원 원사 후보 선정과 선출 과정에서 "꽌시"가 중요하게 작동함을 지적하고 있다.

이상의 역사적 경험을 고려할 때, 중국 과학 공동체의 특수성을 다음과 같이 유추할 수 있다. 첫째, 과학의 국가화 과정에서 과학자의 경력은 과학자가 주동적으로 선택하였다기 보다는 정부에 의해 피동적으로 배치되면서 형성된 것이다. 게다가 정치적 혼란기를 겪으면서 과학자는 과학 연구와는 무관한 기관에도 소속된 바 있다. 둘째, 정부가 과학 역량을 집중하기 위해 설립한 중국과학원은 과학의 국가화 과정에서 과학 연구를 담당하는 핵심기관이었다. 중국과학원에 소속된 과학자들은 다른 과학자들에 비해 상대적으로 높은 지위를 자치하고 있을 것으로 예측된다. 셋째, 국방 과학에 대한 중국 정부의 집중적인 지원으로 인해 관련 연구를 담당하는 과학자의 이동은 제한적일 것이다.

2. 과학원 원사제도의 변천

중국과학원 원사는 국가가 제정한 최고의 학술 칭호로, 1993년부터 선발되었으며 1955년, 1957년, 1980년, 1991년에는 원사에 준하는 학부위원이 선발되었다. 정치적 혼란으로 과학원 원사의 선출이 비정기적으로 이루어지다 1991년 이후로는 2년에 한번 씩 정례화 되었다.

1955년 중국과학원은 국가건설과 과학의 발전을 위해 장기적인 과학 발전 계획을 수립하고 전국의 분산된 과학인재를 효율적으로 재배치하기 위하여 중국과학원 내에 학부를 설치하였다(樊洪業, 1995, 55). 이 때 물리수학화학부 48명, 생물학지학부 84명, 기술과학부 40명의 학부위원이 선발되었다. 그러나 당시 선발된 학부위원 중에는 과학자는 물론 신중국의 과학기술 체제 구축을 담당할 정치가, 행정가도 다수 포함되어 있었으며 학술적인 측면에서 미비한 존재감을 보여 당시 선발된 학부위원의 사회적 명망은 민국시대 중앙연구원 원사에 미치지 못했다고 한다(王揚宗, 2005, 5).

　이를 보완하고자 1957년에는 철저하게 과학적 소양과 학술적 성취에 근거하여 학부위원을 선발하였다. 물리수학화학부에서 화학부가 독립되고, 생물학지학부가 두 개의 학부로 분리되어 수학물리학부 7명, 생물학부 5명, 지학부 3명, 기술과학부 3명 총 18명의 학부위원이 선출되었다. 당시는 정부가 주도하는 국방 과학이 주류를 이루던 시기였기 때문에 과학원 원사의 사회적 역할이나 원사가 가지고 있는 사회적 명망은 큰 의미가 없었으며 정부도 그 다지 관심을 보이지 않았다. 정부는 과학지식을 생산하고 추동할 수 있는 유일한 권력으로 정부의 계획에 따라 인재의 유동과 배치가 이루어졌다. 문화대혁명 시기에는 아예 학부위원제도를 폐지하였다. 이 시기는 과학 연구가 정치화 되는 시기로 정치적 목적을 띤 과학연구(원자탄, 인공위성) 외에는 뚜렷한 과학 연구 성과가 발표되지 않았으며 비밀리에 진행되는 프로젝트가 많았던 탓에 과학자의 성취와 업적이 제대로 공개되지도 못했고 과학자의 신분 보장이 명확하게 이루어지지도 못했다.

　문화대혁명이 종식하고 1977년 학부위원 제도가 부활하였지만 10여 년에 걸친 학제의 붕괴로 학부위원으로 선발될 만한 자격을 갖춘 인재가 매우 부족한 상태였다고 한다. 그러나 과학기술의 가치를 제고하고 과학기술 지식인에 대한 사회적 지위를 격상시키기 위한 정치적인 의도로 중국 정부는 학부위원을 대거 충원하기로 결정하였다. 중국과학원은 본래 185명의 원사를 선발할 계획이었다. 그러나 느슨해진 학부 제도를 보강하고 젊은 인재를 흡수하기 위해 중국 정부는 학부위원의 무기명 투표결과 3분의 2이상을 획득한 후보를 선발한다는 '중국과학원 학부위원 증보 방안(中國科學院學部委員增補辦法)'의 규칙을 어기고 과반수이상을 획득한 후보 모두를 학부위원으로 선발하였다(王揚宗, 2005, 9). 이에 1980년대에는 수학물리학부 50명, 생물학부 53명, 지학부 64명, 화학부 51명, 기술과학부 64명, 총 282명이 선발되었다(원사 자격 박탈된 2인은 여기서 제외하였다. 方勵之는 1989년 천안문 사건과 연루되어 학부위원의 자격이 박탈되었고 陳敏恒은 제자의 박사논문이 외국 논문의 표절인 것으로 드러나 후에 원사자격이 박탈되었다). 당시 선발된 학부위원들은 문혁기간 제대로 된 교육과 연구의 기회를 갖지 못했던 까닭에 건국 초 선발된 학부위원에 비해 자질이 크게 떨어졌다고 한다(趙明·徐飛, 2010).

  1981년 과학기술체제 개혁이 본격화 되면서 중국과학원에 대한 정부의 행정 간섭과 통제가 약화되었다. 그리하여 학부위원을 선발하는데 있어서도 정치적인 의도에 의한 인선도 줄어들게 되었고 학부위원의 지위도 어느 정도 독립적인 신분을 인정받게 되었다. 그러나 정부가 중국과학원에 자율적인 경영을 승인한 것은 다른 한편으로는 과학원에 대한 정부 지원이 축소되었다는 것을 의미하기도 하였다. 80년대 중국 정부는 경제 성장 중심의 제도 개혁을 실시하였다. 중국의 낙후된 생산 설비 체제 하에서 고급과학자들의 사회적 효용가치가 낮아지게 되자 정부는 산하연구소에 대한 재정 지원을 축소하였다. 이러한 분위기 하에서 중국과학원은 1980년 이후 10년 동안 새로운 학부위원을 선발할 수 없었다. 경제성장으로 중국 내 인플레이션 현상이 심화되는 가운데 소득이 급감한 중국 과학자들은 심각한 생활고에 시달리기도 하였다. 그리하여 과학자들 사이에서는 "미사일 만드는 것보다 계란 파는 것이 더 낫다(搞導彈的不如賣茶叶蛋的)"라는 말이 유행하기도 하였다.

10여 년에 걸쳐 학부위원의 충원이 이루어지지 않으면서 학부위원의 노령화 현상이 두드러지게 되자 1990년 치엔쉬에선(錢學森)은 당시 총리였던 리펑(李鵬)에게 건의하여 학부위원 200여 명을 증원하기로 하였다. 국무원에서 통과된 '중국과학원 학부위원 증선 방법(中國科學院學部委員增選辦法)'에 따라 60세 이하의 학부위원이 선발인원의 3분의 1을 차지하게 되었다. 또한 1991년 선발을 기점으로 매 2년에 한 차례씩 학부위원을 선발하는 것이 제도화 되었고 선발 조건과 자격, 선발 과정도 명확하게 규정되었다.

1991년에는 수학물리학부 학부위원 38명, 생물학부 34명, 지학부 35명, 화학부 34명, 기술과학부 68명, 총 209명의 학부위원이 선출되었다. 이듬해인 1992년 학부대회는 학부위원의 칭호, 선출방법, 학부의 기능과 역할, 학부위원 대회, 상설기구 설치에 대한 내용을 담은 '중국과학원 학부위원 장정(中國科學院學部委員章程)'(이후 '학부위원 장정')을 제정하였다. '학부위원 장정'은 또한 한 해에 선발하는 원사의 수를 60명으로 제한하여 학부위원의 수준을 관리하고자 하였다(제5조). 1993년에는 수학물리학부 10명, 생물학부 12명, 지학부 10명, 화학부 10명, 기술과학부 18명 총 59명의 원사가 선출되었고 이후 원사 선출은 1993년과 비슷한 비율을 유지하였다.

1994년에는 원사제도가 공식적으로 설립되었다. 원사제도는 1980년 처음 제청된 이래 1994년이 되어서야 국무원에서 통과되었으며 기존 학부위원은 그대로 원사로 전환되었다. 1994년의 원사 증원은 '학부위원 장정'의 규정에 따라 선발되었다. '학부위원 장정'에 의하면 원사는 과학기술 영역에 혁신적인 업적을 내거나 중요한 공헌을 한 사람으로 조국을 사랑하고 정직한 학풍을 지닌 중국 국적의 연구원, 교수 혹은 이에 상당하는 학자로 추천을 통하여 선발된다(제4조). 원사 후보는 원사 추천과 기관 추천의 두 가지 방법이 있었다(제6조). 원사 추천은 원사 당 2명 이하의 학자를 추천하고 3명 이상 원사의 추천을 받은 학자가 후보가 된다. 기관추천은 국내 과학기술 연구 기관, 고등교육기관, 중국과학협회 소속 학회가 추천하는 것으로 기관 추천의 경우 반드시 관련 정부 부서, 중국 과학기술 협회, 지방 정부에서 1차 선발 과정을 거친다. 각 학부 상무 위원회는 원사를 조직하여 심사와 선거를 실시한다. 선거는 무기명이며 원사 3분의 2의 선택을 받은 후보가 새로운 원사로 선발된다. 이러한 규정에 따라 1995년 수학물리학부 10명, 생물학부 12명, 지학부 10명, 화학부 9명, 기술과학부 18명 총 59명의 원사가 증원되었으며 1997년 58명, 1999년 55명, 2001년 56명, 2003년 58명, 2005년 51명, 2007년 29명, 2009년 35명이 선출되어 2010년 현재 총 734명이 원사 명함을 가지고 있다.

　중국과학원 원사 선발이 제도화 되고 선발과정에서 학술영역의 전문성과 성취가 가장 중요한 고려 사항이 되면서 과학원 원사의 이미지는 과거에 비해 크게 제고되었다. 과학기술에 대한 교육과 혁신적인 과학기술 창출이 경제 발전의 초석이 될 것이라는 사회의 전반적인 인식은 과학원 원사의 사회적 지위가 신장되는데 커다란 기여를 하였다. 때문에 현재 중국에서는 교장, 원장, 소장 등 학술기관의 고위 인사와 정부 관련 기관의 관원까지 원사 선발에 뛰어드는 과열 경쟁 사태가 발생하고 있다. 물론 최근의 과학원 원사 선발 경쟁은 단순히 원사가 가진 사회적 명망을 획득하기 위한 것이 아니다. 중국과학원 원사는 당과 정부의 고급 지식인 지원 정책에 힘입어 정부의 부부장급(副部長級)에 해당하는 대우를 받으며 승진, 업무 분배, 경비신청 등에 있어서 암묵적인 특혜를 받는다. 공식적인 권리 외에도 원사는 학자가 받을 수 있는 최고의 영예로 인식되고 있기 때문에 각 학교에서는 원사를 교수로 초빙하기 위한 또 다른 경쟁이 생겨나고 있다. 겸임교수, 명예교수, 학술고문, 초빙교수 등의 직함으로 원사를 초빙하여 학교 선전에 이용하고 연구 프로젝트를 신청하려는 의도이다. 이 과정에서 원사는 비공식적인 이득을 취득하기도 한다.

[표 Ⅱ-1] 중국과학원 원사(학부위원) 선출 현황

원사 선출해	학부	원사수	총(명)	생존	원사 선출해	학부	원사수	총(명)	생존
1955	물리학수학화학부	48	172	15		생물학부	11		
	생물학지학부	84				지학부	10		
	기술과학부	40				화학부	8		
1957	수학물리화학부	7	18	0		기술과학부	16		
	생물학부	5				수학물리학부	10		
	지학부	3				생물학부	12		
	기술과학부	3			2001	지학부	9	56	53
1980	수학물리학부	50	282	114		화학부	10		
	생물학부	53				기술과학부	15		
	지학부	64				수학물리학부	10		
	화학부	51				생물학부	11		
	기술과학부	64			2003	지학부	10	58	56
1991	수학물리학부	38	209	177		화학부	10		
	생물학부	34				기술과학부	17		
	지학부	35				수학물리학부	8		
	화학부	34				지학부	7		
	기술과학부	68				화학부	9		
1993	수학물리학부	10	59	49	2005	생명과학과 의학학부	12	51	51
	생물학부	11				기술과학부	9		
	지학부	10				정보기술과학부	6		
	화학부	10				수학물리학부	6		
	기술과학부	18				지학부	4		
1995	수학물리학부	10	59	50		화학부	6		
	생물학부	12			2007	생명과학과 의학학부	7	29	29
	지학부	10				기술과학부	5		
	화학부	9				정보기술과학부	1		
	기술과학부	18				수학물리학부	6		
1997	수학물리학부	9	58	52		지학부	5		
	생물학부	12				화학부	8		
	지학부	10			2009	생명과학과 의학학부	5	35	35
	화학부	10				기술과학부	7		
	기술과학부	17				정보기술과학부	4		
1999	수학물리학부	10	55	53		전체		1141	734

* 생존여부는 2011. 12월을 기준으로 함.

원사 제도는 본래 명예직으로 학술 연구를 장려하기 위한 제도였으나 과학기술 지도력부재와 과학기술력 신장이라는 정치사회적 상황 하에서 특수한 권력을 획득하게 되었다. 일각에서는 중국과학원 원사가 실제 실력을 초월하는 권력을 부여받고 있으며 지식 창출에 대한 다양한 사회적 소스가 부족한 중국에서 과학원 원사라는 직함이 정부의 프로젝트나 지원금을 독식하는 매개체로 작동하고 있다고 지적하기도 한다(王揚宗, 2005).

요컨대 중국과학원 원사의 등장과 사회적 역할은 과학이라는 학문이 가지고 있는 고유한 특성과 원사 개인의 성향에 의해서만 비롯되는 것이 아니다. 중국의 제도 개혁과 과학기술 체제의 변화가 원사제도에도 투영되고 있다고 볼 수 있다.

III. 중국과학원 원사(1955~2009)의 경력네트워크

China's Scientific Elite: Chinese Academy of Science Members(1955~2009)

1. 중국과학원 원사의 구성

중국과학원 원사는 1955년 처음 선발되어 2009년까지 총 1141명이 선발되었으며(사회과학 원사와 이후 원사 자격이 취소된 사람들은 제외), 선발된 1141명의 원사가 바로 본 연구의 분석대상이다. 1994년 원사선발이 제도화되기 이전에는 정치적인 이유로 선발 기간, 선발 과정, 선발 인원이 임의로 결정되었다. 1955년 과학의 국가화 추진 과정에서, 1980년 과학자의 지위를 재정립하는 과정에서, 1991년 국가 과학체제를 재정비하는 과정에서 다수의 과학자를 선발하였다. 그러나 1994년 '중국과학원 원사 장정'이 개정된 이래로 중국과학원 원사 선발은 규정에 따라 이루어졌다.

선발된 중국과학원 원사는 학부에 소속되게 된다. 1955년에는 물리수학화학학부, 생물학지학부, 기술과학부가 설치되었고 1957년에는 생물학부가 신설되었다. 1980년에는 수학물리학부와 화학부가 분리되었고, 2005년 생물학부가 폐지되고 생명과학과 의학학부, 정보기술과학 학부가 신설되었다. 기술과학부는 1955년 신설된 이래로 지금까지 유지되고 있는 까닭에 가장 많은 원사를 보유하고 있다. 이처럼 중국과학원 학부는 설치와 폐지, 시설을 반복하면서 전문화·세분화 되는 경향을 보였다.

[표 Ⅲ-1] 선발된 원사 수

	선발된 원사 수	퍼센트
1955	172	15.1
1957	18	1.6
1980	282	24.7
1991	209	18.3
1993	59	5.2
1995	59	5.2
1997	58	5.1
1999	55	4.8
2001	56	4.9
2003	58	5.1
2005	51	4.5
2007	29	2.5
2009	35	3.1
합계	1141	100.0

[표 Ⅲ-2] 학부별 원사 선발 현황

	개설 현황	원사 수	퍼센트
물리수학화학부	1955년 개설, 1980년 분리	55	4.8
생물학지학부	1955년 개설, 1957년 분리	84	7.4
기술과학부	1955년 개설	297	26.0
생물학부	1957년 개설, 2005년 폐지	161	14.1
지학부	1957년 개설	177	15.5
수학물리학부	1980년 개설	167	14.6
화학부	1980년 개설	165	14.5
생명과학과의학학부	2005년 개설	24	2.1
정보기술과학부	2005년 개설	11	1.0
합계		1141	100.0

원사로 선발될 당시 연령은 전체 평균을 기준으로 하였을 때 50대 (32.60%)와 60대(42.94%)가 가장 많았다. 60대는 1999년을 정점(69.09%)으로 줄어드는 추세에 있으며 50대는 1991년을 정점(39.71%)으로 감소하다 2003년 이후 다시 증가하고 있는 것으로 나타났다. 또한 1955년에 최초로 선발된 원사는 40대 전후의 원사가 다수를 차지하였고, 2000년대 이래로 다시 40대의 비율이 늘어나고 있으며 특히, 2009년 선발된 원사의 경우 40대(31.43%)와 50대(42.86%)의 비율이 높게 나타나 원사 선발 연령이 낮아지고 있는 것으로 관찰되었다.

80년대와 90년대 선발된 원사의 연령대에 있어서 50, 60대의 비중이 높은 것은 문화대혁명 시기 교육체제가 파행적으로 운영되면서 교육공백 현상이 나타나 30, 40년대 교육을 받은 과학계 인사들이 원사로 등용되었기 때문이다. 문화대혁명이 종식된 이후 교육 정상화가 이루어지고 문혁 이후 세대가 학술계에 등장하면서 40대가 늘어나게 되었다.

이러한 교육환경의 변화 뿐만 아니라 연구의 자율성을 증진시키기 위한 제도개혁도 세대 간의 변화를 가져왔다. '중국과학원 원사 장정(中國科學院院士章程)'은 과학원 원사가 중요한 국가 과학기술 정책에 건의할 수 있는 권리와 다음 세대 원사를 선출할 수 있는 권리를 보장하고 있다. 과학원 원사가 중국의 과학기술 미래에 관한 중요한 결정권을 행사하고 있는 만큼 중국과학원 원사의 활동적인 역할이 크게 요구된다. 그런 까닭에 새로운 지식 체계를 습득하고 창출하기 어려운 80세 이상의 노쇠한 과학자는 자심원사(資深院士)로 임명하여 이러한 권리를 행사하지 못하도록 제한하고 있다. 원사의 평균 연령이 낮아지는 이유는 전문지식인이 정책 수립 과정에 참여하는 기회가 늘어나면서 젊고 유능한 학자들이 원사로 선출되는 경우가 많아졌기 때문으로 추측된다.

[표 Ⅲ-3] 원사 선발 당시 연령 비교

원사 선발해		선발당시연령						전체
		40대 이하	40대	50대	60대	70대	80대	
1955	빈도(명)	5	59	86	18	3	1	172
	%	2.91%	34.30%	50.00%	10.47%	1.74%	0.58%	100%
1957	빈도(명)	1	6	9	2	0	0	18
	%	5.56%	33.33%	50.00%	11.11%	0.00%	0.00%	100%
1980	빈도(명)	0	15	56	165	46	0	282
	%	0.00%	5.32%	19.86%	58.51%	16.31%	0.00%	100%
1991	빈도(명)	0	8	83	88	30	0	209
	%	0.00%	3.83%	39.71%	42.11%	14.35%	0.00%	100%
1993	빈도(명)	0	0	22	28	9	0	59
	%	0.00%	0.00%	37.29%	47.46%	15.25%	0.00%	100%
1995	빈도(명)	1	2	21	27	7	1	59
	%	1.69%	3.39%	35.59%	45.76%	11.86%	1.69%	100%
1997	빈도(명)	0	2	20	29	7	0	58
	%	0.00%	3.45%	34.48%	50.00%	12.07%	0.00%	100%
1999	빈도(명)	0	4	9	38	4	0	55
	%	0.00%	7.27%	16.36%	69.09%	7.27%	0.00%	100%
2001	빈도(명)	2	6	10	31	7	0	56
	%	3.57%	10.71%	17.86%	55.36%	12.50%	0.00%	100%
2003	빈도(명)	2	7	15	28	6	0	58
	%	3.45%	12.07%	25.86%	48.28%	10.34%	0.00%	100%
2005	빈도(명)	0	10	13	24	4	0	51
	%	0.00%	20.00%	25.00%	47.00%	8.00%	0.00%	100%
2007	빈도(명)	0	7	13	8	1	0	29
	%	0.00%	24.14%	44.83%	27.59%	3.45%	0.00%	100%
2009	빈도(명)	0	11	15	4	5	0	35
	%	0.00%	31.43%	42.86%	11.43%	14.29%	0.00%	100%
전체	빈도(명)	11	137	372	490	129	2	1141
	%	0.96%	12.01%	32.60%	42.94%	11.31%	0.18%	100%

이와 같이 현재 중국과학원 원사는 전공 분과의 전문성에 의거하여 50여 명 정도가 선발되고 있으며 선발 연령은 다소 낮아지고 있는 중이다.

2. 원사의 학술 업적 · 사회적 영향력

중국과학원 원사의 학술적, 사회적 영향력을 살펴보기 위하여 원사가 발표한 논문 수, 논문의 인용회수, 매체에 글을 기고한 회수(매체 저자), 매체에서 과학자를 다룬 회수(매체 노출)를 조사하였다. 논문 발표는 과학자가 자신의 연구 성과를 발표하는 가장 대표적인 방식이며, 논문

[표 Ⅲ-4] 학술 업적 · 사회 영향력 평균 비교

원사 선발 년도	논문수(편)	인용(번)	매체저자(번)	매체노출(번)
1955	13.75	87.05	4.28	9.33
1957	6.44	15.83	3.78	13.39
1980	58.48	383.96	1.35	2.15
1991	118.65	970.86	1.49	4.78
1993	105.25	1023.97	0.49	0.64
1995	119.47	1014.97	0.51	0.39
1997	100.43	786.84	0.74	2.24
1999	89.00	787.58	0.65	0.29
2001	71.13	422.84	0.34	0.96
2003	88.45	708.21	0.38	0.79
2005	89.82	443.90	0.06	0.25
2007	93.14	964.38	0.17	0.38
2009	257.06	1662.91	0.26	0.26
전체 평균	81.63	621.61	1.48	3.32

의 인용 회수는 발표된 논문이 동료 학자들로부터 얼마나 높은 평가를 받고 있는지에 대한 기준을 제공한다고 볼 수 있다. 또한 과학자가 매체에 기고하는 것과 매체가 과학자의 활동을 기사화 하는 것은 과학자의 사회적 영향력을 반영하는 것이다(詹正茂·靳一·陳曉淸, 2011). 원사의 논문 수와 논문 인용회수는 중국지망(www.cnki.net)의 자료를 토대로 재정리하였으며, 매체에 글을 기고한 회수와 매체 노출 회수는 인민일보 DB 1946~2010(新版人民日報圖文數据庫 1946~2010)의 검색을 통해 추출하였다.

개혁개방 이전 과학원 원사의 학문적 업적은 학문 체제의 붕괴와 연구의 폐쇄성으로 말미암아 정확하게 측량하기 어렵다. 이 시기 중국 과학자는 주로 국가의 과학 정책에 동원되어 비밀리에 연구 활동을 수행하였기 때문에 논문과 인용에 근거한 과학자 사회의 학술적 업적 평가가 불가능하였다. 반면 당시 과학자들은 과학 연구의 정치적 목적을 선전하기 위하여 자주 매체에 등장하는 특징을 보였다. 초기 과학원 원사들은 개혁개방 이후에도 과학계의 원로로 과학 정책과 과학지식 보급을 위해 자주 언론에 등장하기도 하였다.

2009년 선발된 원사의 가장 두드러진 특징은 논문수와 인용회수에서 비약적인 증가가 보인다는 점이다. 2009년 선발된 35명 원사의 평균 논문 수는 257.06편이었으며 그 중에는 1000편이 넘는 논문을 발표한 연구자도 있었다. 뤄쥔(羅俊) 화중과기대학(華中科技大學)교수와 중국과학원 상하이 마이크로시스템과 정보기술연구원(中國科學院上海微系統与信息技術研究院)의 왕시(王曦) 연구원은 각각 1131편의 논문(2679번 인용)과 1389편의 논문(4013번 인용)을 발표하였다. 논문의 수적 증가뿐만 아니라 논문 인용 수도 증가하여 2009년에는 평균 논문 인용수가 1662.91번으로 역대 최고치를 보였다. 비록 인용수의 증가가 꾸준하게 이루어진 것은 아니지만 2003년 이래로 논문 발표수가 지속적으로 증가하고 있는 것으로 보아 정치적 요인이 강하게 작용하던 과거와 달리 원사 선발에 있어 학문적 요인이 강화되고 있는 것으로 짐작된다. 이에 반해 매체에 기고하거나 노출되는 원사의 수가 감소되는 추세가 나타나 과거에 비해 매체를 통한 원사의 활동이 활발하지 않은 것으로 보인다.

과학자에게 교육과 훈련, 연구를 담당하는 기관에서의 경험은 연구자 간의 네트워크와 학문적 패러다임을 구성하는 중요한 매개체가 된다. 이를 검증하기 위해 '중국 과학원 학부와 원사(http://www.casad.ac.cn/)' 사이트와 '바이두 백과사전(www.baidu.com)'을 통해 중국과학원 원사의 학부와 최종 학위 교육기관, 그리고 경력에 기록된 기관명을 조사하였다.

[표 Ⅲ-5]의 링크수는 기관과 원사가 맺고 있는 총 관계수를 의미하며 중국과학원은 원사 573명과 교육 혹은 연구의 관계를 맺은 바 있음을 보여주고 있다. 베이징대학과 칭화대학은 각각 328명과 206명의 원사와 관계가 있으나 중국과학원과의 양적 차이가 확연하여 중국과학원이 과학원 원사에게 있어 가장 대표적인 경력 기관이며 중국 과학계에서 핵심적인 위치를 차지하고 있음을 확인할 수 있었다.

중국과학원을 제외하고 가장 영향력 있는 기관은 베이징대학으로, 베이징대학은 전 시기를 통틀어 높은 연결성을 보였다. 특히 건국 초기 베이징대학은 다른 기관들에 비해 두드러진 연결성을 드러내 중화민국 시기 베이징대학이 중국 과학 교육과 연구에 있어 중요한 역할을 담당했음을 나타냈다. 그러나 건국 이후 칭화대학의 인문, 법학, 자연과학은 베이징대학의 일부가 되고, 농과대학은 베이징 농과대학으로 통합되었으며 칭화대학은 베이징대학과 옌징대학에 있는 모든 공과대학을 흡수하여 종합기술대학으로 재편되는 대학구조개혁이 시행되었다. 이로 인하여 과학연구에 있어서 베이징대학의 영향력이 다소 감소하였다. 또한 개혁개방이후 중국 과학 체제 개혁이 진행됨에 따라 고등교육 기관의 교육과 연구 기능이 부활, 개선되었고, 90년대 중점대학을 중심으로 과

[표 Ⅲ-5] 원사의 교육 및 경력 기관 비교

순위	1	2	3	4	5	6	7	8	9	10
전체 (1955~2009)	中科院	北京大學	淸華大學	中央大學	浙江大學	中國科技大學	南京大學	夏旦大學	交通大學	西南聯合大學
링크수	573	328	206	102	102	98	93	81	76	66
1955	北京大學	中科院	淸華大學	中央硏究院	中央大學	西南聯合大學	東南大學	浙江大學	金陵大學	交通大學
링크수	89	87	48	35	34	26	23	20	11	11
1957	北京大學	中科院	淸華大學	北京協和醫學院	中國醫學科學院	中央大學	西南聯合大學	中國科技大學	北京地質學院	劍橋大學
링크수	18	12	3	3	3	3	3	3	2	2
1980	中科院	北京大學	淸華大學	中央大學	浙江大學	西南聯合大學	交通大學	南京大學	中央硏究院	同濟大學
링크수	142	95	66	42	38	33	29	22	21	19
1991	中科院	北京大學	淸華大學	中央大學	浙江大學	西南聯合大學	交通大學	南京大學	中央硏究院	同濟大學
링크수	142	95	66	42	38	33	29	22	21	19
1993	中科院	北京大學	淸華大學	廈門大學	中國科技大學	山東大學	浙江大學	大連工學院	交通大學	南京大學
링크수	25	15	6	6	5	4	4	3	3	3
1995	中科院	北京大學	南京大學	夏旦大學	交通大學	淸華大學	中央大學	浙江大學	重慶大學	北京鋼鐵學院
링크수	28	12	10	5	4	4	3	3	3	2
1997	中科院	北京大學	淸華大學	中國科技大學	南京大學	武漢大學	北京地質學院	交通大學	南開大學	夏旦大學
링크수	34	16	9	5	4	4	3	3	2	2
1999	中科院	北京大學	中國科技大學	夏旦大學	淸華大學	南京大學	同濟大學	香港大學	華南工學院	長春地質學院
링크수	32	11	6	6	4	3	3	2	2	2
2001	中科院	北京大學	中國科技大學	浙江大學	夏旦大學	淸華大學	南京大學	山東大學	香港大學	哈爾濱工業大學
링크수	26	11	10	6	6	6	6	4	3	2
2003	中科院	中國科技大學	淸華大學	北京大學	南京大學	夏旦大學	浙江大學	香港大學	南開大學	蘭州大學
링크수	28	11	10	10	7	7	6	3	3	3
2005	中科院	夏旦大學	南京大學	北京大學	淸華大學	中國科技大學	交通大學	浙江大學	中國地質大學	北京地質學院
링크수	23	7	7	7	5	5	4	4	2	2
2007	中科院	吉林大學	夏旦大學	南京大學	中國科技大學	淸華大學	北京大學	山東大學	北京理工大學	蘭州大學
링크수	13	4	4	4	3	3	3	2	2	2
2009	中科院	淸華大學	中國科技大學	北京大學	蘭州大學	西北大學	中山大學	吉林大學	香港中文大學	大連理工大學
링크수	16	5	5	4	3	2	2	2	2	2

학 교육 체제가 형성되면서 베이징대학의 우세는 과거에 비해 두드러지지 않게 되었다(사이먼과 차오, 2011, 138). 현재는 중국과학원이 핵심적인 역할을 발휘하는 가운데 전국의 우수한 중점대학들이 고르게 그 영향력을 확보해나가고 있는 것으로 조사되었다. 이러한 경향은 2000년 대 이후로 더욱 두드러져 중국과학원을 제외한 다른 교육·연구 기관의 영향력이 비슷한 수준을 유지하고 있다.

3. 경력과 원사의 네트워크

과학원 원사가 학력과 경력을 중심으로 다른 원사와 맺고 있는 관계를 측정하기 위해 본 연구에서는 네트워크 분석 프로그램인 넷마이너 3(net miner 3)를 이용해 원사의 연결중심성을 측정해보았다. 과학원 원사의 교육과 연구 경력을 조사한 후 같은 기관을 매개로 연결된 원사 간의 관계를 살펴본 것으로 많은 기관에서 수학하거나 연구 활동을 수행한 과학자일수록 여러 원사와 연결되어 있다는 것을 의미하며 다수의 연결선이 존재할수록 높은 연결중심성을 나타낸다.

2009년 선출된 원사의 경력을 중심으로 네트워크 분석을 실시하기 위하여 우선 각 원사의 경력에서 드러난 연구·교육기관을 조사하여 [표 Ⅲ-6] 작성하였다.

[표 Ⅲ-6] 2009년 선출 원사의 연구·교육 기관 연결 관계 예시

Source	Target	Weight
包信和	夏旦大學	3
王錫凡	交通大學	3
涂永强	蘭州大學	3
莫宣學	北京地質學院	3
江雷	吉林大學	2
隋森芳	淸華大學	2
孫昌璞	南開大學	2
許寧生	中山大學	2
劉國治	淸華大學	2
怀進鵬	北京航空航天大學	2
(중간 생략)		
林鴻宣	中國水稻硏究所	1
李安民	柏林技術大學	1
崔向群	南京理工大學	1

위 표에 의하면 빠오신허(包信和)는 자신의 교육·연구 활동 중 푸단대학(夏旦大學)에서 세 차례에 걸쳐 경험을 쌓았고 왕시판(王錫凡)은 쟈오퉁대학(交通大學)에서 같은 수의 경력을 쌓았다. 경력에 대한 네트워크 분석은 공통된 경력을 중심으로 원사 간의 연결 관계를 측정하기 위해 자카드 계수(Jaccard coefficient)를 이용하였으며 원사 a와 원사 b의 자카드 계수를 산출하는 수식은 다음과 같다.

$$\frac{N(a \cap b)}{N(a \cup b)}$$

예를 들어 [표 Ⅲ-7] 2009년 선출된 원사와 교육연구 기관 간의 관계를 나타낸 행렬표를 기초로 쑨창푸(孫昌璞)와 뤄쥔(羅俊)의 자카드 계수를 산출한다면, 쑨창푸이 경력을 쌓은 기관은 3개, 뤄진이 경력을 쌓은 기관은 총 3개이며, 쑨창푸와 뤄쥔이 함께 경력을 쌓은 기관은 중국과학

원 1개이다. 자카드 계수 산출식에 의하면,

$$\frac{1}{(3+3-1)} = 0.2$$

로 쑨창푸와 뤄쥔 기관을 중심으로 0.2 정도로 관계를 맺고 있는 것으로 확인되었다.

[표 Ⅲ-7] 2009년 선출 원사-기관 연결 행렬표 예시

	东北师范大学	南开大学	中科院	北京大学	柏林技术大学	四川大学	华中科技大学	中国科技大学	兰州大学
孫昌璞	2	2	1						
李安民				1	1	1			
羅俊			1				2	1	
鄭曉靜								1	2

[표 Ⅲ-8] 2009년 원사 간의 연결 중심성 측정 결과 예시

	孙昌璞	李安民	罗俊	郑晓静	席南华	崔向群
孫昌璞	1	0	0.2	0	0.2	0.166667
李安民	0	1	0	0	0	0
羅俊	0.2	0	1	0.2	0.2	0.166667
鄭曉靜	0	0	0.2	1		0.166667
席南華	0.2	0	0.2	0	1	0.166667
崔向群	0.166667	0	0.166667	0.166667	0.166667	1
万立駿	0.166667	0	0.166667	0.166667	0.166667	0.333333
包信和	0.142857	0.142857	0.333333	0	0.142857	0.125
江雷	0.2	0	0.2	0	0.2	0.166667
江桂斌	0.166667	0	0.4	0	0.166667	0.142857
陳小明	0	0	0	0	0	0
周其林	0.166667	0	0	0.166667	0	0

자카드 계수를 통해 산출된 연구자와 연구자 간의 관계를 [표 III-8]과 같은 행렬관계로 나타낼 수 있으며 이와 같은 행렬식은 특정 원사가 다른 원사와 맺고 있는 연결정도를 기준으로 작성되었다. 이를 통해 특정 원사가 원사 집단 내에서 어느 정도 중심적 위치를 차지하는지를 산출해낼 수 있다.

이를 "연결중심성(degree centrality)"이라고 하며 연결중심성은 한 구성원(node)이 다른 구성원들과 맺고 있는 연결(weight of incident link)의 총합을 본인을 제외한 전체 구성원 수(node-1)로 나눈 것으로 많은 연결을 가진 구성원일수록 연결 중심성이 높게 나타난다.

$$\text{degree centrality of node} = \frac{sum\ [weight\ of\ incident\ links]}{\#nodes\text{-}1}$$

연결중심성이 높다는 것은 연구자가 학연과 경력을 통해 다수 연구자와 폭넓은 연결망을 형성하고 있다는 것을 의미한다. 이러한 연결망이 실제 과학자 공동체에서 가지고 있는 의미를 과학자의 학술적, 사회적 영향력과의 상관관계를 분석함으로써 설명이 가능하리라고 본다.

4. 경력네트워크의 영향력 분석 결과 및 해석

넷마이너 3를 이용하여 1955년에서 2009년까지 선출된 원사의 연결중심성 산출 결과가 과학자의 학술적 영향력(논문과 인용수), 사회적 영향력(매체저자와 매체노출)과 상관관계가 있는지를 살펴보았다.

넷마이너 3로 산출된 연결중심성이 원사가 발표한 논문수와 논문 인용회수에 미치는 영향력을 살펴보고자 연결중심성을 독립변수로, 논문 수와 논문 인용 회수를 종속변수로 회귀분석을 실시하여 다음과 같은 분석 결과를 얻었다.

[표 Ⅲ-9] 경력 네트워크와 학술적 영향력 상관관계 분석 결과

독립변수	학술적 영향력 (종속변수)								
	논문수					논문인용			
	비표준화 계수		표준화 계수	t	유의 확률	비표준화 계수		표준화 계수	t	유의 확률
	B	표준오차	베타			B	표준오차	베타		
(상수)	98.816	6.690		14.771	.000	796.072	64.380		12.365	.000
연결중심성	-45.714	15.075	-.089	-3.032	.002	-464.057	145.076	-.094	-3.199	.001

회귀분석 결과에 따르면 과학원 원사의 경력 연결중심성은 논문 수와 논문 인용 회수 모두와 부(-)의 상관관계가 있는 것으로 나타났다. 이러한 결과에 따르면 다양한 경력과 여러 연구 기관을 경험한 과학원 원사가 높은 학술적인 성과를 내었다고 보기 힘들며 경력을 통해 전문 지식을 획득했다고 보기도 어렵다. 또한 경력의 연결 중심성과 논문 인용 회수가 부(-) 상관관계가 있는 것으로 나타나 경력을 통해 형성된 학연과 인맥 간에 과학 지식의 패러다임이 공유되고 있지도 못하고 있는 것으로 유추할 수 있었다.

2000년대 이전 과학원 원사로 선발된 대다수의 과학자가 과학의 국가화 시기에 이미 연구 경력을 시작하였다. 이들이 전체 원사 중 80%를 차지하고 있기 때문에 전체 원사에 대한 경력 분석에서 이들의 경험치가 주요하게 작용되었을 것으로 보인다. 그리하여 과학자들이 국가의 지원을 받는 기관이나 조직에 소속되어 다른 기관으로의 전출되지 않고 연구를 수행할 경우 발표 논문 수와 인용회수가 증가하는 것으로 볼 수

있으며 피동적으로 형성된 과학자의 인맥과 교류는 학술적인 성취에 별다른 영향을 미치지 못하는 것으로 나타났다.

같은 방식으로 과학원 원사의 경력 네트워크와 과학원 원사가 매체의 저자로 등장하는 횟수, 매체에 노출되는 횟수 간의 상관관계를 살펴보기 위해 회귀분석을 실시하여 다음의 결과를 얻었다.

[표 Ⅲ-10] 경력 네트워크와 사회적 영향력 상관관계 분석

독립변수	사회적 영향력(종속변수)								
	매체 저자					매체노출			
	비표준화 계수		표준화 계수	t	유의 확률	비표준화 계수		표준화 계수	t	유의 확률
	B	표준오차	베타			B	표준오차	베타		
(상수)	.869	.227		3.836	.000	2.365	.966		2.448	.015
연결 중심성	1.637	.511	.095	3.206	.001	2.546	2.177	.035	1.169	.243

과학원 원사의 경력 네트워크는 과학원 원사가 기사의 저자로 등장하는 횟수와 정(+) 상관관계에 있는 것으로 나타나 다양한 경력과 이동으로 인한 인맥과 교류의 확대가 매체의 저자로 등장하는데 유리하게 작용하는 것으로 나타났다.

개혁개방 이전 중국에서 과학자의 인사이동은 정치적 목적을 가지고 있는 경우가 대다수이다. 그 중에는 국가가 추진하는 핵심적인 연구 사업에 포함되지 못하여 일시적인 필요에 따라 인사이동을 하게 되는 경우도 있었을 것이고 본래 과학원 원사로 선출된 이유가 학술이 것이 아닌 행정적인 것에서 비롯되었기 때문일 수도 있다. 과학원 원사의 선발이 제도화되기 이전, 과학원 원사에는 국가 과학체제를 정비하고 과학자 집단을 조직하기 위한 행정 인원들이 다수 포함되어 있었다(趙明·徐飛, 2010). 그들은 과학발전의 필요성과 당위성을 대중적으로 전파하는

역할을 담당하였으며 이러한 까닭에 매체의 저자로 종종 등장하였을 것으로 예상된다. [표 Ⅲ-4]에서 보듯 매체의 저자로 1955년도에 선출된 원사가 가장 자주 등장하는 것은 초기 과학자 조직 재정비와 과학체제 건설을 위해 선발된 인사가 다수 포함되어 있었기 때문이다.

경력 네트워크와 매체 저자가 상관관계에 있는 반면 매체 노출과 상관관계가 없는 것으로 나타난 것은 이들 원사에게 발언 기회가 많이 주어졌지만 이들의 활동이 반드시 기사화되는 것은 아니었다는 것을 보여주고 있다.

과학의 국가화로 인하여 과학자의 연구 활동은 크게 제한되었다. 국가 과학 정책이 집중된 분야의 연구자가 아닌 경우에는 연구 활동이 불가능한 기관과 직위로 발령이 나기도 하였다. 그 때문에 중국 과학자에게 있어 경력을 통해 획득된 연결망은 학술적 부분에서 긍정적인 영향력을 가지지 못하는 것으로 나타났으며 인사이동에 정치적 요인이 작동한 만큼 다양한 기관을 섭렵한 과학자의 경우에는 과학기술 선전과 보급이라는 측면에서 매체의 저자로 자주 등장하는 것으로 나타났다.

특히 다양한 기관에서 경력을 가진 원사의 학문적 성취도가 높지 못한 것은 인사 이동이 많았던 원사의 경우 중국 정부가 치중하고 있는 연구 분야에서 제외되어 있었다는 점을 반영하며 거취가 비교적 안정적으로 유지되었던 학자들이 더욱 많은 연구 성과를 내었다는 분석결과는 중국이 과학 역량을 집중하여 집약적인 연구 성과 도출하고 있음을 보여주고 있다. 다시 말하면, 다양한 기관에서의 경험을 통해 과학자들이 새로운 지식을 습득하고 우수한 연구 성과를 내는 것 아니었다는 것이다. 오히려 국가의 지원을 받는 연구소나 고등교육 기관에서 이동이 적은 것이 연구를 수행하고 학술적 성과를 내는 데 유리하게 작용하였다.

이러한 연구 결과는 초기 과학학 학자들이 과학 지식 내부의 규칙과 과학자의 탈이해적 행동양식을 강조하였지만 중국의 예시를 통해 과학

지식의 내부 규칙이 중국 정부와 과학자가 맺고 있는 정치적 관계를 극복하지 못하였을 보여줌으로써 과학 지식 형성에 있어서 외부 환경의 요인이 중요하게 작용함을 반영하고 있다. 중국 과학계는 중국 사회가 가지고 있던 폐쇄성과 경직성, 그리고 엘리트 중심의 사회 체제를 그대로 반영하고 있었으며 중국 과학계의 이러한 특징은 과학자 공동체의 내부 규칙이 형성되고 영향력을 발휘되는데 장애요인으로 작용하였다.

IV. 역대 중국과학원 원사의 구성과 특징

China's Scientific Elite: Chinese Academy of Science Members(1955~2009)

　중국과학원 원사의 선발과 인적구성은 시기별로 구분되는 특징을 보인다. 이러한 특징은 중국 과학기술체제 개혁, 정부의 과학기술 정책 전환, 인재양성 계획 수립과 고등교육체제의 제도화 등 외부 환경 변화가 주요하게 작용한 결과이다. 그리하여 이번 장에서는 1955년부터 2009년까지 약 50여 년에 걸쳐 선발된 원사의 구성과 특징을 각 시기별로 분석함으로써 중국 과학기술 지식 체제의 변화와 흐름을 살펴보도록 하겠다.

1. 1955년 원사

　1955년 원사(학부위원) 선발은 과학연구 체제의 건설과 과학의 국가화 분위기 속에서 진행되었다. 대부분의 과학자들은 1920년대 중화민국 시기 이후 교육을 받은 세대로 그 수는 비록 적었으나 선진국에서 수학경험이 있는 유학경험자가 큰 비중을 차지하였다.

　전국에 흩어져 있는 과학자의 분포 현황을 파악하고 능력에 맞추어 이들을 적재적소에 배치하는 작업이 우선시되었기 때문에 과학원의 학부의 구별은 전공에 따라 세분화되지 못하고 계열별로 크게 '물리수학화학부', '기술과학부', '생물학지학부'로 나누어졌다. 그 중 생물학지학부의 학부위원은 84명으로 전체의 48.8%를 차지하고 있었다.

또한 선발당시 연령과 출생년도 구분에 따르면 1800년대 전통교육을 경험한 세대보다는 1900년대 이후 현대 교육 체제에서 육성된 학자들이 67.5%으로 더 많은 비중을 차지하였다. 50대 이하의 학부위원이 87.2%를 점하는 등 젊은 세대들이 주축이 된 신학문으로서의 특징이 두드러지게 나타났다.

중국지역은 크게 화베이(華北: 허베이성, 산시(山西)성, 베이징, 티엔진, 네이멍구자치구중부), 둥베이(東北: 랴오닝성, 지린성, 헤이룽쟝성, 네이멍구자치구동부), 화중(華中: 허난성, 후베이성, 후난성), 화둥(華東: 쟝쑤성, 저쟝성, 안후이성, 쟝시성, 산둥성, 상하이), 둥난(東南: 푸젠성, 타이완), 화난(華南: 광둥성, 광시장족자치구, 하이난성, 홍콩, 마카오)로 나누어진다. 1955년 선발된 원사의 출신성을 보면, 화둥지역(쟝쑤, 저쟝, 허베이) 출신 원사가 전체의 51.2%를 차지하였고, 광둥성(6.4%), 후난성(6.4%), 푸젠성(5.8%), 쟝시성(5.2%) 출신의 원사가 그 뒤를 따르고 있는 것으로 나타나 과학인재 배출에 있어 남부지역이 북부지역에 비해 절대적인 우세를 보였다.

최종학력을 기준으로 볼 때, 1955년 선발 원사의 과반수이상인 66.3%가 박사학위 취득자이며 또한 석사학위 취득자가 12.8%, 대졸자가 19.8%를 차지하여 상당수의 인원이 고등교육을 수료한 것으로 나타났다.

1955년 선발 원사의 대학교육 상황을 보면, 선발 원사의 87.2%가 국내에서 대학교육을 받았으며 11.6%가 해외에서 대학교육을 이수하였다. 가장 많은 원사를 배출한 대학교는 베이징대학으로 전체 원사의 37.2%가 베이징대학 출신이며, 칭화대학이 8.1%로 그 뒤를 이었다. 원사의 출신지가 남부에 집중되어 있는 달리 출신학교는 북부에 집중되어 학연과 지연이 구분되는 특징이 1955년 선발 원사에게서 나타났다.

IV. 역대 중국과학원 원사의 구성과 특징 55

[표 IV-1] 1955년 과학원 원사의 구성과 특징

학부	빈도(명)	퍼센트(%)	출신성	빈도(명)	퍼센트(%)
			쟝쑤	43	25
물리수학화학부	48	27.9	저쟝	33	19.2
기술과학부	40	23.3	허베이	12	7
생물학지학부	84	48.8	광둥	11	6.4
합계	172	100	후난	11	6.4
선발 당시 연령	빈도(명)	퍼센트(%)	푸졘	10	5.8
			쟝시	9	5.2
30 대	5	2.9	후베이	8	4.7
40 대	59	34.3	상하이	5	2.9
50 대	86	50	허난	5	2.9
60 대	18	10.5	베이징	4	2.3
70 대	3	1.7	산둥	4	2.3
80 대	1	0.6	쓰촨	4	2.3
합계	172	100	안후이	3	1.7
출생년도	빈도(명)	퍼센트(%)	티엔진	2	1.2
			산시(陝西)	2	1.2
1800년대	56	32.6	해외	2	1.2
1900년대	77	44.8	랴오닝	1	0.6
1910년대	39	22.7	지린	1	0.6
합계	172	100	구이저우	1	0.6
학력	빈도(명)	퍼센트(%)	홍콩	1	0.6
			합계	172	100
제도외 교육	2	19.8	영향력	평균	표준편차
대졸	34	12.8	논문수(편)	13.75	27.694
석사학위	22	66.3	인용(번)	87.05	253.394
박사학위	114	100	매체저자(번)	4.285	6.7421
합계	172		매체노출(번)	9.33	21.659
대학	빈도(명)	퍼센트(%)	최종학위 취득 기관	빈도(명)	퍼센트(%)
			베이징대학	16	9.3
베이징대학	64	37.2	하버드대학	8	4.7
칭화대학	14	8.1	커넬대학	8	4.7
둥난대학	12	7	파리대학	6	3.5
진링대학	8	4.7	시카고대학	6	3.5
옌징대학	6	3.5	베를린 대학	5	2.9
베이징셰화의원	5	2.9	동경제국대학	5	2.9
시카고대학	4	2.3	콜롬비아대학	5	2.9
칭화학당	4	2.3	MIT	5	2.9
커넬대학	4	2.3	프린스턴대학	4	2.3
푸단대학	4	2.3	런던대학	4	2.3
			캘리포니아대학	4	2.3
소재지	빈도(명)	퍼센트(%)	소재지	빈도(명)	퍼센트(%)
국내	150	87.2	국내	41	23.8
해외	20	11.6	해외	129	75
합계	170	98.8	합계	170	98.8
시스템 결측값	2	1.2	시스템 결측값	2	1.2
합계	172	100	합계	172	100

[그림 Ⅳ-1] 1955년 과학기관과 과학자의 연결망

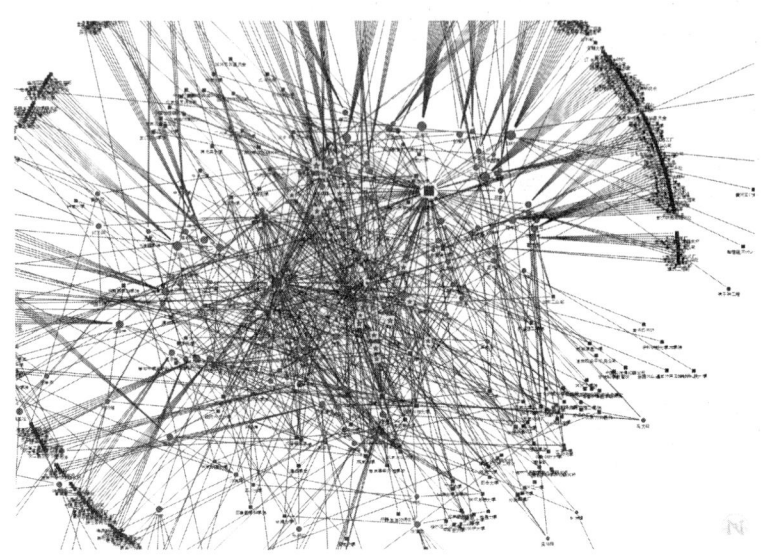

		링크수			연결중심성
1	北京大學	89	1	夏堅白	0.871345
2	中科院	87	1	竺可楨	0.871345
3	淸華大學	48	3	周仁	0.865497
4	中央硏究院	35	3	張肇騫	0.865497
5	中央大學	34	5	潘菽	0.859649
6	西南聯合大學	26	6	斯行健	0.847953
7	東南大學	23	6	俞建章	0.847953
8	浙江大學	20	6	張文佑	0.847953
9	金陵大學	11	6	曾昭掄	0.847953
9	交通大學	11	10	劉仙洲	0.842105
9	夏旦大學	11	10	錢偉長	0.842105
12	東北大學	10	12	張光斗	0.836257
12	燕京大學	10	12	殷宏章	0.836257
12	中山大學	10	12	張靑蓮	0.836257
12	中國科技大學	10	12	王竹溪	0.836257
			12	馬大猷	0.836257

1955년 선발 원사의 상당수는 해외 소재 교육기관에서 최종학위를 취득한 것으로 나타났다. 전체 172명 원사 중 75%인 129명이 해외에서 학위를 취득하였으며 국내에서 학위를 취득한 원사는 41명으로 23.8%에 그쳤다. 과학연구의 기초가 열등한 중국에서 고급인재를 양성하기 위해 해외 유학 정책을 펼친 것이 주요하게 작용하였을 것이라고 예측된다. 해외지역 중에서도 하버드, 커넬, 시카고, 콜롬비아, MIT, 프린스턴 대학, 캘리포니아 대학 등 미국소재 대학이 다수를 점하고 있는 것으로 나타나 과학이라는 신학문을 배우기 위해 많은 중국학생들이 미국으로 유학을 떠났음을 확인할 수 있었다.

과학교육 수학경험과 이후 연구경력을 통해 형성된 연결망을 도출한 결과는 [그림 Ⅳ-1]과 같다. [그림 Ⅳ-1]에 따르면 상당수의 과학자들이 베이징대학과 중국과학원을 중심으로 연결되는 특징을 보이고 있다. 다수의 연결선을 확보한 기관 중 그림의 오른쪽에 위치한 사각형이 베이징대학, 왼쪽에 위치한 사각형이 중국과학원인데, 연결선(링크)이 더 많은 기관은 베이징대학이지만 중국과학원에 더 많은 연결선의 밀집이 보인다. 이는 중국과학원이 베이징대학보다 다른 주요 과학 연구·교육기관과 더 밀접한 연결관계를 맺고 있다고 해석할 수 있다. 실제로 중국과학원 주변에 칭화대학, 중앙연구원, 중앙대학 등 원사들의 경력에 자주 등장하는 연구·교육 기관이 더 많이 포진하고 있는 것을 확인할 수 있다. 기관과 기관이 가깝게 위치하여 연결선이 밀집되어 있다는 것은 바로 이 두 기관을 동시에 경력으로 포함하고 있는 원사들이 다수 존재하고 있다는 것을 의미한다.

연결중심성이란 기관을 통해서 다른 원사들과 관계를 맺고 있는 정도를 수치화 한 것이다. 이는 단순하게 연결선의 수(링크수)가 많다는 것을 의미하는 것이 아니라 기관을 통해 다른 원사와 얼마나 연결되는가를 측정하는 것이기 때문에 연결선의 수가 적더라도 영향력 있는 기관에서 경험을 쌓는다면 연결중심성이 더 높게 나타난다. [그림 IV-1]의 별로 표시된 점들이 연결중심성이 높은 원사들을 가리키며 대부분 중국과학원과 베이징대학 사이에 위치하고 있는 것으로 나타났다. 이를 통해 베이징대학과 중국과학원에서의 경험이 다른 연구자와 연결망을 형성하는데 있어서 가장 중요한 역할을 하며 과학자 공동체의 핵심적인 경력 사항일 것이라는 점을 유추할 수 있다.

[그림 IV-2] 1955년 원사 연결중심성과 기관

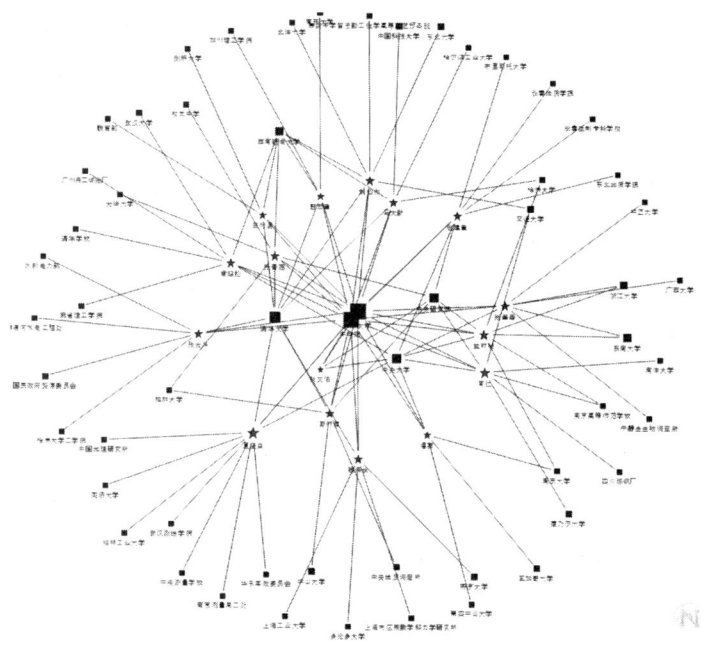

[그림 IV-2]는 연결중심성이 높은 원사와 경력기관과의 연결 관계를 시각화한 것이다. [그림 IV-2]에 따르면 원사들은 중국과학원, 베이징대학을 중심으로 연결망을 형성하고 있는 것으로 보인다. 이밖에 칭화대

학, 중앙대학, 중앙연구원도 연결중심성이 높은 원사들이 소속된 경험이 있는 기관으로 이 기관들은 과학원 원사가 인맥을 쌓는데 매우 중요한 역할을 하고 있음을 알 수 있다. 비록 중화인민공화국 건국 직후 중국정부가 중국과학원을 중심으로 과학자를 결집하면서 중국과학원의 역할이 크게 부상하기는 하나 당시 과학원 원사들의 인맥은 중화민국시기를 거치면서 형성된 것으로 이러한 과거의 경험은 중국정부의 강제력이 미치는 상황에서도 중요하게 작용하였을 것이라고 예상된다.

2. 1957년 원사

1957년 선발된 원사(학부위원)는 총 18명으로 1955년 선발 원사 중 실제 연구 수행이 불가능한 정치 인사 다수가 포함되어 있다는 지적에 이를 수정하여 심도 깊은 과학연구가 가능한 전문가로만 구성하였다. 그러나 급진적인 정치운동이 확산되면서 분산된 과학연구 역량을 조직화하고자 하였던 과학 공동체와 이를 지지하는 정치가들의 노력은 한계에 부딪치게 되었다. 그리하여 1957년 원사가 선발된 이후 개혁개방이 시작되었던 1980년까지 원사선발은 중지되게 되었다.

1957년 가장 많은 학부위원을 선발한 학부는 물리수학화학부로 7명을 선발하였으며, 기술과학부는 3명, 생물학부는 5명, 지학부는 3명으로 총 18명이 선발되었다. 학부 구분의 변화가 생겨 기존에 하나의 학부로 통합되어 있던 생물학부와 지학부가 분리되었다. 연령층은 여전히 젊은 세대가 주축이 되어 50대 이하의 원사가 88.9%를 차지하였다. 출생년도도 대부분 1900년대 이후 출생자로 전통교육보다는 현대적인 교육을 받은 세대가 대다수이다.

출생지역은 여전히 남부지역이 강세를 보였다. 푸젠성 출신이 5인으로 가장 많은 원사를 배출하였으며 상하이, 저쟝, 산둥, 장쑤 등지에서 원사가 배출되었으나 화베이지역에서는 허베이성 출신의 원사 2인이 선발된 것에 그쳤다.

학력은 18인 중 17인 이상이 석사학위 이상을 취득하였으며 14인은 박사학위를 취득하여 박사학위 취득자가 77.8%에 다달았다. 학력 면에서 1955년에 비해 다소 상승한 수치이다.

1957년 원사는 학부와 최종학위 취득 기관이 명확하게 구분이 되는 특징을 보였다. 18명의 원사 모두가 베이징대학에서 수학하였으며 졸업 후 그 중 16명이 해외에서 최종학위를 취득하였다. 중화민국시기 고급 인재 양성을 목표로 하는 기초 과학 집중교육이 베이징대학을 중심으로 추진된 것으로 보이며 베이징대학은 중화인민공화국 건국 이전부터 과학인재를 양성하는 핵심기관으로 존재하여왔음을 확인할 수 있었다.

1957년 원사의 경우 대학졸업 후 학위 취득을 위해 해외로 나간 경우가 대부분이었는데 1955년에는 미국 학위 취득자가 수적 우세를 보였던 반면에 1957년의 경우에는 영국, 프랑스, 독일 등 유럽 학위자도 고르게 분포되는 경향을 보였다.

1957년 선발된 원사가 모두 대학 동기라는 점은 교육과 연구 경력 기관을 중심으로 한 원사 간의 연결망이 규칙적으로 배열되는 특징을 나타냈다. 연결망의 중심에는 대표적인 교육·연구 기관인 베이징대학과 중국과학원이 위치하여 있고 원사들은 베이징대학과 중국과학원을 중심으로 구성원 모두와 연결 관계를 가지고 있는 것으로 나타났다. 즉, 1957년 원사의 연결중심성은 "1"로 원사들은 모든 구성원과 상호 관계를 가지고 있다. 1957년 원사의 연결망은 당시 과학인재가 한정된 통로에서 양성되고 활동되었던 교육·연구 시스템을 반영하고 있다.

[표 Ⅳ-2] 1957년 과학원 원사의 구성과 특징

학부	빈도(명)	퍼센트(%)	최종학위 취득 기관	빈도(명)	퍼센트(%)
물리수학화학부	7	38.9	캘리포니아대학	1	5.6
기술과학부	3	16.7	예일대학	1	5.6
생물학부	5	27.8	MIT	1	5.6
지학부	3	16.7	베이징대학	1	5.6
합계	18	100	커넬대학	1	5.6
선발 당시 연령	빈도(명)	퍼센트(%)	위스컨신대학	1	5.6
30 대	1	5.6	스트라스부르 대학	1	5.6
40 대	6	33.3	런던 EMI 대학	1	5.6
50 대	9	50	샹야의학전문대학	1	5.6
60 대	2	11.1	캔자스 대학	1	5.6
합계	18	100	콜롬비아대학	1	5.6
출생년도	빈도(명)	퍼센트(%)	최종학위 소재지	빈도	퍼센트
1800년대	3	16.7	국내	2	11.2
1900년대	10	55.6	해외	16	88.8
1910년대	5	27.8	합계	18	100
합계	18	100	**출신성**	빈도(명)	퍼센트(%)
학력	빈도(명)	퍼센트(%)	푸젠	5	27.8
대졸	1	5.6	상하이	3	16.7
석사학위	3	16.7	저장	2	11.1
박사학위	14	77.8	산둥	2	11.1
합계	18	100	허베이	2	11.1
대학	빈도(명)	퍼센트(%)	장쑤	1	5.6
베이징대학	18	100	충칭	1	5.6
소재지	빈도(명)	퍼센트(%)	후난	1	5.6
국내	18	100	허난	1	5.6
최종학위 취득 기관	빈도(명)	퍼센트(%)	합계	18	100
캠프리지대학	2	11.1	**영향력**	평균	표준편차
맨체스터공대	2	11.1	논문수(편)	6.44	5.36
베를린대학	1	5.6	인용(번)	15.83	26.662
파리대학	1	5.6	매체저자(번)	3.778	8.681
시카고대학	1	5.6	매체노출(번)	13.39	43.035

[그림 Ⅳ-3] 1957년 과학기관과 과학자의 연결망

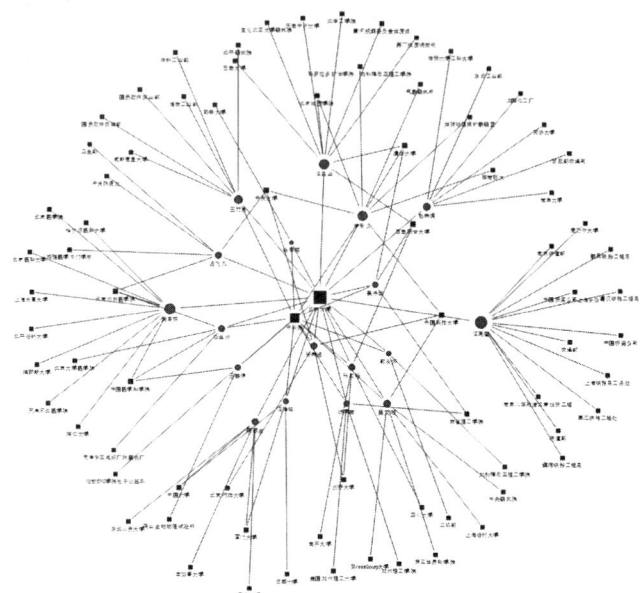

	경력기관	링크수				연결중심성
1	北京大學	18	1		吳文俊	1
2	中科院	12	1		郭永怀	1
3	淸華大學	3	1		錢學森	1
3	北京協和醫學院	3	1		汪德昭	1
3	中國醫學科學院	3	1		張文裕	1
3	中央大學	3	1		張宗燧	1
3	西南聯合大學	3	1		蔡鎦生	1
3	中國科技大學	3	1		王善源	1
3	北京地質學院	2	1		張香桐	1
3	劍橋大學	2	1		馮蘭洲	1
3	中國大學	2	1		湯飛凡	1
3	廈門大學	2	1		劉思職	1
3	麻省理工學院	2	1		王竹泉	1
				1	馮景蘭	1
				1	傅承義	1
				1	吳仲華	1
				1	趙宗燠	1
				1	汪菊潛	1

3. 1980년 원사

1980년 원사(학부위원)는 개혁개방 이후 과학 지식인의 지위를 복권하고 문화혁명 시기 정치운동 하에서 제 기능을 상실하였던 과학연구 체제를 복원하기 위한 목적의 일환으로 선발되었다. 1980년 원사는 원사 선발이 가진 상징성을 최우선으로 하여 진행되었기 때문에 원사의 학문적 업적이나 연구 수행 능력이 가장 중요한 선발요건은 아니었다. 또한 문화대혁명 시기 학교 체제의 붕괴로 제대로 된 후학 양성이 이루어지지 않아 상당수의 원사들이 중화인민공화국 건국 이전, 혹은 건국 직후 교육과 훈련을 경험한 학자였다. 그 결과 원사의 연령은 그 이전에 비해 다소 상승된 특징이 나타났다.

1980년에는 5개 학부에 총 282명의 원사가 선발되었다. 이는 역대 최고 수치이다. 학부 체제에도 다소 변화가 나타나 기존에 통합되어 있던 물리수학화학부가 수학물리학부와 화학부로 분리되었다. 선발 당시 60대가 가장 다수의 연령층을 형성하고 있었는데 282명 중 총 165명이 선발되어 60대 이상의 원사가 74.3%를 차지하였다. 출생년도도 1910년대 출생자가 157명으로 이들 중 상당수가 중화인민공화국 건국 이전 교육을 받은 학자로 보인다.

출신지 구분에 따르면, 쟝쑤성와 저쟝성, 푸젠성 등 남부지역이 여전히 우세를 보이는 가운데 베이징 출신 21명, 티옌진 출신 7명이 원사로 선발되어 처음으로 높은 비중을 나타냈다. 그러나 전체적으로는 화둥과 화난 지역 출신들이 여전히 다수를 차지하고 있다.

학력은 대졸자가 77명, 석사학위자가 50명, 박사학위자가 152명으로 구성되어 있다. 비록 문화대혁명이 종식되고 이제 막 교육체제가 회복되고 있는 상태이기는 했지만 학력 구성에서 예전과 큰 차이가 나타나지 않은 것은 건국 이전과 직후에 학위를 수료한 60대 이상을 중심으로 원사가 선발되었기 때문이다. 따라서 1980년 원사도 석박사학위자가 71.6%로 여전히 높은 비중을 차지하고 있었다.

학력 면에서 예전과 다른 가장 큰 특징은 베이징대학을 제외한 다른 학교의 졸업자 비율이 늘어났다는 것이다. 100% 베이징대학 출신으로 구성되었던 1957년과 달리 1980년 원사는 베이징대학 이외에도 칭화대학, 쟈오퉁대학, 중산대학 등 다양한 지방 명문 대학 출신들이 대거 등용되었으며 원사의 연령층이 올라간 만큼 시난연합대학, 옌징대학, 국립시베이대학 등 중화민국 시기의 대학들도 다수 포함되었다. 또한 국내 대졸자의 비중이 크게 증가하고 해외 대학 졸업자의 비율이 큰 폭으로 감소하는 특징을 나타나기도 하였다.

최종학위 취득 기관에 있어서도 해외 교육기관의 비중이 감소하였다. 75%와 88.8%의 비중을 보였던 1955년과 1957년에 비해 63.8%만이 해외에서 최종학위를 취득하였다. 건국 이후 폐쇄적인 정치체제를 유지했던 것이 중요한 원인으로 보이며 해외 유학은 소련을 중심으로 한 공산권에 한정되었을 것으로 보인다. 그러나 지도자급 원사의 경우 서방사회에서 유학을 경험한 학자들이 다수인 것으로 보아 소련을 통한 교육과 훈련의 영향은 제한적이었을 것으로 예상된다.

최종학위 취득 기관으로 베이징대학이 가장 많은 원사를 배출한 가운데, 저쟝대학, 칭화대학 등이 새롭게 등장하였으며 MIT, 맨체스터 공대, 일리노이 대학, 하버드 대학 등 해외 일류 대학 출신들도 여전히 높은 비중을 차지하고 있었다.

IV. 역대 중국과학원 원사의 구성과 특징 65

[표 IV-3] 1980년 과학원 원사의 구성과 특징

학부	빈도(명)	퍼센트(%)	출신성	빈도(명)	퍼센트(%)
			장쑤	66	23.4
			저쟝	42	14.9
기술과학부	64	22.7	베이징	21	7.4
수학물리학부	50	17.7	푸젠	19	6.7
생물학부	53	18.8	산둥	18	6.4
지학부	64	22.7	광둥	16	5.7
화학부	51	18.1	상하이	13	4.6
합계	282	100	허베이	12	4.3
선발 당시 연령	빈도(명)	퍼센트(%)	후난	11	3.9
			안후이	11	3.9
40 대	15	5.3	허난	10	3.5
50 대	56	19.9	티엔진	7	2.5
60 대	165	58.5	후베이	7	2.5
70 대	46	16.3	쓰촨	6	2.1
합계	282	100	쟝시	4	1.4
출생년도	빈도(명)	퍼센트(%)	해외	4	1.4
			랴오닝	3	1.1
1900년대	35	12.4	산시(山西)	3	1.1
1910년대	157	55.7	산시(陝西)	2	0.7
1920년대	73	25.9	헤이룽쟝	2	0.7
1930년대	17	6	지린	2	0.7
합계	282	100	충칭	1	0.4
학력	빈도(명)	퍼센트(%)	윈난	1	0.4
			구이저우	1	0.4
제도외 교육	2	0.7	합계	282	100
대졸이하	1	0.4	영향력	평균	표준편차
대졸	77	27.3	논문수(편)	58.48	85.38
석사학위	50	17.7	인용(번)	383.96	746.537
박사학위	152	53.9	매체저자(번)	1.355	3.0782
합계	282	100	매체노출(번)	2.15	6.31

대학	빈도(명)	퍼센트(%)	최종학위 취득 기관	빈도(명)	퍼센트(%)
			베이징대학	27	9.6
			MIT	11	3.9
베이징대학	56	19.9	맨체스터공대	10	3.5
칭화대학	30	10.6	일리노이대학	10	3.5
시난연합대학	29	10.3	저장대학	10	3.5
중앙대학	27	9.6	하버드대학	9	3.2
맨체스터공대	18	6.4	칭화대학	9	3.2
쟈오퉁대학	13	4.6	미시건대학	9	3.2
중산대학	8	2.8	시난연합대학	8	2.8
퉁지대학	6	2.1	미네소타대학	8	2.8
옌징대학	5	1.8	캠브리지대학	7	2.5
샤먼대학	5	1.8	중앙대학	6	2.1
진링대학	5	1.8	커넬대학	5	1.8
우한대학	5	1.8	베를린공업대학	5	1.8
푸젠셰화대학	4	1.4	퍼듀대학	5	1.8
국립시베이공학원	4	1.4	미시건대학	5	1.8
대학소재지	빈도(명)	퍼센트(%)	소재지	빈도	퍼센트
국내	271	96.1	국내	100	35.5
해외	8	2.8	해외	180	63.8
합계	279	98.9	합계	280	99.3
시스템 결측값	3	1.1	시스템 결측값	2	0.7
총계	282	100	총합	282	100

교육과 연구 경력 기관을 중심으로 한 1980년 원사의 연결망은 기관과 기관 사이의 밀도가 상당히 높은 것으로 나타나 주요 기관을 중심으로 원사의 관계가 형성되고 있으며 경력을 통해 기관에서 기관으로의 이동도 몇 개의 대표적인 기관에서 집중적으로 이루어지고 있는 것으로 나타났다. [그림 IV-4]의 별표식은 연결중심성이 높은 원사들을 가리킨다. 연결중심성이란 기관을 통해 다른 원사와 맺고 있는 관계를 수치화한 것이며, 다수의 기관에서 경력을 쌓기보다는 다른 원사와의 연결 관계를 맺어주는 기관에서의 경험이 많을 경우 높은 수치를 보인다. [그림 IV-4]에서 연결중심성이 높은 원사들이 주요 기관의 주변에 집중적으로 분포하고 있음을 알 수 있다. 이를 보다 더 자세히 살펴보기 위하여 연결중심성이 높은 원사들이 소속되어 있던 기관만을 따로 분리하여 살펴보았다.

[그림 Ⅳ-4] 1980년 과학기관과 과학자의 연결망

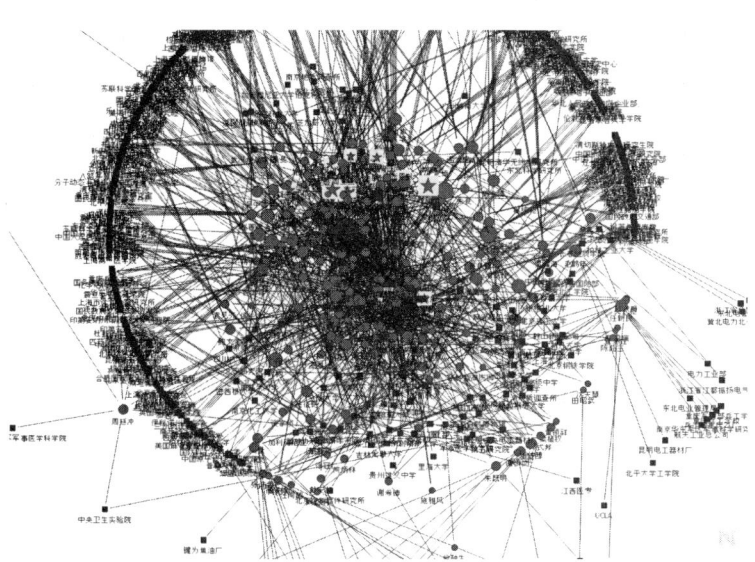

		링크			중심성
1	中科院	142	1	張存浩	0.829181
2	北京大學	95	2	王伏雄	0.80427
3	淸華大學	66	3	涂光熾	0.775801
4	中央大學	42	4	王承書	0.772242
5	浙江大學	38	5	洪朝生	0.761566
6	西南聯合大學	33	5	馮康	0.761566
7	交通大學	29	7	徐仁	0.758007
8	南京大學	22	8	陳芳允	0.754448
9	中央硏究院	21	8	周光召	0.754448
10	同濟大學	19	10	師昌緖	0.75089
11	中國科技大學	17	10	肯倫	0.75089
12	中山大學	16	10	馮新德	0.75089
13	夏旦大學	15	10	黃祖洽	0.75089

[그림 Ⅳ-5]은 연결중심성이 높은 원사가 어떤 기관과 관계를 맺고 있는지를 보여주고 있다. [그림 Ⅳ-5]에 따르면 연결중심성이 높은 원사들은 모두 중국과학원, 베이징대학, 칭화대학에 소속된 경험이 있다. 중국과학원, 베이징대학, 칭화대학에 소속된 경험이 있는 원사는 다른 원사와도 관계를 맺을 수 있는 가능성이 높다는 점에서 이 세 기관은 1980년 원사의 네트워크에서 중요한 역할을 담당하는 핵심적인 과학기관임을 알 수 있다.

[그림 Ⅳ-5] 1980년 원사 연결중심성과 기관

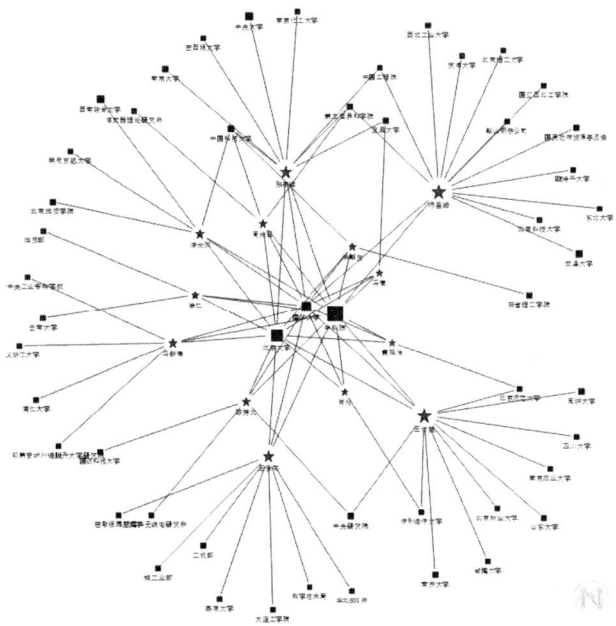

4. 1991년 원사

　개혁개방 이후 중국 정부는 정부 소속 연구기관을 관련 기업체 산하로 소속을 변경시키거나 독립 기업 연구기관으로 전환하는 과학기술 연구체제 개혁을 실시하였다. 개혁 과정에서 과학연구에 대한 정부의 예산은 대폭 축소되었고 한 동안 과학자의 연구 활동은 크게 위축되었다. 1991년의 원사(학부위원) 선발은 이러한 분위기 속에서 침체되어있던 과학연구에 생기를 불어 넣기 위해 추진되었다.

　기술과학부 68명, 수학물리학부 38명, 생물학부 34명, 지학부 35명, 화학부 34명 총 209명의 원사가 선발되었으며 연령대별로는 50대 83명, 60대 88명으로 5,60대의 원사가 다수를 차지하였다. 출생년도는 1920년대 출생이 33.5%, 1930년대 출생이 51.2%로 건국 전후에 교육 및 연구 경력을 쌓은 세대가 다수 포함되었다.

　출신성의 분포는 여전히 남부지역 출신이 대다수로 쟝쑤성, 저쟝성, 상하이 출신이 43.1%를 차지하였으며 그 밖에 화베이, 둥베이 지역 출신은 여전히 화둥, 화난 지역 출신에 비해 비중이 낮았다.

　1991년 원사는 학력 분포에 있어 대졸자가 54.5%, 석사 학위자가 27.8%, 박사 학위자가 17.7%를 차지하여 대졸자가 대폭 늘어난 반면 석박사 학위자가 대폭 줄어드는 특징을 보였다. 문혁시기 고등교육 체제가 실질적으로 운영되지 못한 것은 석박사 학위자가 줄어든 원인으로 지적되고 있다.

　출신대학의 경우 중국내 대학이 95.7%로 나타나 대다수의 원사가 국내 대학을 졸업하였으며 건국 후 교육체제 개혁을 통해 베이징대학의 공학계열이 칭화대학 소속으로 변경된 것을 반영하듯 칭화대학 졸업자가 크게 증가한 것으로 나타났다. 베이징소재 대학 뿐만 아니라 중앙대학, 쟈오퉁대학, 푸단대학, 우한대학 출신이 원사로 배출되면서 국내 대학 분포가 다양화 되는 경향이 나타났다.

최종학위 취득 기관 분포도 국내 대학의 비율이 대폭 증가하여 원사의 71.3%가 국내에서 학위를 취득하였으며 박사 학위 취득기관이 전국적으로 다양해졌다. 해외대학은 소련과학원, 모스크바대학, 레닌그라드 대학 등 소련 유학자의 비율이 증가하는 경향을 보이는데 이는 건국 초 과학체제를 건설하기 위해 소련에 유학생을 파견하였던 결과이다.

[표 Ⅳ-4] 1991년 과학원 원사의 구성과 특징

학부	빈도(명)	퍼센트(%)	출신성	빈도(명)	퍼센트(%)
			장쑤	43	20.6
			저쟝	27	12.9
기술과학부	68	32.5	상하이	20	9.6
수학물리학부	38	18.2	푸젠	15	7.2
생물학부	34	16.3	광둥	13	6.2
지학부	35	16.7	후난	10	4.8
화학부	34	16.3	쟝시	9	4.3
합계	209	100	베이징	8	3.8
			랴오닝	8	3.8
선발 당시 연령	빈도(명)	퍼센트(%)	산둥	7	3.3
			허난	7	3.3
40 대	8	3.8	쓰촨	7	3.3
50 대	83	39.7	후베이	6	2.9
60 대	88	42.1	안후이	6	2.9
70 대	30	14.4	티엔진	5	2.4
합계	209	100	허베이	5	2.4
			윈난	3	1.4
출생년도	빈도(명)	퍼센트(%)	산시(陝西)	2	1
1910년대	17	8.1	홍콩	2	1
1920년대	70	33.5	충칭	1	0.5
1930년대	107	51.2	산시(山西)	1	0.5
1940년대	15	7.2	헤이룽쟝	1	0.5
합계	209	100	지린	1	0.5

Ⅳ. 역대 중국과학원 원사의 구성과 특징 71

학력	빈도(명)	퍼센트(%)
대졸	114	54.5
석사학위	58	27.8
박사학위	37	17.7
합계	209	100

대학	빈도(명)	퍼센트(%)
칭화대학	23	11
베이징대학	21	10
중앙대학	16	7.7
쟈오퉁대학	11	5.3
멘체스터공대	10	4.8
푸단대학	10	4.8
우한대학	10	4.8
난징대학	9	4.3
시난연합대학	4	1.9
샤먼대학	4	1.9
퉁지대학	4	1.9
상하이디이의학원	4	1.9
베이징지질학원	4	1.9
옌징대학	3	1.4
중국과학기술대학	3	1.4
베이징농업대학	3	1.4
소재지	빈도(명)	퍼센트(%)
국내	200	95.7
해외	8	3.8
합계	208	99.5
시스템 결측값	1	0.5
총합	209	100

구이저우	1	0.5
해외	1	0.5
합계	209	100

영향력	평균	표준편차
논문수(편)	118.65	146.633
인용(번)	970.86	1514.86
매체저자(번)	1.488	4.6555
매체노출(번)	4.78	30.853

최종학위 취득 기관	빈도(명)	퍼센트(%)
베이징대학	22	10.5
칭화대학	16	7.7
중국과학원	15	7.2
푸단대학	9	4.3
난징대학	7	3.3
중앙대학	7	3.3
쟈오퉁대학	7	3.3
소련과학원	6	2.9
저쟝대학	5	2.4
우한대학	4	1.9
샤먼대학	4	1.9
상하이디이의학원	4	1.9
시카고대학	3	1.4
모스크바대학	3	1.4
퉁지대학	3	1.4
워싱턴대학	3	1.4
레닌그라드대학	3	1.4

소재지	빈도(명)	퍼센트(%)
국내	149	71.3
해외	60	28.7
합계	209	100
총합	282	100

[그림 Ⅳ-6]는 교육·연구기관을 통해 원사들 간에 형성된 연결망을 보여주고 있다. 중앙의 가장 큰 사각형은 중국과학원으로 중국과학자의 관계의 핵심임을 다시 한 번 확인시켜 주고 있다. 중앙에 위치한 별은

연결중심성이 높은 원사들로 이들은 기관과 기관의 연결선의 밀도가 높은 곳에 위치하고 있다. 연결중심성이 높은 원사들의 기관과의 연결망은 [그림 Ⅳ-7]와 같다.

[그림 Ⅳ-6] 1991년 과학기관과 과학자의 연결망

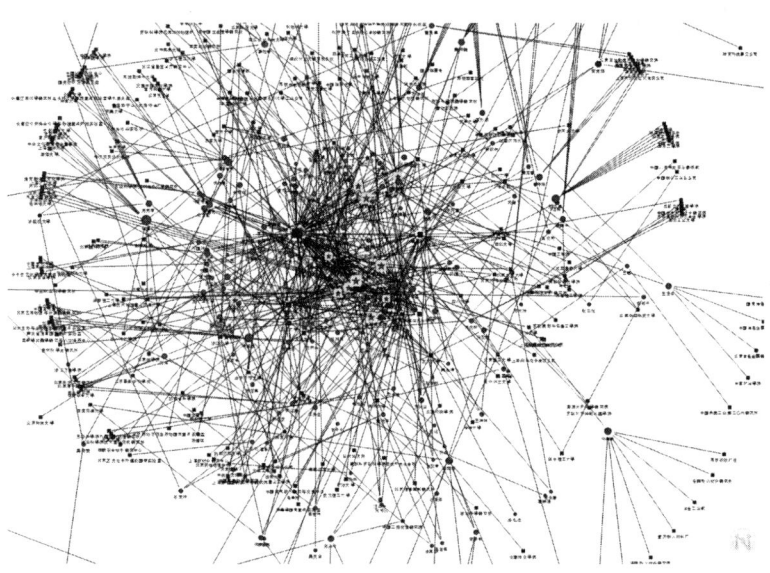

	기간	링크			중심성
1	中科院	107	1	李家明	0.711538
2	淸華大學	37	2	樓南泉	0.706731
2	北京大學	37	2	楊立銘	0.706731
5	中央大學	16	4	戴汝爲	0.677885
5	浙江大學	16	5	翟中和	0.653846
5	南京大學	16	6	夏培肅	0.649038
5	夏旦大學	16	6	蔡睿賢	0.649038
5	中國科技大學	16	8	歐陽自遠	0.644231
10	交通大學	15	9	趙玉芬	0.629808
11	武漢大學	12	10	孫大中	0.625
			10	程鎔時	0.625

IV. 역대 중국과학원 원사의 구성과 특징 73

[그림 IV-7]에 의하면 연결중심성이 높은 원사들은 중국과학원, 칭화대학, 베이징대학, 난징대학을 중심으로 관계를 맺고 있으며 연결중심성이 높은 원사들은 이 기관을 통해 다른 원사들과 관계를 맺고 있다. 중국과학원의 우세는 예전과 비슷하지만 특이한 점은 연결 중심성을 높여주는 기관으로 베이징대학과 칭화대학 이외에도 난징대학과 중국과학기술대학이 등장하였다는 것이다. 이는 과학자들이 유의미한 관계를 맺는 기관이 시간이 흐름에 따라 확대되는 경향을 반영한다.

[그림 IV-7] 1991년 원사 연결중심성과 기관

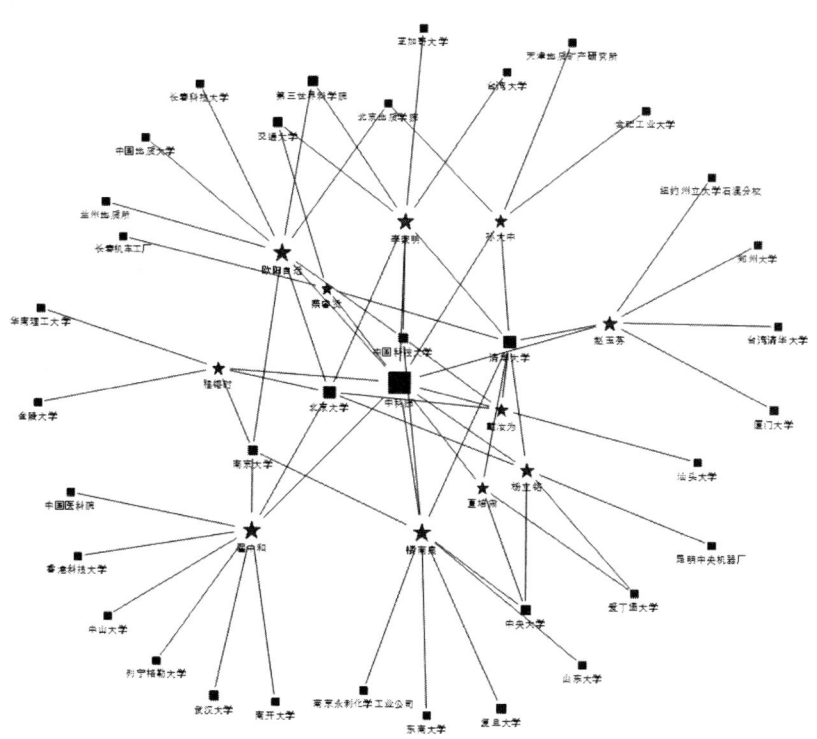

5. 1993년 원사

1993년에는 기술과학부 18명, 수학물리학부 10명, 생물학부 11명, 지학부 10명, 화학부 10명으로 총 59명이 원사(학부위원)로 선발되었다. 1993년은 과학기술 발전을 위한 원사의 역할과 원사의 선발 자격에 대한 논의가 활발하게 진행되던 시기였기 때문에 예전에 비해 선발 인원이 대폭 줄었다. 그러나 문화대혁명 시기 교육 공백이 여전히 영향을 미쳐 60대 이상 고령자가 62.8%를 차지하였으며 대부분이 1930년대 이전에 출생한 사람들이었다.

출신지역 분포에 따르면 여전히 상당수의 원사가 저쟝성, 쟝쑤성, 상하이 등 화둥지역에서 배출되었으며 광둥, 푸젠 등 남부지역 출신이 화베이와 둥베이지역보다 더 많았다.

학력 분포 또한 교육 공백의 결과 대졸자가 66.1%, 석사학위자가 22%, 박사학위자가 11.9%의 비율로 석사 이상의 고학력자가 부족한 상태로 나타났다.

출신대학은 국내 대학의 비율이 93.2%로 높은 비중을 차지하였으며 베이징대학이 가장 많은 원사를 배출하는 것으로 나타났다.

최종학위 취득 기관이 경우 국내기관 71.2%, 해외기관 28.8%로 국내기관이 우세하였으며 해외 유학자 사이에서는 소련 유학파 원사가 유력하게 등장하였다.

IV. 역대 중국과학원 원사의 구성과 특징 75

[표 IV-5] 1993년 과학원 원사의 구성과 특징

학부	빈도(명)	퍼센트(%)	출신성	빈도(명)	퍼센트(%)
기술과학부	18	30.5	저쟝	8	13.6
수학물리학부	10	16.9	쟝쑤	8	13.6
생물학부	11	18.6	상하이	7	11.9
지학부	10	16.9	광둥	4	6.8
화학부	10	16.9	푸졘	4	6.8
합계	59	100	산둥	4	6.8
선발 당시 연령	빈도(명)	퍼센트(%)	후난	4	6.8
50 대	22	37.3	베이징	3	5.1
60 대	28	47.5	후베이	3	5.1
70 대	9	15.3	랴오닝	2	3.4
합계	59	100	허베이	2	3.4
출생년도	빈도(명)	퍼센트(%)	쟝시	2	3.4
1910년대	6	10.2	윈난	2	3.4
1920년대	18	30.5	홍콩	2	3.4
1930년대	31	52.5	허난	1	1.7
1940년대	4	6.8	네이멍구	1	1.7
합계	59	100	쓰촨	1	1.7
학력	빈도(명)	퍼센트(%)	안후이	1	1.7
대졸	39	66.1	합계	59	100
석사학위	13	22	영향력	평균	표준편차
박사학위	7	11.9	논문수(편)	105.25	117.865
합계	59	100	인용(번)	1023.97	2140.716
대학	빈도(명)	퍼센트(%)	매체저자(번)	0.492	1.1352
베이징대학	10	16.9	매체노출(번)	0.64	1.141
칭화대학	4	6.8	최종학위 취득 기관	빈도(명)	퍼센트(%)
샤먼대학	4	6.8	베이징대학	8	13.6
맨체스터공대	2	3.4	레닌그라드대학	3	5.1
퉁지대학	2	3.4	저쟝대학	2	3.4
중앙대학	2	3.4	상하이의학원	2	3.4
산둥대학	2	3.4	난징대학	2	3.4
난징대학	2	3.4	소련과학원	2	3.4
베이징사범대학	2	3.4	샤먼대학	2	3.4
상하이의학원	2	3.4	산둥대학	2	3.4
레닌그라드대학	2	3.4	베이징지질학원	2	3.4
베이징지질학원	2	3.4	둥베이인민대학	2	3.4
둥베이인민대학	2	3.4			
소재지	빈도(명)	퍼센트(%)	소재지	빈도(명)	퍼센트(%)
국내	55	93.2	국내	42	71.2
해외	4	6.8	해외	17	28.8
합계	59	100	합계	59	100

[그림 Ⅳ-8] 1993년 과학기관과 과학자의 연결망

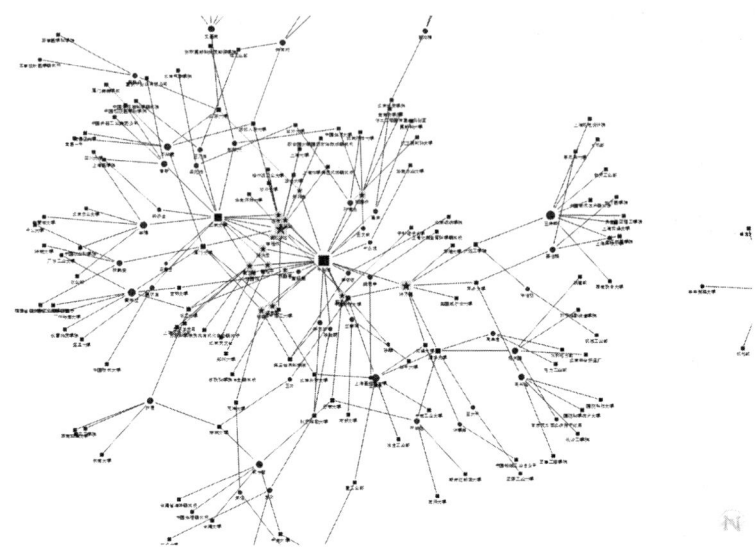

		링크			중심성
1	中科院	25	1	鄧錫銘	0.655172
2	北京大學	15	2	鐘万磁	0.62069
3	淸華大學	6	3	陳佳洱	0.586207
3	厦門大學	6	4	周巢塵	0.551724
5	中國科技大學	5	4	李廷棟	0.551724
6	山東大學	4	4	陳慶云	0.551724
6	浙江大學	4	4	霍裕平	0.551724
8	大連工學院	3	4	艾國祥	0.551724
8	交通大學	3	9	梁敬魁	0.482759
8	南京大學	3	9	林群	0.482759
8	同濟大學	3	11	朱兆良	0.465517
8	云南大學	3	12	程國棟	0.448276
8	列宁格勒大學	3	12	殷之文	0.448276
8	東北人民大學	3	12	林勵吾	0.448276
			12	戴立信	0.448276

Ⅳ. 역대 중국과학원 원사의 구성과 특징 77

　[그림 Ⅳ-8]은 교육·연구기관을 통한 원사 간의 연결망을 나타내고 있다. 여전히 중국과학원이 우세를 보이고 있기는 하지만 대부분의 기관이 중국과학원으로 향하는 형태로 중심이 부각되기 보다는 중국과학원 이외의 기관을 통해서 원사와의 연결이 복합적으로 구성되는 경우가 나타나고 있다. 그리하여 원사와 원사의 연결망은 중국과학원을 중심으로 원형을 이루기보다는 다소 가로로 길게 늘어진 형태를 띠고 있다. 연결중심성이 높은 원사들은 중국과학원과 샤먼대학, 베이징대학 사이에 위치하여 중국과학원, 샤먼대학, 베이징대학이 원사 사이의 연결망을 구성하는 중심적인 역할을 하고 있음을 보여주고 있다.

[그림 Ⅳ-9] 1993년 원사 연결중심성과 기관

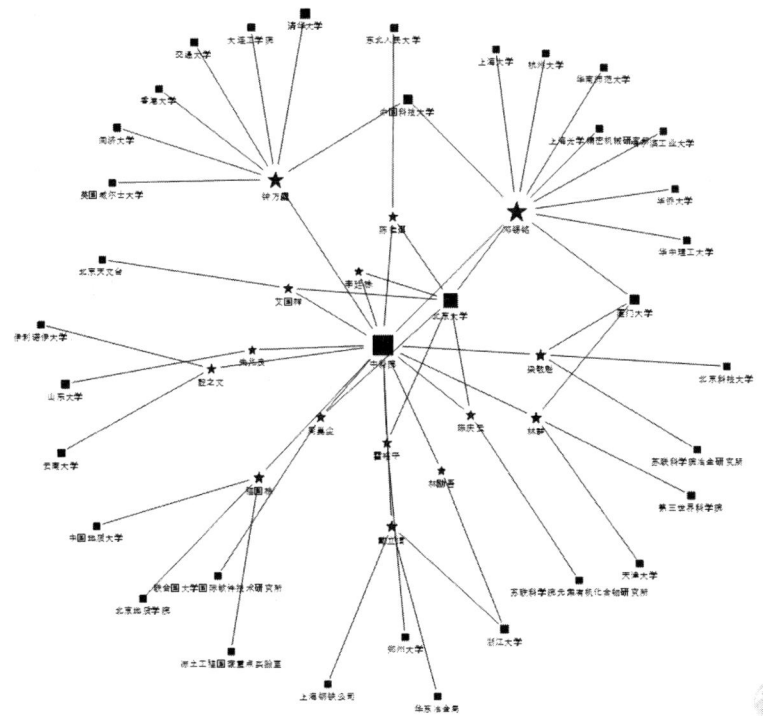

이들 기관과의 관계를 보다 더 명확하게 살펴보기 위하여 연결중심성이 높은 원사들과 기관들 사이의 관계를 [그림 Ⅳ-9]로 나타내보았다. [그림 Ⅳ-9]에 따르면 중국과학원과 베이징대학을 제외하고도 원사들을 매개하는 기관들이 나타나고 있는 것을 볼 수 있다. 중국과학기술대학이나 샤먼대학은 연결중심성이 높은 원사를 연결하고 있으며 이를 중심으로 별도의 연결망이 존재할 수 있는 가능성을 제시하고 있다. 이는 문화대혁명 시기 중국과학원을 중심으로 한 과학연구의 집중화 현상이 약화되면서 원사들의 경력이 다원화된 것이 반영된 결과라고 예측된다.

6. 1995년 원사

1995년 원사는 '중국과학원 원사(학부위원) 장정'이 발표된 후 선발되었다. 원사 후보에 대한 자격이 보다 구체적으로 명시되면서 과학원 원사에 대한 질적인 검토가 한층 강화되었다고 보인다. 그러나 문화대혁명 시기의 교육 공백으로 인한 후유증은 1995년 원사에게도 그대로 나타나고 있다.

1995년 원사는 기술과학부 18명, 수학물리학부 10명, 생물학부 12명, 지학부 10명, 화학부 9명 총 59명으로 구성되어 있다. 과교흥국(科敎興國)이 발전 전략으로 채택된 이후 중국과학계에서 과학 지도자로서 과학원 원사의 역할이 중요하게 인식되었다. 과학정책과 과학연구에서 과학원 원사의 역할이 중요해진 만큼 젊고 유능한 과학자의 선발이 중요시되었다. 그리하여 30대와 40대 원사가 다시 등장하였으나 교육 공백의 후유증으로 여전히 60대 원사가 59.4%를 차지하는 원사의 노화문제가 쉽게 해결될 수는 없었다.

[표 Ⅳ-6] 1995년 과학원 원사의 구성과 특징

학부	빈도(명)	퍼센트(%)	출신성	빈도(명)	퍼센트(%)
기술과학부	18	30.5	장쑤	14	23.7
수학물리학부	10	16.9	상하이	10	16.9
생물학부	12	20.3	저쟝	8	13.6
지학부	10	16.9	쓰촨	5	8.5
화학부	9	15.3	산둥	4	6.8
합계	59	100	푸젠	3	5.1
선발 당시 연령	빈도(명)	퍼센트(%)	허난	3	5.1
30대	1	1.7	후난	2	3.4
40대	2	3.4	쟝시	2	3.4
50대	21	35.6	베이징	1	1.7
60대	27	45.8	광둥	1	1.7
70대	7	11.9	랴오닝	1	1.7
80대	1	1.7	후베이	1	1.7
합계	59	100	산시(山西)	1	1.7
출생년도	빈도(명)	퍼센트(%)	허베이	1	1.7
1910년대	1	1.7	안후이	1	1.7
1920년대	12	20.3	홍콩	1	1.7
1930년대	36	61	합계	59	100
1940년대	8	13.6	영향력	평균	표준편차
1950년대	2	3.4	논문수(편)	119.47	97.453
합계	59	100	인용(번)	1014.97	1220.146
학력	빈도(명)	퍼센트(%)	매체저자(번)	0.508	1.3048
대졸	34	57.6	매체노출(번)	0.39	1.608
석사학위	13	22	최종학위 취득 기관	빈도(명)	퍼센트(%)
박사학위	12	20.3			
합계	59	100			
대학	빈도(명)	퍼센트(%)	베이징대학	8	13.6
베이징대학	10	16.9	푸단대학	5	8.5
난징대학	7	11.9	중국과학원	4	6.8
푸단대학	5	8.5	난징대학	3	5.1
중앙대학	3	5.1	저쟝대학	2	3.4
칭화대학	2	3.4	모스크바대학	2	3.4
맨체스터공대	2	3.4	칭화대학	2	3.4
쟈오퉁대학	2	3.4	쟈오퉁대학	2	3.4
베이징지질학원	2	3.4	국내	44	74.6
소재지	빈도(명)	퍼센트(%)	해외	14	23.7
국내	57	96.6	합계	58	98.3
해외	2	3.4	시스템 결측값	1	1.7
합계	59	100	총합	59	100

출신지역 분포에 따르면 쟝쑤성, 상하이, 저쟝성의 화둥지역이 우세하게 나타났으며 쓰촨, 푸젠 등 남부지역에서 화베이와 둥베이지역 보다 더 많은 원사를 배출하고 있다.

학력분포는 대졸자는 1993년에 비해 소폭 감소하였고 박사학위자는 7명에서 12명으로 늘어나 원사의 학력이 2년 전에 비해 다소 향상된 것으로 나타났다.

출신대학의 경우 국내대학이 96.6%로 대다수의 원사가 국내 대학을 졸업하였다. 베이징대학이 여전히 우위를 차지하고 있지만 난징대학이나 푸단대학 등 다른 명문대학과 차이가 크게 드러나지 않아 실력 면에서 지방 명문대학의 위상이 높아지고 있음을 보여주었다.

최종학위 취득기관도 특정 대학의 우세가 예전처럼 두드러지지는 않게 되었다. 베이징대학에서 최종학위를 취득한 원사가 다수를 차지하고 있으나 푸단대학이나 중국과학원 등과의 차이가 현격하게 드러나지 않아 특정 대학 출신이 절대 다수를 점하지는 않게 되었다.

[그림 Ⅳ-10]은 교육·연구 기관을 통한 원사의 연결망을 보여주고 있는 도표로 중국과학원은 원사 간의 관계에 있어 여전히 핵심적인 역할을 담당하고 있다. 연결중심성이 높은 원사가 과학기관과 맺고 있는 연결망에서 드러난 중요한 특징 중에 하나는 연결중심성이 높은 원사들은 중국과학원 뿐만 아니라 두 개의 핵심적인 기관, 베이징대학(그림에서 좌측 사각형)과 난징대학(그림에서 우측의 사각형)과도 관계를 맺고 있다는 것이다. 베이징대학과 난징대학은 중국과학원과는 별개로 자신을 중심으로 한 별개의 연결망을 형성하고 있는 데, 이는 고등교육 기관이 독립적으로 연구를 수행하는 경향을 나타내고 있다.

[그림 Ⅳ-10] 1995년 과학기관과 과학자의 연결망

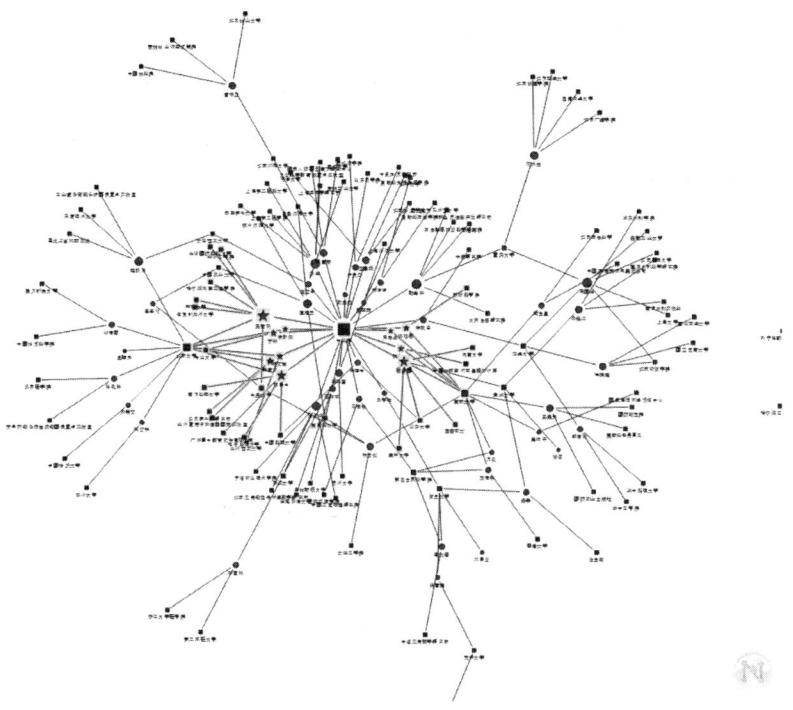

	기관	링크			연결중심성
1	中科院	28	1	朱起鶴	0.603448
2	北京大學	12	2	張景中	0.568966
3	南京大學	10	2	王占國	0.568966
4	夏旦大學	5	2	胡文瑞	0.568966
5	交通大學	4	2	侯朝煥	0.568966
5	淸華大學	4	2	周志炎	0.568966
7	中央大學	3	2	劉振興	0.568966
7	浙江大學	3	2	沈韞芬	0.568966
7	重慶大學	3	2	蘇鏘	0.568966
			2	魏宝文	0.568966

이를 보다 더 명확하게 살펴보기 위하여 [그림 Ⅳ-11]에서 연결중심성이 높은 원사들과 기관과의 연결망을 살펴보았다. [그림 Ⅳ-11]에 따르면 중국과학원의 과학원 원사들의 연결망에서 여전히 핵심적인 역할을 담당하고 있음에도 그 중심적인 위치가 다른 기관들과 공유되고 있는 것을 확인할 수 있었다. 원사 4인은 중국과학원과 관계 외에도 난징대학과, 또 다른 5인은 베이징대학과 관계를 맺고 있는 것으로 나타나고 있다. 이를 통해 1995년 원사들은 보다 더 다원화된 루트로 경력을 쌓고 있음을 확인할 수 있으며 문화대혁명 시기 과학연구에 있어 중국과학원의 주도적 역할이 약화되었던 결과로도 파악할 수 있다.

[그림 Ⅳ-11] 1995년 원사 연결중심성과 기관

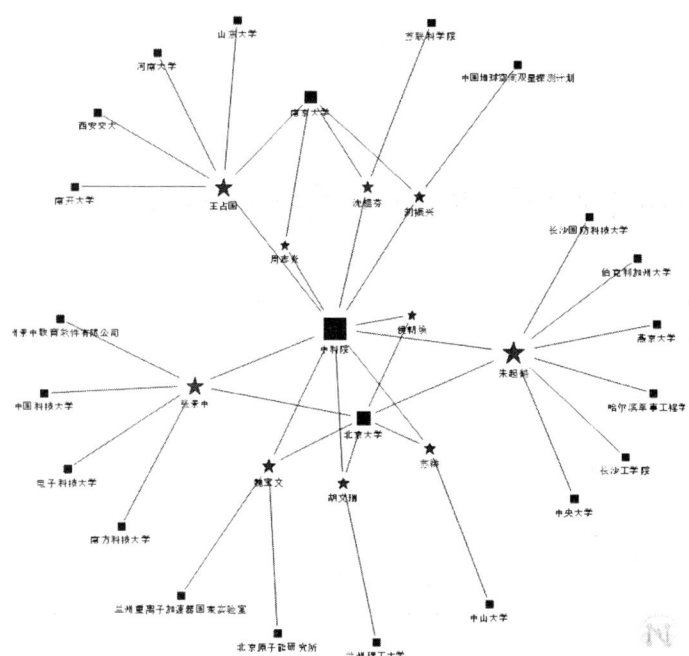

7. 1997년 원사

과학기술을 통한 새로운 단계로의 발전을 추진하는 시기이다. 정부 산하 연구 기관의 폐쇄성을 극복하기 위해 연구주체를 다원화하는 과학 체제 개혁에서 과학기술 진보가 필요한 부문에 대한 집약적인 투자가 필요하다는 방향으로 과학정책의 목표가 전환되었다.

1997년에는 기술과학부 17명, 수학물리학부 9명, 생물학부 12명, 지학부 10명, 화학부 10명으로 총 58명의 원사가 선발되었다. 60대가 50%를 차지하여 원사의 평균연령이 다소 높은 것으로 나타났으며 건국 직후 과학 교육 및 훈련을 받았을 것으로 예상되는 1930년대 출신이 55.2%로 가장 큰 비중을 차지하고 있다.

출신지역 분포는 쟝쑤성, 저쟝성, 상하이 중심의 화둥지역 출신이 여전히 다수를 점하고 있으나 티옌진, 허베이, 베이징 등 허베이 지역 출신의 비중이 다소 늘어난 특징을 보였다.

학력분포는 1995년에 비해 대졸자는 소폭 증가하고 석사학위자와 박사학위자는 다소 감소한 것으로 나타났다. 이를 통해 비록 원사의 선발 자격이 강화되었다고는 하나 교육 공백으로 인한 고급 인재 부족 현상이 쉽게 해소되지 못하고 있는 것을 확인할 수 있다.

출신대학 분포를 보면 국내 대학 졸업자가 98.3%로 높은 비율을 점하고 있으며 베이징대학이 가장 많은 원사를 배출하였고 그 뒤를 칭화대학과 난징대학이 따르고 있다.

최종학위 취득기관도 국내 학위 취득자가 77.6%로 높은 비율을 점하고 있다. 베이징대학, 칭화대학, 중국과학원은 각각 8명, 6명, 5명의 원사를 배출하여 과학교육에 있어 선도적인 역할을 담당하고 있음을 보여주었다.

[표 Ⅳ-7] 1997년 과학원 원사의 구성과 특징

학부	빈도(명)	퍼센트(%)	출신성	빈도(명)	퍼센트(%)
			장쑤	10	17.2
기술과학부	17	29.3	저쟝	7	12.1
수학물리학부	9	15.5	상하이	5	8.6
생물학부	12	20.7	티엔진	4	6.9
지학부	10	17.2	허베이	4	6.9
화학부	10	17.2	쓰촨	4	6.9
합계	58	100	베이징	3	5.2
선발 당시 연령	빈도(명)	퍼센트(%)	푸젠	3	5.2
			산시(陝西)	3	5.2
40대	2	3.4	후난	3	5.2
50대	20	34.5	광둥	2	3.4
60대	29	50	산둥	2	3.4
70대	7	12.1	후베이	2	3.4
합계	58	100	광시	2	3.4
출생년도	빈도(명)	퍼센트(%)	랴오닝	1	1.7
1910년대	1	1.7	충칭	1	1.7
1920년대	11	19	쟝시	1	1.7
1930년대	32	55.2	안후이	1	1.7
1940년대	12	20.7	합계	58	100
1950년대	2	3.4	영향력	평균	표준편차
합계	58	100	논문수(편)	100.43	95.714
학력	빈도(명)	퍼센트(%)	인용지수(번)	786.84	973.691
대학	36	62.1	매체저자(번)	0.741	2.3363
석사학위	12	20.7	매체노출(번)	2.24	12.369
박사학위	10	17.2	최종학위 취득 기관	빈도(명)	퍼센트(%)
합계	58	100	베이징대학	8	13.8
대학	빈도(명)	퍼센트(%)	칭화대학	6	10.3
			중국과학원	5	8.6
베이징대학	14	24.1	난징대학	3	5.2
칭화대학	8	13.8	소련과학원	3	5.2
난징대학	4	6.9	우한대학	2	3.4
베이징지질학원	3	5.2	쟈오퉁대학	2	3.4
푸단대학	2	3.4	중국과학기술대학	2	3.4
우한대학	2	3.4	쓰촨대학	2	3.4
쓰촨대학	2	3.4	국내	45	77.6
소재지	빈도(명)	퍼센트(%)	해외	11	19
국내	57	98.3	합계	56	96.6
해외	1	1.7	시스템 결측값	2	3.4
합계	58	100	총합	58	100

[그림 Ⅳ-12]는 교육·연구기관을 통해 형성되는 원사의 연결망을 보여주고 있다. 1997년 원사와 기관의 연결망 구조를 보면 지난 몇 년간 다소 감소하였던 중국과학원의 영향력이 다시 회복된 것을 확인할 수 있다. 대부분의 원사가 중국과학원을 통해 다른 원사와 관계를 맺고 있기 때문에 중국과학원을 구심점으로 하는 원형구조가 재형성되어있다.

[그림 Ⅳ-12] 1997년 과학기관과 과학자의 연결망

	기관	링크			연결중심성
1	中科院	34	1	沈緖榜	0.701754
2	北京大學	16	2	李啓虎	0.684211
3	淸華大學	9	3	王育竹	0.666667
4	中國科技大學	5	3	王圩	0.666667
5	南京大學	4	3	雷嘯霖	0.666667
5	武漢大學	4	3	童慶禧	0.666667
7	北京地質學院	3	3	朱作言	0.666667
7	交通大學	3	3	許智宏	0.666667
9	南開大學	2	3	方肇倫	0.666667
9	夏旦大學	2	3	白春礼	0.666667
9	廈門大學	2	3	張煥喬	0.666667
9	山東大學	2	3	丁偉岳	0.666667
9	浙江大學	2			
9	四川大學	2			

[그림 Ⅳ-13]에서도 보듯 연결중심성이 높은 원사의 경우 중국과학원과 베이징대학의 사이에 위치하고 있는데 이는 유의미한 인맥관계는 중국과학원과 베이징대학을 통해 구축되고 있다는 것을 의미하며 두 기관에서 경력을 쌓은 원사의 경우 폭넓은 연결망을 형성할 가능성이 높다는 것을 보여주고 있다. 1997년 연결망에서는 영향력 있는 특정 연구기관을 중심으로 형성된 원사의 연결망이 보이지 않는데 이는 중국과학원과 베이징대학의 중심성이 다른 지역보다 월등히 높기 때문이다. 이처럼 1997년 원사 연결망은 1993년과 1995년보다 다소 집약적인 성격을 보여주고 있다. 이러한 현상은 중국 과학기술 정책이 중국과학원을 중심으로 전개되게 된 것과 깊은 관련을 가지고 있는 것으로 판단된다.

[그림 Ⅳ-13] 1997년 원사 연결중심성과 기관

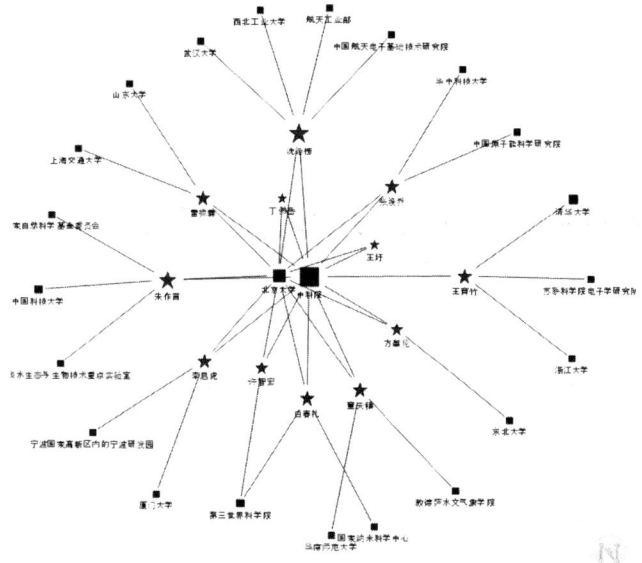

8. 1999년 원사

성장에 있어 기술혁신의 중요성이 날로 강조되는 가운데 중국 정부는 1998년 중국과학원을 지식혁신공정의 시범거점으로 선정하였다. 중국과학원은 국가의 전략과 수요, 기술발전 추세에 적합한 발전 항목을 선정하고 이를 성공적으로 수행하기 위한 연구소 조직 개편을 대대적으로 실시하였다. 그 결과 중국과학원은 혁신기술 개발의 거점으로 다시 그 중요성이 부각되게 되었다. 과학원 원사는 중국과학원의 개혁과 혁신을 대표하며 과학원에서 진행되고 있는 사업을 계획하고 조직할 수 있는 권한을 가지고 있기 때문에 원사의 자격 조건이 보다 더 중요하게 되었다. 그러나 자질 있는 원사를 선발하기 위한 규정이 구체화되었음에도 불구하고 원사의 구성에 있어 큰 변화는 보이지 않고 있다. 중국과학원의 지위와 권위가 격상되고 과학정책의 수립과 집행 과정에서 중국과학원의 역할이 강조되었지만 과학원 원사의 자질이 크게 향상되지 못한 것은 이후 원사가 능력에 비해 지나치게 많은 권한을 가지고 있다는 사회적 논쟁이 불거지게 된 원인이 되었다.

1999년 기술과학부 16명, 수학물리학부 10명, 생물학부 11명, 지학부 10명, 화학부 8명 총 55명의 원사가 선발되었으며 이들 중 60대가 69.1%였고 1930년대 출생이 69.1%로 비교적 높은 연령층이 주축이 된 인선이었다.

출신지 분포를 보면 상하이, 쟝쑤성, 저쟝성 지역 출신의 원사가 36.4%로 가장 많았으며 1997년 홍콩이 중국에 반환된 이후 홍콩 출신 원사도 새롭게 등장하였다. 화둥과 화난 지역에서 상대적으로 다수의 원사를 배출하고 있지만 이 지역과 기타 지역과의 차이가 예년만큼 첨예하지는 않게 되었다. 베이징은 물론, 둥베이지역, 서부 내륙에서도 원사가 배출되어 원사의 출신지가 전국적으로 다양하게 분포하게 되었다.

[표 Ⅳ-8] 1999년 과학원 원사의 구성과 특징

학부	빈도(명)	퍼센트(%)	출신성	빈도(명)	퍼센트(%)
기술과학부	16	29.1	상하이	9	16.4
수학물리학부	10	18.2	쟝쑤	6	10.9
생물학부	11	20	홍콩	5	9.1
지학부	10	18.2	베이징	4	7.3
화학부	8	14.5	저쟝	4	7.3
합계	55	100	광둥	3	5.5
선발 당시 연령	빈도(명)	퍼센트(%)	산둥	3	5.5
40대	4	7.3	충칭	3	5.5
50대	9	16.4	후난	3	5.5
60대	38	69.1	쟝시	3	5.5
70대	4	7.3	푸졘	2	3.6
합계	55	100	헤이룽쟝	2	3.6
출생년도	빈도(명)	퍼센트(%)	안후이	2	3.6
1920년대	4	7.3	랴오닝	1	1.8
1930년대	38	69.1	후베이	1	1.8
1940년대	9	16.4	산시(山西)	1	1.8
1950년대	4	7.3	허베이	1	1.8
합계	55	100	허난	1	1.8
학력	빈도(명)	퍼센트(%)	간쑤	1	1.8
대졸	25	45.5	합계	55	100
석사학위	15	27.3	영향력	평균	표준편차
박사학위	15	27.3	논문수(편)	89	98.49
합계	55	100	인용지수(번)	787.58	1207.412
			매체저자(번)	0.655	1.3501
대학	빈도(명)	퍼센트(%)	매체노출(번)	0.29	1.499
베이징대학	9	16.4	최종학위 취득 기관	빈도(명)	퍼센트(%)
칭화대학	3	5.5	중국과학원	7	12.7
푸단대학	3	5.5	베이징대학	6	10.9
퉁지대학	2	3.6	시베이대학	2	3.6
난징대학	2	3.6	칭화대학	2	3.6
중국과학기술대학	2	3.6	푸단대학	2	3.6
화난공학원	2	3.6	쟝춘지질학원	2	3.6
베이징항공학원	2	3.6	베이징항공학원	2	3.6
소재지	빈도(명)	퍼센트(%)	소재지	빈도(명)	퍼센트(%)
국내	54	98.2	국내	42	76.4
해외	1	1.8	해외	13	23.6
합계	55	100	합계	55	100

학력분포는 여전히 대졸자가 45.5%로 다수를 차지하고 있다. 그러나 석박사 학위를 취득한 고급 인재가 54.6%로 90년대 이후 최초로 과반을 넘기게 되었다. 학력 분포에 있어서 1999년은 일종의 전환점이라고 할 수 있는데, 이 때를 기점으로 대졸자의 비율은 계속 감소하고 박사학위자의 비율이 점차적으로 증가하기 시작하였다.

출신대학 분포는 여전히 베이징대학이 우세를 보이는 가운데 지역별 명문대학 출신들이 고르게 분포하는 특성이 나타났다. 반면 최종학위 취득기관은 중국과학원과 베이징대학의 우세가 두드러졌으며 그 외의 대학은 비슷한 분포를 보였다. 대학의 경우는 98.2%가 국내 대학 출신인데 반해, 최종학위 취득 기관은 국내가 우세한 가운데 건국 이전 서방에서 유학한 과학자와 건국 이후 소련에서 유학한 과학자가 고르게 분포하고 있다.

[그림 Ⅳ-14]은 교육·연구 기관을 통해 형성된 원사의 연결망을 나타낸 것으로 중국과학원은 원사의 연결망을 구성하는데 가장 중심적인 위치에 있다. 베이징대학은 중국과학원으로 연결되는 기관 중 독립적인 연결망을 형성하고 있는 기관이기 때문에 중국과학원과 베이징대학에서 교육과 연구의 경험을 가진 원사는 연결중심성이 높은 것으로 나타났다. [그림 Ⅳ-14]의 별표식은 연결중심성이 높은 원사들을 가리키며 연결중심성이 높은 원사들은 다른 원사들이 중국과학원에 경력을 집중하고 있는 것과 달리 베이징대학을 통하여 연결망을 확대해가고 있는 것으로 보인다.

[그림 Ⅳ-14] 1999년 과학기관과 과학자의 연결망

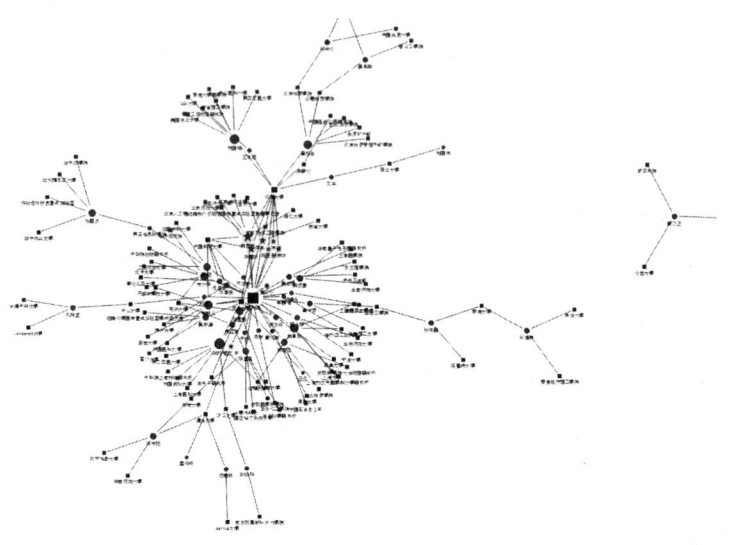

	기관	링크수			연결중심성
1	中科院	32	1	楊國楨	0.685185
2	北京大學	11	2	姚振興	0.666667
3	中國科技大學	6	2	蔣有緒	0.666667
3	夏旦大學	6	2	周其鳳	0.666667
5	淸華大學	4	2	劉若庄	0.666667
6	南京大學	3	2	張宗炸	0.666667
6	同濟大學	3	7	沈文慶	0.62963

[그림 Ⅳ-15]은 연결중심성이 높은 원사가 과거 소속되었던 과학기관의 연결망을 보여주고 있으며 중국과학원과 베이징대학과 관계를 가지고 있는 원사들은 다른 원사들과 관계를 맺기 유리하고 또한 푸단대학, 칭화대학, 중국과학기술대학 등 다른 연결선이 많은 기관들과 연결될 수 있음을 보여주고 있다. 이를 통해 과학연구와 교육에 있어 '집중'과 '분산' 현상을 동시에 살펴볼 수 있었다. 중국과학원과 베이징대학의 핵

심적인 역할은 과학기술체제가 다원화되고 있는 상황속에서 나타나고 있다. 연결중심성이 높은 원사와 과학기관과의 원형구조가 느슨해진 것은 이러한 상황을 반영하는 것이다.

[그림 Ⅳ-15] 1999년 원사 연결중심성과 기관

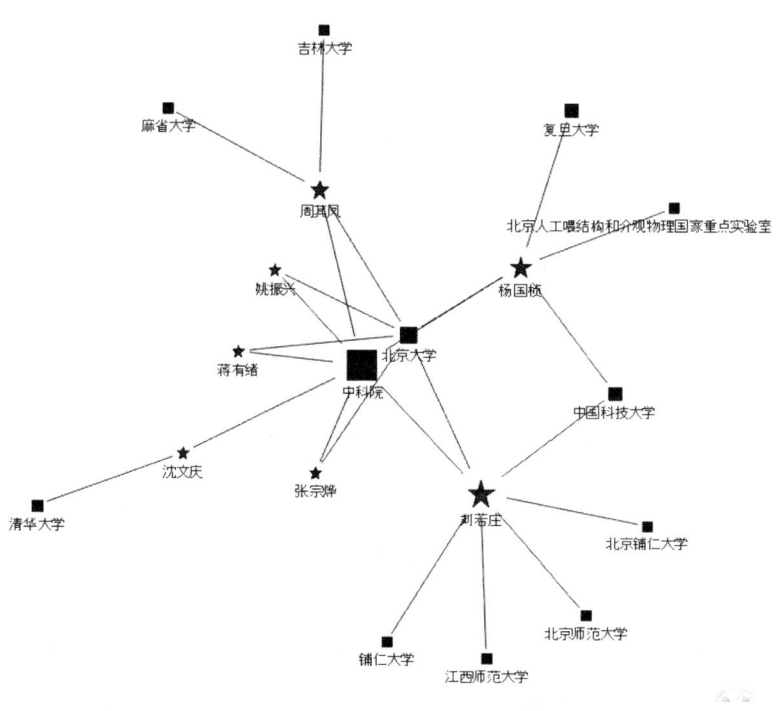

9. 2001년 원사

10·5 계획(2001~2005)이 시작된 2001년 중국 정부는 과학기술 혁신체제를 구축하기 위한 환경조성과 인재육성을 과학기술 정책의 목표로 삼고 있었다. 지식혁신공정 시범 단위로써 중국과학원은 그간 조직개편을 실시하여 연구의 효율성을 높이고 혁신 연구팀을 구성하여 경쟁력 있는

연구성과를 낼 수 있도록 각종 조치를 취해왔다. 젊고 능력 있는 인재를 유치하고 육성하는 것이 혁신체제 구축에 있어 가장 시급하게 해결해야 하는 문제였다. 이에 중국과학원은 연구원의 양적 증가를 억제하고 고급 과학기술 인력이 연구에 종사할 수 있도록 인력정책을 실시하였다. 2001년 과학원 원사 선발에서 중국과학원의 이러한 정책 방향이 반영되고 있다.

2001년 원사는 기술과학부 15명, 수학물리학부 10명, 생물학부 12명, 지학부 9명, 화학부 10명 총 56명으로 구성되었다. 2001년 원사의 연령 분포에서 가장 눈에 띄는 점은 30대 원사가 두 명 포함되어 되어 있다는 것이다. 화학부의 런용화(任詠華)는 홍콩출신으로 홍콩대학에서 박사학위를 받았으며 38세의 나이에 원사로 선발되었다. 생물학부의 허푸추(賀福初)는 군사의학과학원에서 박사학위를 받았으며 유전자연구의 성과를 인정받아 39세의 나이에 원사로 선발되었다. 30대 원사가 선발된 것은 1957년 이래 처음으로 문혁시기의 교육 공백이 비로소 회복되기 시작하였다는 증표라고 할 수 있다. 그러나 30대 젊은 원사가 등장하였다고 고급 인재 부족 현상이 완벽하게 해소된 것은 아니었으며 2001년 원사 전체로 보았을 때 60대 이상의 원사가 67.9%를 차지하고 학력 분포에 있어서도 대졸자가 46.5%를 차지하는 한계는 여전히 드러나고 있었다.

출신지 분포에 있어서 저쟝성, 쟝쑤성, 상하이의 화둥지역 우세는 여전하였으나 화둥지역을 제외한 지역에서는 고르게 원사가 배출되고 있다.

출신대학은 베이징대학이 가장 많았으며 난징대학, 푸단대학, 칭화대학, 중국과학기술대학 등 명문대학도 적지 않은 원사를 배출했다. 최종학위 취득 기관은 베이징대학이 가장 많았고 칭화대학과 중국과학원이 그 뒤를 이었다. 국내대학 졸업자가 다수를 차지하였으며 최종학위의 경우에는 해외에서 취득한 원사가 21.4%를 차지하여 예년과 비슷한 수준을 유지하였다.

IV. 역대 중국과학원 원사의 구성과 특징

[표 IV-9] 2001년 과학원 원사의 구성과 특징

학부	빈도(명)	퍼센트(%)	출신성	빈도(명)	퍼센트(%)
기술과학부	15	26.8	저쟝	8	14.3
수학물리학부	10	17.9	쟝쑤	7	12.5
생물학부	12	21.4	상하이	6	10.7
지학부	9	16.1	산둥	4	7.1
화학부	10	17.9	후난	4	7.1
합계	56	100	쓰촨	4	7.1
선발 당시 연령	**빈도(명)**	**퍼센트(%)**	홍콩	4	7.1
30대	2	3.6	광둥	3	5.4
40대	6	10.7	푸젠	3	5.4
50대	10	17.9	베이징	2	3.6
60대	31	55.4	티엔진	2	3.6
70대	7	12.5	지린	2	3.6
합계	56	100	안후이	2	3.6
출생년도	**빈도(명)**	**퍼센트(%)**	산시(陝西)	1	1.8
1920년대	5	8.9	허베이	1	1.8
1930년대	27	48.2	허난	1	1.8
1940년대	15	26.8	광시	1	1.8
1950년대	6	10.7	해외	1	1.8
1960년대	3	5.4	합계	56	100
합계	56	100	**영향력**	**평균**	**표준편차**
학력	**빈도(명)**	**퍼센트(%)**	논문수(편)	71.13	73.435
대졸	26	46.4	인용(번)	422.84	589.9
석사학위	12	21.4	매체저자(번)	0.34	0.9587
박사학위	18	32.1	매체노출(번)	0.96	2.6
합계	56	100	**최종학위 취득 기관**	**빈도(명)**	**퍼센트(%)**
대학	**빈도(명)**	**퍼센트(%)**	베이징대학	9	16.1
베이징대학	9	16.1	칭화대학	5	8.9
난징대학	5	8.9	중국과학원	4	7.1
칭화대학	4	7.1	푸단대학	3	5.4
푸단대학	4	7.1	중국과학기술대학	3	5.4
중국과학기술대학	4	7.1	하버드대학	2	3.6
산둥대학	3	5.4	시베이대학	2	3.6
홍콩대학	3	5.4	난징대학	2	3.6
맨체스터공대	2	3.6	하얼빈공업대학	2	3.6
지린대학	2	3.6	홍콩대학	2	3.6
소재지	빈도(명)	퍼센트(%)	소재지	빈도(명)	퍼센트(%)
국내	52	92.9	국내	43	76.8
해외	4	7.1	해외	12	21.4
합계	56	100	합계	55	98.2
			시스템 결측값	1	1.8
			총합	56	100

[그림 Ⅳ-16]은 교육·연구 기관을 통한 원사의 연결망을 보여주고 있다. 이를 통해 중국과학원이 핵심적인 역할을 차지하는 가운데 베이징대학, 칭화대학, 푸단대학, 저장대학을 중심으로 원사의 연결망이 확대되어 가고 있는 것을 확인할 수 있다. 연결중심성이 높은 원사들도 이들 기관들 사이에 위치하고 있어 중국과학원과 대학의 관계가 다각적으로 변모하고 있으며 대학이 연구기능을 회복하여 혁신체제 내에서 능동적으로 활동하고 있음을 짐작하게 한다.

[그림 Ⅳ-16] 2001년 과학기관과 과학자의 연결망

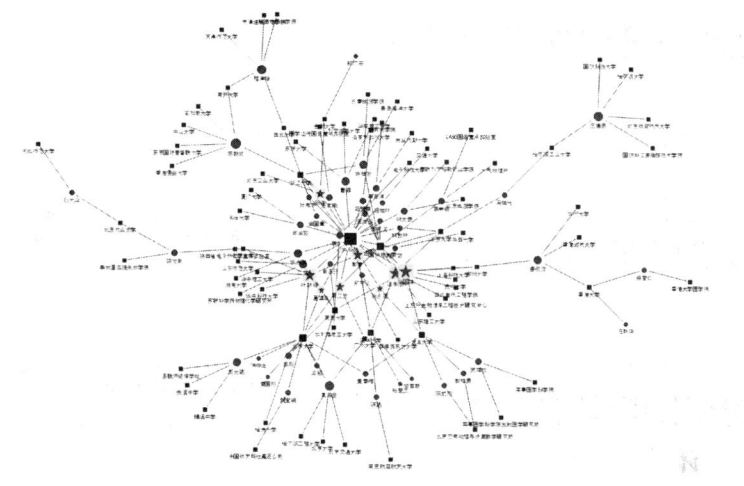

	기관	링크			연결중심성
1	中科院	26	1	叶朝輝	0.654545
2	北京大學	11	2	周又元	0.636364
3	中國科技大學	10	3	林國強	0.618182
4	浙江大學	6	4	郭雷	0.6
4	夏旦大學	6	4	夏建白	0.6
4	淸華大學	6	6	汪承灝	0.581818
4	南京大學	6	7	張永蓮	0.527273
8	山東大學	4	8	張澤	0.509091
9	香港大學	3			

[그림 Ⅳ-17]은 연결중심성이 높은 원사들이 기관과 맺고 있는 연결 관계를 보여주고 있다. [그림 Ⅳ-17]에 의하면 기관을 중심으로 원사들의 관계가 다원적으로 연결되고 있다. 이는 연구 인력이 다양한 기관에서 관계를 맺을 수 있도록 다원화된 연구체제가 형성되었으며 연구 인력의 유동이 보다 더 원활하게 이루어지는 사회적 현상을 반영하는 것이다.

[그림 Ⅳ-17] 2001년 원사 연결중심성과 기관

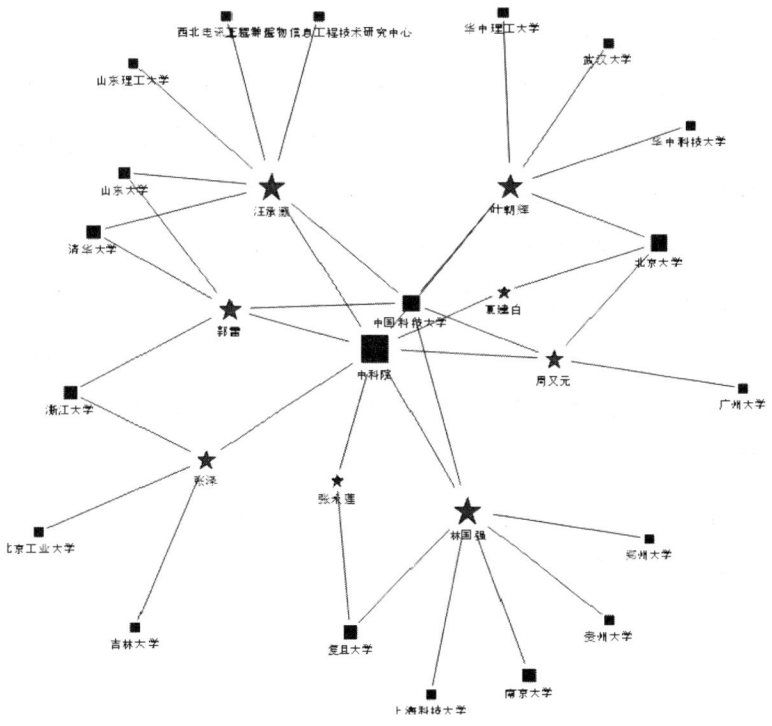

10. 2003년 원사

　2003년은 '중장기 발전 계획'을 수립하기 전 준비단계로 혁신형 국가를 건설하기 위한 구체적인 목표를 설정하기 위한 조사기간이라고 할 수 있다. '중장기 발전 계획' 수립에 있어 중국과학원 원사는 항목별 아젠다를 설정하고 회의를 개최하는 등 주동적인 역할을 담당하였다. 이로써 과학원 원사는 학술 업적에 대한 평가를 통하여 개인에게 부여한 '최고의 과학자'라는 학술적 명예뿐만 아니라 국가 발전의 전략과 목표를 수립하는 실질적인 역할까지 담당하게 되었다.

　2003년 원사는 기술과학부 17명, 수학물리학부 10명, 생물학부 11명, 지학부, 10명, 화학부 10명 총 58인이 선출되었으며 2001년과 마찬가지로 2명의 30대 원사가 등장하였다. 생물학부의 장야핑(張亞平)과 기술과학부의 루커(盧柯)가 38세의 나이로 원사로 선발된 것이다. 60대 이상이 58.6%를 차지하고 있지만 그래도 30~40대 장년층의 비중이 계속적으로 증가하는 추세이다. 또한 2003년 원사는 박사학위자가 41.4%으로 91년 이래로 원사 중에 박사학위자가 가장 많은 비중을 차지하였다. 또한 중점대학인 푸단대학, 중국과학기술대학, 베이징대학, 칭화대학은 원사의 출신대학 및 최종학위 기관으로 크게 부각되면서 과학 교육과 연구에서 핵심적인 역할을 하는 것으로 나타났다.

[표 Ⅳ-10] 2003년 과학원 원사의 구성과 특징

학부	빈도(명)	퍼센트(%)	출신성	빈도(명)	퍼센트(%)
기술과학부	17	29.3	상하이	10	17.2
수학물리학부	10	17.2	장쑤	9	15.5
생물학부	11	19	푸젠	5	8.6
지학부	10	17.2	베이징	4	6.9
화학부	10	17.2	저장	4	6.9
합계	58	100	간쑤	4	6.9
선발 당시 연령	빈도(명)	퍼센트(%)	산시(山西)	3	5.2
30대	2	3.4	안후이	3	5.2
40대	7	12.1	랴오닝	2	3.4
50대	15	25.9	산둥	2	3.4
60대	28	48.3	쓰촨	2	3.4
70대	6	10.3	윈난	2	3.4
합계	58	100	홍콩	2	3.4
출생년도	빈도(명)	퍼센트(%)	광둥	1	1.7
1920년대	1	1.7	산시(陝西)	1	1.7
1930년대	23	39.7	허베이	1	1.7
1940년대	20	34.5	후난	1	1.7
1950년대	11	19	헤이룽장	1	1.7
1960년대	3	5.2	광시	1	1.7
합계	58	100	합계	58	100
학력	빈도(명)	퍼센트(%)	영향력	평균	표준편차
대졸	19	32.8	논문수(편)	88.45	71.95
석사학위	15	25.9	인용(번)	708.21	890.482
박사학위	24	41.4	매체저자(번)	0.379	1.4965
합계	58	100	매체노출(번)	0.79	2.858
대학	빈도(명)	퍼센트(%)	최종학위 취득 기관	빈도(명)	퍼센트(%)
푸단대학	7	12.1	중국과학원	10	17.2
중국과학기술대학	7	12.1	칭화대학	6	10.3
베이징대학	6	10.3	베이징대학	4	6.9
칭화대학	5	8.6	푸단대학	4	6.9
난징대학	3	5.2	중국과학기술대학	4	6.9
홍콩대학	2	3.4	난징대학	3	5.2
난주대학	2	3.4	베이징사범대학	2	3.4
소재지	빈도(명)	퍼센트(%)	소재지	빈도(명)	퍼센트(%)
국내	57	98.3	국내	46	79.3
해외	1	1.7	해외	11	19
합계	58	100	합계	57	98.3
			시스템 결측값	1	1.7
			총합	58	100

[그림 Ⅳ-18]은 교육·연구 기관과 원사의 연결망을 나타낸 것이다. [그림 Ⅳ-18]을 통하여 중국과학원이 원사의 연결망에서 여전히 핵심적인 위치를 차지하고 있지만 몇 몇 기관들을 중심으로 원사의 연결망이 확장되고 있는 것을 확인할 수 있다. 중국과학원을 중심으로 우측에 위치한 기관들이 바로 그런 예인데 이들 연구기관은 중국과학원으로 연결되는 원사를 공유하고 있지만 자신을 중심으로 연결망을 확장해나가고 있는 중이다. 그렇기 때문에 [그림 Ⅳ-18]에서 보듯 중국과학원과 이러한 기관 사이에 존재하는 원사들이 연결중심성이 높은 것으로 나타났다.

[그림 Ⅳ-18] 2003년 과학기관과 과학자의 연결망

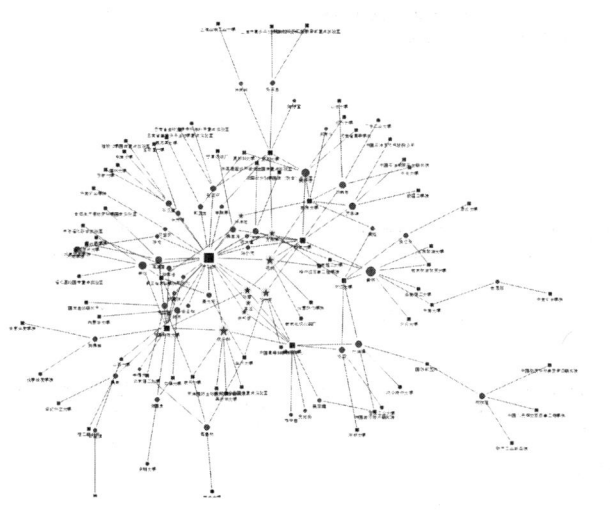

	기관	링크			연결중심성
1	中科院	28	1	陳霖	0.701754
2	中國科技大學	11	2	饒子和	0.649123
3	淸華大學	10	2	邝宇平	0.649123
4	北京大學	10	4	方榮祥	0.631579
5	南京大學	7	5	陸埮	0.578947
6	夏旦大學	7	6	周遠	0.561404
7	浙江大學	6	6	符淙斌	0.561404
8	第三世界科學院	5	6	朱邦芬	0.561404

Ⅳ. 역대 중국과학원 원사의 구성과 특징 99

[그림 Ⅳ-19]은 연결중심성이 높은 원사와 기관 간의 연결관계를 보여주고 있다. [그림 Ⅳ-19]에 따르면 원사들은 중국과학원 이외에도 여러 중점대학을 중심으로 복합적인 관계를 맺고 있다. 예를 들면, 라오즈허(饒子和)와 쾅위핑(邝宇平)은 중국과학원 뿐만 아니라 칭화대학을 통하여서도 연결되어 있으며 쾅위핑은 다시 베이징대학을 통해 루탄(陸埮)과 연결되고 있다. 이는 중국과학원에 모든 과학연구 역량이 집중되면서 다른 기관의 관계가 큰 의미를 갖지 못하던 과거와는 분명히 차별되는 변화이다.

[그림 Ⅳ-19] 2003년 원사 연결중심성과 기관

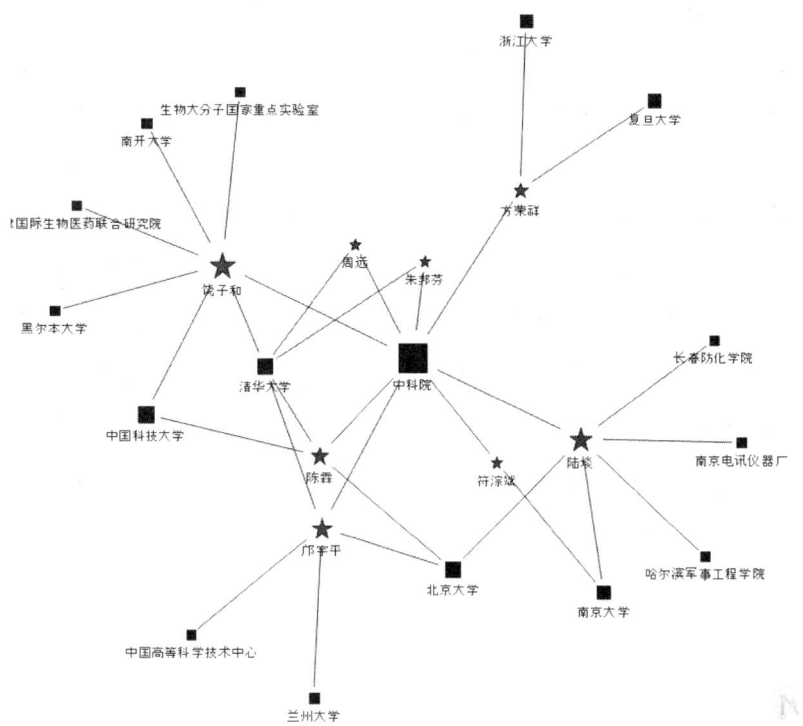

11. 2005년 원사

국가혁신체제 건설이 본격화되면서 과학연구 또한 국가 발전의 요구에 부합하고 전략적인 목표에 맞출 필요가 강조되었고 이에 따라 중국과학원 학부체제에도 변화가 나타났다. 생물학부가 생명과학과 의학학부로 대체되었으며 정보과학기술학부가 신설되었다. 정보과학기술학부는 실용성이 강조된 학부였고 생명과학과 의학학부는 연구 영역을 보다 구체화한 것으로 학부체제 개편에서도 중국 과학연구의 전략적 성향이 드러나고 있다.

2005년에는 기술과학부 9명, 수학물리학부 8명, 생명과학과 의학학부 12명, 정보과학기술학부 6명, 지학부 7명, 화학부 9명 총 51명의 원사가 선출되었다. 학부가 늘어났지만 원사의 수는 오히려 줄어 원사 선출이 보다 더 엄격해지고 있음을 암시했다. 2003년 원사 중에는 30대 원사는 없었지만 40대 원사가 10명 선출되어 50대 이하가 45.1%로 예년과 비슷한 비율을 유지하였다. 학력분포에서는 박사학위자가 52.9%로 크게 늘어나 과학원 원사의 학력 수준이 크게 향상되었음을 반영했다. 출신대학은 베이징대학, 난징대학, 칭화대학 등 중점대학이 중심으로 고르게 분포하고 있으며 국내 대학 졸업자가 대다수이다. 최종학위 취득기관은 해외박사 학위자의 수가 33.3%로 향상되었으며 국내박사 학위자 중에서도 중국과학원, 칭화대학, 중국과학기술대학 등 공학계열 대학의 약진이 두드러졌다.

IV. 역대 중국과학원 원사의 구성과 특징 101

[표 IV-11] 2005년 과학원 원사의 구성과 특징

학부	빈도(명)	퍼센트(%)	출신성	빈도(명)	퍼센트(%)
기술과학부	9	17.6			
수학물리학부	8	15.7			
생명과학과의학학부	12	23.5	장쑤	9	17.6
정보과학기술학부	6	11.8	저장	8	15.7
지학부	7	13.7	상하이	7	13.7
화학부	9	17.6	푸젠	6	11.8
합계	51	100	산둥	3	5.9
선발 당시 연령	빈도(명)	퍼센트(%)	후난	3	5.9
40대	10	19.6	쓰촨	3	5.9
50대	13	25.5	충칭	2	3.9
60대	24	47.1	지린	2	3.9
70대	4	7.8	베이징	1	2
합계	51	100	광둥	1	2
출생년도	빈도(명)	퍼센트(%)	랴오닝	1	2
1920년대	1	2	후베이	1	2
1930년대	14	27.5	산시(山西)	1	2
1940년대	19	37.3	헤이룽장	1	2
1950년대	12	23.5	장시	1	2
1960년대	5	9.8	안후이	1	2
합계	51	100	합계	51	100
학력	빈도	퍼센트	영향력	평균	표준편차
대졸	17	33.3			
석사학위	7	13.7	논문수(편)	347	89.82
박사학위	27	52.9			
합계	51	100	인용(번)	2212	443.9
대학	빈도(명)	퍼센트(%)			
푸단대학	5	9.8	매체저자(번)	1	0.059
난징대학	5	9.8			
칭화대학	4	7.8	매체노출(번)	4	0.25
베이징대학	3	5.9			
난카이대학	2	3.9			
맨체스터공대	2	3.9	최종학위 취득 기관	빈도(명)	퍼센트(%)
산둥대학	2	3.9			
중국과학기술대학	2	3.9	중국과학원	10	19.6
베이징지질학원	2	3.9	칭화대학	4	7.8
난주대학	2	3.9	난징대학	3	5.9
소재지	빈도(명)	퍼센트(%)	푸단대학	3	5.9
국내	49	96.1	중국과학기술대학	3	5.9
해외	1	2	소재지	빈도(명)	퍼센트(%)
합계	50	98	국내	34	66.7
시스템 결측값	1	2	해외	17	33.3
총합	51	100	합계	51	100

[그림 Ⅳ-20]은 교육·연구 기관과 원사의 연결망을 나타낸 것이다. 중국과학원의 우세가 뚜렷한 가운데 푸단대학, 난징대학, 베이징대학이 중요한 위치를 점하고 있는 것으로 나타났다. 특히 연결 중심성이 높은 원사들의 경우 중국과학원과 푸단대학, 난징대학, 베이징대학 사이에 위치하여 중국과학원, 푸단대학, 난징대학, 베이징대학에서의 경험이 원사들의 관계를 형성하는데 큰 영향을 미치고 있는 것으로 나타났다. 연결 중심성이 높은 원사들만 따로 추출하여 그들의 경력만을 따로 시각화한 것이 바로 [그림 Ⅳ-21]이다.

[그림 Ⅳ-20] 2005년 과학기관과 과학자의 연결망

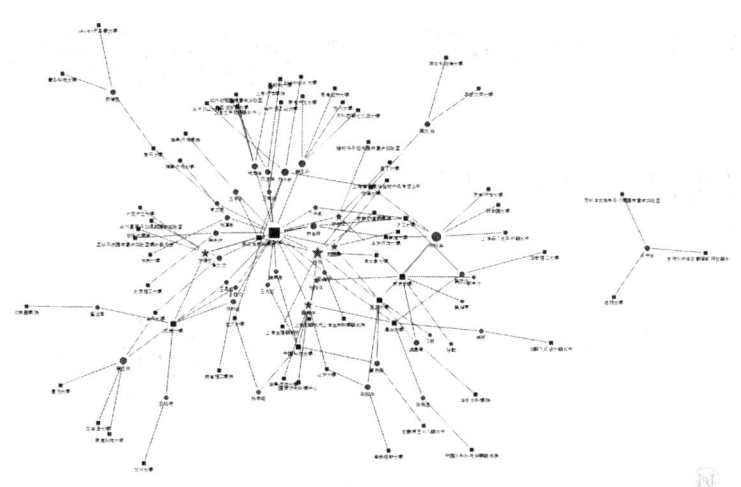

	기관	링크			연결중심성
1	中科院	23	1	賀林	0.58
2	夏旦大學	7	1	張裕恒	0.58
2	南京大學	7	3	趙國屛	0.54
2	北京大學	7	3	陳曉亞	0.54
5	淸華大學	5	5	薛其坤	0.52
5	中國科技大學	5	5	方精云	0.52
8	交通大學	4			
8	浙江大學	4			

연결중심성이 높은 6인의 원사의 교육·연구 경력 기관을 시각화한 [그림 Ⅳ-21]에 의하면 6인의 원사가 모두 중국과학원과 관계를 맺은 바 있으며 다른 어떠한 기관과의 관계보다도 중국과학원의 관계가 중요하게 부각되어 있다. 원사 6인은 중국과학원에서의 경험을 중심으로 다른 원사들과 관계를 맺고 있다. 특히 2005년 원사는 중국과학원 이외에 다른 기관을 통하여 연결을 맺고 있는 것이 뚜렷하게 드러나지 않고 있다. 각기 다른 기관에서 경력을 획득한 원사들이 중국과학원을 통하여 비로소 연결되는 현상은 과학기술체제가 다원화된 상황에서도 중국과학원이 중국의 우수한 과학자들을 통합하는 핵심적인 역할을 발휘하고 있음을 보여주고 있는 것이다. 2005년 원사들에게는 이러한 경향이 보다 더 뚜렷하게 드러나고 있다.

[그림 Ⅳ-21] 2005년 원사 연결중심성과 기관

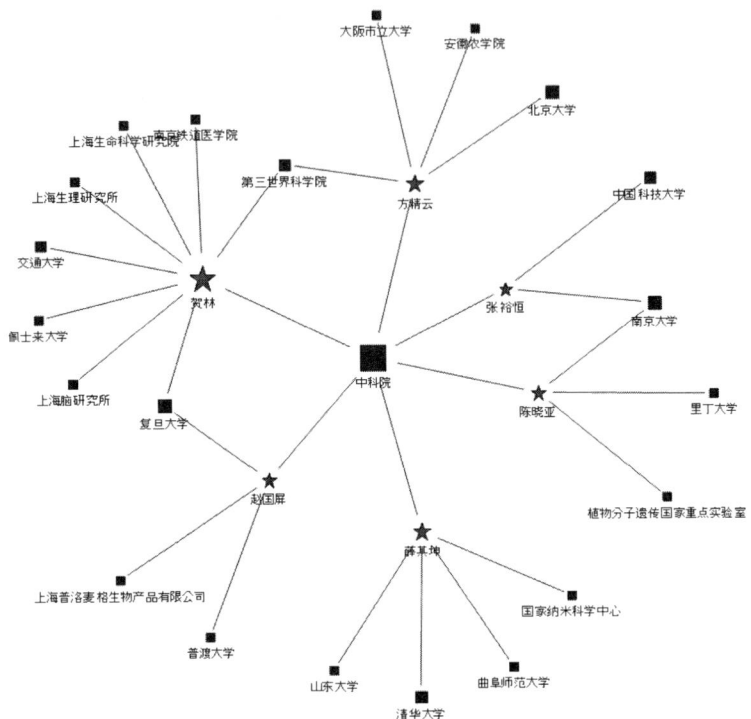

12. 2007년 원사

'중장기 발전 계획'이 시행된 후 처음으로 이루어진 2007년 원사 선출에서 가장 먼저 눈에 띄는 사항은 선발된 원사의 수가 대폭 줄었다는 것이다. '중국과학원 원사 장정' 제5조의 규정에 따르면 원사는 한 해에 60명을 초과하여 선발할 수 없다. 그리하여 1993년 이래로 58, 9명의 원사가 꾸준하게 임명되어 왔다. 그러나 채 30명도 되지 않는 원사가 선발된 것은 이번이 처음으로 국가의 과학사업에 있어 원사의 역할이 부각되면서 원사 선발이 한층 엄격해진 것으로 보인다.

[표 Ⅳ-12] 2007년 과학원 원사의 구성과 특징

학부	빈도(명)	퍼센트(%)	출신성	빈도(명)	퍼센트(%)
기술과학부	5	17.2	상하이	4	13.8
수학물리학부	6	20.7	장쑤	4	13.8
생명과학과의학학부	7	24.1	랴오닝	3	10.3
정보기술과학부	1	3.4	안후이	3	10.3
지학부	4	13.8	베이징	2	6.9
화학부	6	20.7	저쟝	2	6.9
합계	29	100	충칭	2	6.9
선발 당시 연령	**빈도(명)**	**퍼센트(%)**	티엔진	1	3.4
40대	7	24.1	푸젠	1	3.4
50대	13	44.8	산둥	1	3.4
60대	8	27.6	후베이	1	3.4
70대	1	3.4	산시(山西)	1	3.4
합계	29	100	네이멍구	1	3.4
출생년도	**빈도(명)**	**퍼센트(%)**	쓰촨	1	3.4
1930년대	2	6.9	간쑤	1	3.4
1940년대	9	31	해외	1	3.4
1950년대	11	37.9	합계	29	100
1960년대	7	24.1	**영향력**	**평균**	**표준편차**
합계	29	100	논문수(편)	93.14	96.133
학력	**빈도(명)**	**퍼센트(%)**	인용(번)	964.38	1476.126
			매체저자(번)	0.172	0.6017
대졸	6	20.7	매체노출(번)	0.38	0.903
석사학위	2	6.9	**최종학위 취득 기관**	**빈도(명)**	**퍼센트(%)**
박사학위	21	72.4	중국과학원	4	13.8
합계	29	100	베이징대학	2	6.9
대학	**빈도(명)**	**퍼센트(%)**	난징대학	2	6.9
			푸단대학	2	6.9
지린대학	4	13.8	중국과학기술대학	2	6.9
난징대학	3	10.3	지린대학	2	6.9
푸단대학	2	6.9	**소재지**	**빈도(명)**	**퍼센트(%)**
중국과학기술대학	2	6.9	국내	22	75.9
소재지	**빈도(명)**	**퍼센트(%)**	해외	7	24.1
국내	29	100	합계	29	100

[그림 Ⅳ-22] 2007년 과학기관과 과학자의 연결망

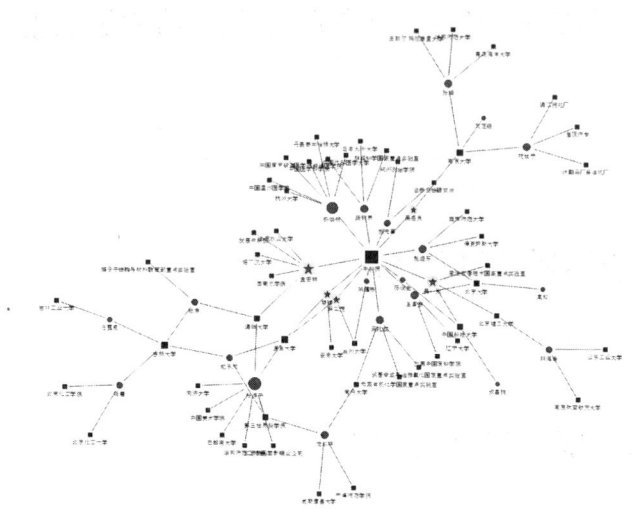

	기관	링크			연결중심성
1	中科院	13	1	吳岳良	0.535714
2	吉林大學	4	2	吳一戎	0.5
2	夏旦大學	4	2	穆穆	0.5
2	南京大學	4	2	孟安明	0.5
5	中國科技大學	3	2	柴之芳	0.5
5	淸華大學	3			
5	北京大學	3			

　　2007년 원사는 기술과학부 5명, 수학물리학부 6명, 생명과학과 의학학부 7명, 정보기술과학부 1명, 지학부 4명, 화학부 6명으로 총 29명이 선발되었으며 50대 이하의 비율이 68.1%로 90년대 이래 최고를 기록하였다. 문혁이후 세대들이 학계에 진출하여 1960년대 생들이 대거 등장하였으며 박사학위자도 72.4%로 90년대 이후 최고 비율을 나타냈다. 출신지, 출신대학, 최종학위 기관 등이 전국적으로 다양하게 분포되어 각 지역 중점학교 출신들이 고르게 등장한 것은 문혁 이후 각 지역별로 교육

IV. 역대 중국과학원 원사의 구성과 특징 107

체계가 다시 재정비 된 상황을 반영하고 있다.

[그림 Ⅳ-22]은 교육・연구 기관과 원사의 연결망을 나타낸 것이다. 출신지, 출신대학, 최종학위기관이 상대적으로 다양해진 것과는 달리 교육・연구와 같은 경력에서 중국과학원의 강세가 여전한 것을 확인할 수 있다. 연결선을 많이 확보하고 있는 즉 다양한 기관에서 경력을 획득한 원사보다는 다른 원사와의 교류에 유리한 기관에서의 경력을 가진 원사 즉 연결중심성이 높은 원사가 중국과학원을 중심으로 포진되어 있는 것은 출신은 다양해졌지만 경력쌓기의 핵심에는 여전히 중국과학원이 존재하고 있음을 보여주고 있는 것이다.

[그림 Ⅳ-23] 2007년 원사 연결중심성과 기관

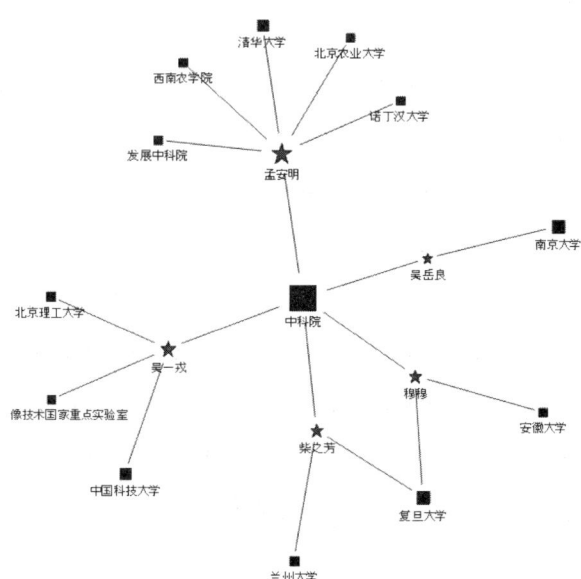

[그림 Ⅳ-23]의 경우 연결중심성이 높은 원사의 교육·연구 경력을 살펴보면 상술한 경향성을 보다 더 뚜렷하게 확인할 수 있다. 중국과학원을 중심으로 연결중심성이 높은 원사들이 위치하고 있는 가운데 원사들은 중국과학원을 제외하고 기타 다른 기관을 통하여 교류를 하지는 않고 있는 것을 알 수 있다. 다양한 교육기관과 연구기관에서 경험을 쌓는 분산적인 경력체계가 형성되었으며 중국과학원은 이러한 분산적인 경력체계의 핵심에서 과학연구의 중추적인 역할을 담당하고 있다. 분산과 집중, 개방과 선택이 공존하는 중국과학체제의 이원적 구조가 원사의 교육·연구 경력 교류에서도 나타나고 있다.

13. 2009년 원사

2009년 원사는 '중장기 발전 계획'이 본격화 되는 가운데 선발되었으며 기술과학부 7명, 수학물리학부 6명, 생명과학과 의학부 5명, 정보기술과학부 4명, 지학부 5명, 화학부 8명으로 2007년보다는 6명 많은 총 35명이 선발되었다. 연령층도 계속 낮아져 50대 이하가 74.3%를 차지하였으며 문혁 이후 고등교육을 수료한 1960년대 생도 계속 늘어나 31.4%를 차지하였다. 학력은 박사학위 취득자가 85.7%으로 역대 최고 수치를 기록하였다. 출신지, 출신대학, 최종학위 취득기관도 2005년도와 같이 전국적으로 비교적 고른 분포를 보여 각 지역 중점대학을 중심으로 교육·연구체제가 형성되고 있는 것을 확인할 수 있었다.

[표 Ⅳ-13] 2009년 과학원 원사의 구성과 특징

학부	빈도(명)	퍼센트(%)	출신성	빈도(명)	퍼센트(%)
기술과학부	7	20	상하이	5	14.3
수학물리학부	6	17.1	광둥	4	11.4
생명과학과의학학부	5	14.3	장쑤	3	8.6
정보기술과학부	4	11.4	랴오닝	3	8.6
지학부	5	14.3	후베이	3	8.6
화학부	8	22.9	허난	3	8.6
합계	35	100	헤이룽장	3	8.6
선발 당시 연령	빈도(명)	퍼센트(%)	안후이	2	5.7
40대	11	31.4	구이저우	2	5.7
50대	15	42.9	베이징	1	2.9
60대	4	11.4	산둥	1	2.9
70대	5	14.3	충칭	1	2.9
합계	35	100	하이난	1	2.9
출생년도	빈도(명)	퍼센트(%)	쓰촨	1	2.9
1930년대	5	14.3	광시	1	2.9
1940년대	4	11.4	간쑤	1	2.9
1950년대	15	42.9	합계	35	100
1960년대	11	31.4	영향력	평균	표준편차
합계	35	100			
학력	빈도(명)	퍼센트(%)	논문수(편)	257.06	328.646
대졸	5	14.3	인용(번)	1662.91	1705.284
박사학위	30	85.7	매체저자(번)	0.257	0.8521
합계	35	100	매체노출(번)	0.26	0.657
대학	빈도(명)	퍼센트(%)	최종학위 취득 기관	빈도(명)	퍼센트(%)
칭화대학	4	11.4			
베이징대학	2	5.7	중국과학원	6	17.1
중산대학	2	5.7	칭화대학	3	8.6
지린대학	2	5.7	난주대학	2	5.7
난주대학	2	5.7	소재지	빈도(명)	퍼센트(%)
화중과기대학	2	5.7	국내	27	77.1
소재지	빈도(명)	퍼센트(%)	해외	7	20
국내	34	97.1	합계	34	97.1
시스템 결측값	1	2.9	시스템 결측값	1	2.9
총합	35	100	총합	35	100

[그림 Ⅳ-24]은 교육·연구 기관과 원사의 연결망을 나타낸 것이다. 2007년과 마찬가지로 원사들은 매우 다양한 교육·연구 기관에서 경험을 쌓고 있으며 이러한 다양한 경험이 중국과학원의 중추적인 역할 하에서 종합되고 있다. 그러나 연결중심성이 높은 원사들은 중국과학원을 중심으로 하면서도 각자 개별적인 기관과 연결망을 형성하고 있다. 2007년에도 이러한 경향이 있었으나 2009년에는 더욱 뚜렷하게 나타났다.

[그림 Ⅳ-24] 2009년 과학기관과 과학자의 연결망

	기관	링크			연결중심성
1	中科院	16	1	包信和	0.558824
2	清華大學	5	2	王光謙	0.529412
2	中國科技大學	5	2	王曦	0.529412
4	北京大學	4	4	万立駿	0.5
5	蘭州大學	3			

[그림 Ⅳ-25]은 연결중심성이 높은 원사의 경력기관 연결망을 나타낸 것이다. [그림 Ⅳ-25]에 따르면 중국과학원은 다양한 경력을 가진 원사들이 공통적으로 경력을 가진 기관으로 과학원 원사의 학문적 교류에 있어서 핵심적인 역할을 담당하고 있는 것으로 보인다. 그러나 동시에 과학원 원사들은 중국과학원 외에도 다양한 경력을 쌓아온 것으로 보인다. 예를 들면, 빠신허(包信和)는 푸단대학과 베이징대학, 중국과학기술대학, 중문대학에서 경험을 쌓은 적이 있으며 이러한 그의 경력은 다른 학자들과의 교류를 갖는데 중요한 이점을 제공하였을 것이라고 보인다. 이 외에도 칭화대학, 둥베이대학 등 연결중심성이 높은 원사들은 대표적인 중점대학에서 경력을 쌓은 것으로 나타났다.

[그림 Ⅳ-25] 2009년 원사 연결중심성과 기관

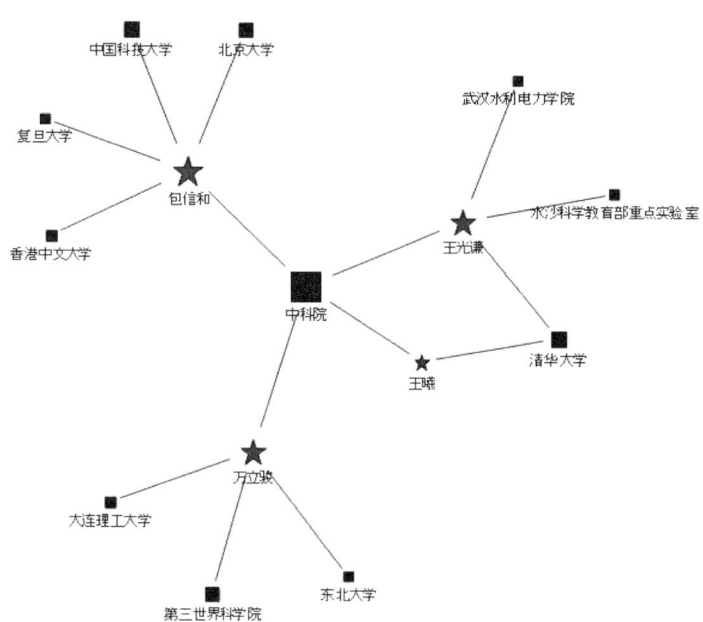

국무원 산하의 정부 연구기관인 중국과학원은 중국과학자의 역량을 종합할 수 있는 권력과 권위를 함께 가지고 있다. 그러나 현재 중국과학자들은 다양한 루트 하에서 교육받고 연구 경력을 쌓고 있다. 다원화된 교육·연구 체제가 연구의 "개방성"을 의미한다면 중국과학원이 과학원 원사의 경력의 중심에 위치한 것은 "집중성"을 의미한다. 과학원 원사의 경력을 통해서도 "개방성"과 "집중성"이 혼재하고 있는 중국 과학체제의 특성이 나타나고 있다.

【 참고문헌 】

김상태, 「과학기술정책에 관한 이론적 분석 틀: 시장, 국가, 그리고 국제체계」, 『한국정치학회보』 제29집 제1호, 1995
김환석, 『과학사회학의 쟁점들』, 서울: 문학과 지성사, 2006
김환석, 「과학기술민주화의 이론과 실천」, 『경제와 사회』 통권 제85호, 2010
데이비드 J. 헤스 지음, 김환석 옮김, 『과학학의 이해』, 서울: 당대, 2004
로버트 머튼, 서현호·양종회·정창수 옮김, 『과학사회학』, 서울, 민음사, 1998,
루오즈톈, 「근대 중국의 사회권력 이동」, 쉬지린 편저·강태권 외 옮김, 『20세기 중국의 지식인을 말하다 1』, 서울, 도서출판 길, 2011
사이먼과 차오, 박동수 옮김, 『떠오르는 중국의 과학기술』, 대구: 선샤인 출판사, 2011
손동원, 『사회 네트워크 분석』, 서울, 경문사, 2002, 101쪽
쉬푸관, 「중국 지식인의 역사적 성격과 운명」, 쉬지린 편저·강태권 외 옮김, 『20세기 중국의 지식인을 말하다 1』, 서울, 도서출판 길, 2011
앤드루 웹스터, 김환석·송성수 옮김, 『과학기술과 사회』, 서울: 한울아카데미, 1998
양궈창, 「20세기 초 지식인의 지사화와 근대화」, 쉬지린 편저·강태권 외 옮김, 『20세기 중국의 지식인을 말하다 1』, 서울, 도서출판 길, 2011
울리히 벡, 홍성태 옮김, 2006, 『위험사회』, 서울: 새물결
유정원, 「중국 과학자 조직과 네트워크」, 국민대학교 중국인문사회연구소 엮음, 『중국 근대 지식체계의 성립과 사회변화』, 서울, 도서출판 길, 2011a
유정원, 「과학기술보급에 있어서 중국 신문의 역할」, 『한중사회과학연구』 통권20호, 2011b
유정원, 「중국 과학기술 체제 개혁과 정부의 역할 변화」, 『중국학 논총』 제

35집, 2012

이상화, 「근대 중국의 계몽, 그 의미와 한계」, 『대동문화연구』, 제74집, 2011

장칭, 「'학술사회'의 건설과 지식인의 '권력 네트워크'」, 쉬지린 편저·김경남 외 옮김, 『20세기 중국의 지식인을 말하다 2』, 서울, 도서출판 길, 2011

토마스 S. 쿤 지음. 김명자 옮김, 『과학혁명의 구조』, 서울: 까치글방, 1998

허중, 「1920년대 '과학·현학' 논쟁과 '救亡' 의식」, 『대구사학』, 제103집, 2011

Danian Hu, *China And Albert Einstein*, Havard University, England, 2005,

Durant, J.,(1999) "Participatory technology assessment and the democratic model of the public understanding of science", Science and Public Policy, vol. 26, number 5

D.W.Y.Kwok, *Scientism in Chinese Thought 1900~1950*, Biblo and Tannen, New York, 1971

Ben-David. (1971). The Scientist's Role in Society. New Jersey: Prentice-Hall, Inc.

Cao Cong. (2004). China's Scientific Elite. New York: RoutledgeCurzone.

方新主編, 『中國科技創新与可持續發展』, 北京 科學出版社, 2007

王揚宗, 「中國院士制度的建立及其問題」, 『科技文化評論』 第2卷 第6期, 2005

劉華杰, 「中國科學傳播的模型与立場」, 楊艦·劉兵主編, 『科學技術的社會運行』, 北京:淸華大學出版社, 2010

劉立, 「中國政策的議程配置模式以全民科學素質行動計划綱要(2006-2010-2020)爲例」, 中國科普理論与實踐探索大會主題報告, 2008

張藜, 「科學的國家化: 20世紀50年代國家与科學的關系」, 『社會科學論壇』, 2005年5月

趙明·徐飛,「中國院士制度和科學技術」, 第三屆全國科技哲學暨交叉學科研究生論壇集, 1995
段治文,『当代中國的科技文化變革』, 杭州, 浙江大學出版社, 2006
樊洪業,『中國科學院編年史 1949~1999』, 上海, 上海科技教育出版社, 1999

「國家中長期科技發展規劃程序大變 三院首度會審」,『21世紀經濟報道』, 2004. 6.4
「四不委三公消費過亿」,『第一財經日報』,
　　　http://www.yicai.com/news/2011/07/939980.html
「建議取消院士制度」,『北京大學』,
　　　http://www.chinavalue.net/Finance/Blog/2011-9-13/832945.aspx
「增選紛扰折射院士之弊」,『中國婦女報』,
　　　http://www.china-woman.com/rp/main?fid=open&fun=show_news&from=view&nid=77858&ctype=4

인민일보 DB 1946~2010(新版人民日報圖文數据庫 1946~2010).
중국과학원 학부와 원사 http://www.casad.ac.cn
바이두 백과사전 www.baidu.com
중국지망 www.cnki.net

부 록
역대 중국과학원 원사명단(1955~2009)
China's Scientific Elite: Chinese Academy of Science Members(1955~2009)

총 35명
2009년 중국과학원 원사

수학물리학부 (6명)

쑨창푸(孫昌璞) 중국과학원 이론물리연구소 연구원. 1962년 7월 랴오닝성 푸란뎬(普蘭店)시 출생. 1984년 둥베이사범대학 물리학과 학사, 1987년 동대학 석사, 1992년 난카이대학 박사. 주요 분야는 양자물리, 수학물리, 양자정보이론. 주요 저작은 《현대 물리 총서》.

리안민(李安民) 쓰촨대학 수학학원 원장. 1946년 9월 쓰촨성 주(竹)현 출생. 베이징대학 수학역학과 학사, 베이징대학 수학과 석사, 독일 Fachbereich Mathematik, Technische Universitat Berlin 박사. 주요 분야는 수학.

뤄쥔(羅俊)　화중기술대학 당위원회 상무위원 및 부교장. 1956년 11월 후베이성 셴타오(仙桃)시 출생. 1982년 화중기술대학 물리학과 학사, 1985년 동대학 석사, 1994년 중국과학원 측량 및 지구물리연구소 박사. 주요 분야는 인력(引力)이론.

정샤오징(鄭曉靜)　란저우대학 부교장. 1958년 5월 후베이성 우한(武漢)시 출생. 1982년 화중기술대학 고체역학 전공 학사, 1984년 동대학 석사, 1987년 란저우대학 고체역학 전공 박사. 주요 분야는 비선형고체역학. 주요 저작으로《원형박판대처짐이론 및 응용》.

시난화(席南華)　중국과학원 수학 및 시스템과학연구소 연구원. 1963년 3월 광둥성 잉더(英德)시 출생. 1981년 화이화(懷化)사범전과학교(현 화이화학원) 수학과 학사, 1985년 화둥사범대학 수학과 석사, 1988년 동대학 박사. 주요 분야는 대수군 및 양자군영역 연구.

추이샹췬(崔向群)　중국과학원 국가천문대 난징 천문광학기술연구소 연구원. 1975년 난징이공대학 광학기구 전공 학사, 1982년 중국과학원 쯔진산(紫金山)천문대 석사, 1995년 박사. 주요 분야는 광학기술.

화학부 (8명)

완리쥔(万立駿)　중국과학원 화학연구소 소장. 1957년 7월 랴오닝성 다롄시 출생. 1982년 다롄이공대학 학사, 1987년 동대학 석사, 1996년 일본 토호쿠대학 박사. 주요 분야는 전화(電化)학.

바오신허(包信和)　중국과학원 선양분원 원장. 1959년 쟝쑤성 양중(揚

中)시 출생. 1982년 푸단대학 화학과 학사, 1987년 동대학 박사. 주요 분야는 표면화학.

쟝레이(江雷) 중국과학원 화학연구소 연구원, 베이징항공항천대학 화학 및 환경학원 원장. 1965년 3월 지린성 창춘(長春)시 출생. 1987년 지린대학 물리학과 학사, 1990년 동대학 화학과 석사, 1994년 동대학 박사. 주요 분야는 무기화학.

쟝구이빈(江桂斌) 중국과학원 생태환경연구센터 연구원. 1957년 11월 산둥성 라이양(萊陽)시 출생. 1982년 산둥대학 화학과 학사, 1987년 중국과학원 생태환경연구센터 석사, 1991년 동대학 박사. 주요 분야는 환경분석화학.

천샤오밍(陳小明) 중산대학 교수. 1961년 10월 광둥성 졔양(揭陽)시 출생. 1983년 중산대학 화학과 학사, 1986년 동대학 석사, 1992년 홍콩 중문대학 화학과 박사. 주요 분야는 무기화학.

저우치린(周其林) 난카이대학 화학학원 교수, 난카이대학 원소유기화학연구소 소장. 1957년 2월 쟝쑤성 난징시 출생. 1982년 란저우대학 화학과 학사, 중국과학원 상하이유기화학연구소 박사. 주요 분야는 금속유기화합물.

탕번중(唐本忠) 홍콩 과기대학강좌교수. 1957년 2월 후베이성 쳰쟝(潛江)시 출생. 1982년 화난(華南)이공대학 고분자과학 및 공정학과 학사, 1985년 일본 교토대학교 고분자화학과 석사, 1988년 박사. 주요 분야는 고분자합성방법론.

투융챵(涂永强)　란저우대학 유기화학연구소 소장. 1958년 구이저우성 쭌이(遵義)시 출생. 1982년 란저우대학 화학과 학사, 1985년 동대학 석사, 1989년 동대학 박사. 주요 분야는 복잡구조 천연유기화합물 합성방법.

생명과학 및 의학학부 (5명)

쫭원잉(庄文穎)　중국과학원 미생물연구소 연구원. 1948년 7월 베이징 출생. 1975년 산시(山西)농학(현 산시농업대학) 농학학과 학사, 1981년 중국과학기술대학 연구생원 석사, 1988년 미국 코넬대학교 박사. 주요 분야는 곰팡이학. 주요 저작은 《중국 곰팡이지》.

샹융펑(尚永丰)　톈진의과대학 교장. 1964년 6월 간수성 출생. 1986년 간수농업대학 수의학과 학사, 1989년 중국 수의약감찰소 석사, 1999년 미국 펜실베니아 대학교 박사. 주요 분야는 분자생물학.

린훙쉬안(林鴻宣)　중국과학원 식물생리생태연구소 연구원. 1960년 11월 하이난성 원창(文昌)시 출생. 1983년 화난(華南)농업대학 학사, 1986년 중국농업과학원 연구생원 석사, 1994년 박사. 주요 분야는 작물유전학.

허우판판(侯凡凡)　난팡(南方)의과대학 교수. 1950년 10월 상하이 출생. 1973년 제1군의대학 의료학과 학사, 1993년 중산의과대학 박사. 주요 분야는 내과학.

쑤이썬팡(隋森芳)　칭화대학 생물과학 및 기술학과 교수. 1945년 2월 헤이룽쟝성 하얼빈시. 1970년 칭화대학 정밀부품학과 학사, 1981년 칭화대학 공정물리학과 석사, 1988년 독일 뮌헨기술대학 박사. 주요 분야는 단백질의 구조 및 기능.

지학부 (5명)

저우웨이젠(周衛健) 중국과학원 지구환경연구소 연구원. 1953년 3월 구이저우성 구이양(貴陽)시 출생. 1976년 구이저우대학 외국어학과 학사, 1995년 시베이(西北)대학 지질학과 박사. 주요 분야는 제 4기 지질학.

정융페이(鄭永飛) 중국과학기술대학 지구 및 공간과학학원 부원장, 안후이성 과기청 부청장. 1959년 10월 안후이성 창펑(長丰)현 출생. 1982년 난징대학 지질학과 학사, 1985년 동대학 석사, 1991년 독일 괴팅겐대학교 박사. 주요 분야는 화학지구동역학. 주요 저작은 《안정적 동위원소 지구화학》.

모쉬안쉐(莫宣學) 중국지질대학 교수. 1938년 12월 광시성 룽수이(融水)현 출생. 1960년 베이징지질학원 학사. 주요 분야는 마그마열역학기초.

타오수(陶澍) 베이징대학 도시와 환경학원 교수. 1950년 8월 상하이 출생. 1977년 베이징대학 지질지리학과 학사, 1981년 미국 캔자스대학 석사, 1984년 동대학 박사. 주요 분야는 환경지리학.

디밍궈(翟明國) 중국과학원 지질연구소 연구원. 허난성 지위안(濟源)시 출신. 1976년 시베이대학 지질학과 학사, 중국과학원 지질연구소 석사 및 박사. 주요 분야는 변질지질학.

정보기술과학부 (4명)

류궈즈(劉國治)   인민해방군 총장비부 부부장. 1960년 11월 랴오닝성 진(錦)현 출생. 1983년 칭화대학 공정물리학과 학사, 1986년 동대학 석사, 1992년 동대학 박사. 주요 분야는 고출력마이크로웨이브 기술.

쉬닝성(許宁生)   중산대학 교장. 1957년 7월 광둥성 푸닝(普宁)시 출생. 1982년 중산대학 물리학과 학사, 1986년 Aston 대학교 박사. 주요 분야는 진공 마이크로 나노전자학.

화이진펑(怀進鵬)   베이징항공항천대학 교장. 1962년 12월 헤이룽쟝성 하얼빈시 출생. 1984년 지린대학 컴퓨터학과 학사, 1987년 하얼빈공업대학 컴퓨터학 석사, 1993년 베이징항공항천 대학 컴퓨터학과 박사. 주요 분야는 컴퓨터 소프트웨어 및 이론.

천딩창(陳定昌)   중국항천과공집단2연구원 연구원. 1937년 1월 상하이 출생. 1963년 칭화대학 무선전신학과 학사. 주요 분야는 네비게이션 유도 및 제어.

기술과학부 (7명)

위치펑(于起峰)   국방과기대학 광전기과학 및 공정학원 교수. 1958년 4월 광둥성 펑순(丰順)현 출생. 1981년 시베이공업대학 항공기학과 학사, 1984년 국방과기대학 석사, 1995년 브레멘대학교 응용광학연구소 박사. 주요 분야는 실험역학.

왕시(王曦)　중국과학원 상하이 마이크로시스템 및 정보기술연구소 연구원. 1966년 8월 상하이 출생. 1987년 칭화대학 공정물리학과 학사, 1990년 중국과학원 상하이야금연구소 석사, 1993년 동대학원 박사. 주요 분야는 재료과학.

왕광첸(王光謙)　제10-11계 전국정협상무위원, 베이징 수무국 부국장. 1962년 4월 허난성 난양시 출생. 1982년 우한수리전력학원 치허(治河)공정 학사, 1985년 칭화대학 수리공정 석사, 1989년 동대학 박사. 주요 분야는 수력학 및 하류동역학.

왕쯔챵(王自强)　중국과학원 역학연구소 연구원. 1938년 11월 상하이 출생. 1963년 중국과학기술대학 근대역학과 학사. 주요 분야는 고체역학 방면. 주요 저작은 《이성 역학 기초》.

왕시판(王錫凡)　시안 쟈오퉁(交通)대학 전기공정학원 교수. 1936년 5월 안후이성 펑양(鳳陽)시 출생. 1957년 7월 시안 쟈오퉁(交通)대학 학사. 주요 분야는 전력 시스템 및 전력자동화. 주요 저작은 《전력 시스템 계산》.

선창위(申長雨)　중공17대 대표, 제10계 전인대 대표, 정저우대학 교장. 1963년 6월 허난성 난양(南陽)시 출생. 1984년 해방군 철도병공정학원 기계제조학과 학사, 1987년 스쟈좡(石家庄)철도학원 기계제조학과 석사, 1990년 다롄이공대학 역학과 박사. 주요 분야는 플라스틱 성형.

류주성(劉竹生)　중국항천과기집단 제1연구원 연구원. 1931년 11월 헤이룽쟝성 하얼빈시 출생. 1963년 하얼빈공업대학 유도탄공정학과 학사. 주요 분야는 로켓총체설계.

2007년 중국과학원 원사

총 29명

수학물리학부 (6명)

왕언거(王恩哥)　중국과학원 물리연구소 연구원. 1957년 1월 랴오닝성 선양시 출생. 1982년 랴오닝대학 물리학과 학사, 1985년 동대학 석사, 1990년 베이징대학 박사. 주요 분야는 응집태물리학.

룽이밍(龍以明)　난카이대학 천성선(陳省身)수학연구소 소장. 1948년 10월 충칭시 출생. 1973년 톈진사범학원 학사, 1981년 난카이대학 석사, 1987년 위스컨신대학교 박사. 주요 분야는 변분법. 주요 저작은 Index Theory for Symplectic Paths with Applications.

싱딩위(邢定鈺)　난징대학 물리학과 교수. 1945년 2월 상하이 출생. 1967년 난징대학 물리학과 학사, 1981년 난징대학 석사. 주요 분야는 응집태물리학. 주요 저작은 《물리학의 진전》.

우웨량(吳岳良)　중국과학원 이론물리연구소 소장. 1962년 2월 쟝쑤성 이싱(宜興)시 출생. 1982년 난징대학 물리학과 학사, 1987년 중국과학원 이론물리연구소 박사. 주요 분야는 입자물리학.

장웨이핑(張偉平)　난카이대학 천성선(陳省身)수학연구소 교수. 1964년 3월 상하이 출생. 1985년 푸단대학 학사, 1988년 중국과학원 수학연구소 석사, 1993년 Universite Paris-Sud 박사. 주요 분야는 수학.

위창쉬안(兪昌旋)　중국과학기술대학 근대물리학과 교수. 1941년 7월 인도네시아 출생. 1965년 중국과학기술대학 학사. 주요 분야는 등립자체 물리실험.

화학부 (6명)

쑹리청(宋禮成)　난카이대학 화학과 교수. 1937년 7월 산둥성 지난(濟南)시 출생. 1962년 난카이대학 화학과 학사. 주요 분야는 금속유기화학.

장시(張希)　칭화대학 화학과 교수. 1962년 12월 랴오닝성 번시(本溪)시 출생. 1986년 지린대학 화학과 학사, 1989년 동대학 석사, 1992년 동대학 박사. 주요 분야는 고분자화학.

돤쉐(段雪)　베이징화공대학 응용화학과 연구원. 1957년 1월 베이징 출생. 1982년 지린대학 화학과, 1988년 베이징화공학원 화학과 박사. 주요 분야는 응용화학.

자오둥위안(趙東元)　푸단대학 화학과 교수. 1963년 6월 랴오닝성 선양시 출생. 1984년 지린대학 화학과 학사, 1987년 동대학 석사, 1990년 동대학 박사. 주요 분야는 물리화학.

차이즈팡(柴之芳)　중국과학원 고에너지물리연구소 연구원. 1942년 9월 상하이 출생. 1964년 푸단대학 물리학과 학사. 주요 분야는 방사화학 및 핵분석기술.

가오쑹(高松)　베이징대학 화학 및 분자공정학원 교수. 1964년 안후이성 쓰(泗)현. 1985년 베이징대학 화학과 학사, 1988년 동대학 석사, 1991년 동대학 박사. 주요 분야는 분자자성.

생명과학 및 의학학부 (7명)

양환밍(楊煥明)   중국과학원 베이징게놈연구소 연구원. 1952년 10월 저쟝성 원저우시. 1978년 항저우대학(현 저쟝대학) 학사, 1982년 난징철도의학원(현 둥난대학) 석사, 1988년 덴마크 코펜하겐대학교 박사. 주요 분야는 게놈학 연구

천룬성(陳潤生)   중국과학원 생물물리연구소 연구원. 1941년 6월 톈진시 출생. 1964년 중국과학기술대학 생물물리학과 학사. 주요 분야는 생물정보학.

멍안밍(孟安明)   칭화대학 생물과학 및 기술학과 교수. 1963년 7월 쓰촨성 다주(大竹)현 출생. 1983년 시난농업대학 학사, 1990년 영국 노팅험대학교 유전학과 박사. 주요 분야는 발육생물학.

우웨이화(武維華)   중국농업대학 교수. 1956년 산시(山西)성 린펀(臨汾)시 출생. 1982년 산시대학 학사, 1984년 중국과학원 상하이 식물생리연구소 석사, 1991년 뉴저지주립대학교 박사. 주요 분야는 식물세포신호전도.

돤수민(段樹民)   중국과학원 상하이생명과학연구원 신경과학연구소 연구원. 1957년 10월 안후이성 멍청(蒙城)현 출생. 1982년 벙부(蚌埠)의학원 학사. 1985년 난퉁의학원 석사, 1991년 일본 규슈대학교 박사. 주요 분야는 신경생물학.

[Appendix] 역대 중국과학원 원사명단(1955~2009) 127

자오진둥(趙進東) 베이징대학 생명과학학원 교수. 1956년 11월 충칭시 출생. 1982년 시난사범대학 학사, 1990년 텍사스주립대학교 박사. 주요 분야는 식물생리학, 조류학.

셰화안(謝華安) 푸젠성 농업과학원 연구원. 1941년 8월 푸젠성 룽안(龍岩)시 출생. 1959년 푸젠성 룽안농업학교 학사. 주요 분야는 교잡벼유전 육종.

지학부 (4명)

장징(張經) 화둥사범대학 교수. 1957년 10월 네이멍구자치구 출생. 1982년 난징대학 학사, 1985년 산둥해양학원(현 중국해양대학) 석사, 1988년 파리 6대학 박사. 주요분야는 화학해양학 및 해양생물지구화학. 주요 저서는 《서고 총목》.

양위안시(楊元喜) 시안측량제도연구소 연구원. 1956년 7월 쟝쑤성 쟝옌(姜堰)시 출생. 1980년 정저우측량제도학원 대지측량 학사, 1987년 동 대학 석사, 1991년 중국과학원 측량 및 지구물리연구소 대지측량 박사. 주요 분야는 대지측량학.

야오탄둥(姚檀棟) 중국과학원 칭짱고원연구소 소장. 1954년 7월 간수성 퉁웨이(通渭)현 출생. 1978년 란저우대학 지질지리학과 학사, 1982년 동대학 자연지리학과 석사, 1986년 중국과학원 지리연구소 자연지리학과 박사. 주요 분야는 빙하환경 및 전지구적 변화. 주요 저작은 《칭짱고원의 지난 600년간의 온도 변화》.

무무(穆穆)　중국과학원 대기물리연구소 연구원. 1954년 8월 안후이성 딩위안(定遠)현. 1978년 안후이대학 수학과 학사, 1982년 동대학 응용수학 석사, 1985년 푸단대학 수학과 박사. 주요 분야는 대기동역학.

정보기술과학부 (1명)

우이룽(吳一戎)　중국과학원 전자학연구소 소장. 1963년 7월 베이징 출생. 1985년 베이징이공대학 학사, 1988년 동대학 석사, 2001년 중국과학원 전자학연구소 박사. 주요 분야는 신호 및 정보처리.

기술과학부 (5명)

왕커밍(王克明)　산둥대학 교수. 1939년 3월 저장성 러칭(樂淸)시 출생. 1961년 산둥대학 물리2학과 학사. 주요 분야는 재료물리학.

런루취안(任露泉)　지린대학 교수. 1944년 1월 쟝쑤성 퉁산(銅山)구 출생. 1967년 지린대학 학사, 1981년 지린공업대학 공학석사. 주요 분야는 바이오닉과학 및 공정.

주스닝(祝世寧)　난징대학 물리학과 교수. 1949년 12월 쟝쑤성 난징시 출생. 1981년 화이인(淮陰)사범대학 학사, 1988년 난징대학 석사, 1996년 난징대학 박사. 주요 분야는 미세구조 기능재료.

후하이옌(胡海岩)　난징항공항천대학 교수. 1956년 10월 상하이 출생. 1982년 산둥공업대학 학사, 1984년 동대학 석사, 1988년 난징항공항천대학 박사. 주요 분야는 비선형동역학 및 제어.

청스졔(程時杰)   화중과기대학 교수. 1945년 7월 후베이성 우한시. 1967년 시안 쟈오퉁(交通)대학 학사, 1981년 화중공학원 석사, 1986년 캐나다 캘거리대학교 박사. 주요 분야는 전력시스템 및 자동화.

총 51명
2005년 중국과학원 원사

수학물리학부 (8명)

왕스청(王詩宬)   베이징대학 수학연구소 부소장. 1953년 쟝쑤성 옌청(鹽城)시 출생. 1981년 베이징대학 석사, 1988년 캘리포니아대학교 LA분교 박사. 주요 분야는 수학.

왕딩성(王鼎盛)   중국과학원연구소 연구원. 1940년 쓰촨성 난촨(南川)시 출생. 1962년 베이징대학 물리학과 학사, 1966년 중국과학원 물리연구소 석사. 주요 분야는 계산물리학.

장쟈뤼(張家鋁)   중국과학기술대학 교수. 1938년 12월 쟝시성 간저우(贛州)시 출생. 1959년 우한대학 물리학과 학사. 주요 분야는 천체물리학.

장위헝(張裕恒)   중국과학기술대학 교수. 1938년 쟝쑤성 수쳰(宿遷)시 출생. 1961년 난징대학 물리학과 학사, 1965년 중국과학원 물리연구소 석사. 주요 분야는 물리학.

천허성(陳和生)　중국과학원 고에너지물리연구소 소장. 1946년 후베이성 우한시 출생. 1970년 베이징대학 기술물리학과 학사, 1984년 MIT 박사. 주요 분야는 고에너지물리학 및 입자물리학.

궁창더(龔昌德)　난징대학 물리학원 원장. 1932년 쟝쑤성 난징시 출생. 1953년 푸단대학 물리학과 학사. 주요 분야는 고체물리학.

펑스거(彭實戈)　산둥대학 수학연구소 소장, 금융연구원 원장. 1947년 12월 산둥성 후이민(惠民)현 출생. 1974년 산둥대학 물리학과, 1986년 프랑스 프로방스대학교 박사. 주요 분야는 금융수학.

잔원룽(詹文龍)　중국과학원 근대물리연구소 소장. 1955년 10월 푸젠성 샤먼(廈門)시 출생. 1982년 란저우대학 현대물리학과 학사. 주요 분야는 핵물리학.

화학부 (9명)

펑서우화(馮守華)　지린대학 화학학원 원장. 1956년 3월 지린성 판스(磐石)시 출생. 1978년 지린대학 화학과 학사, 1983년 동대학 석사, 1986년 동대학 박사. 주요 분야는 무기화학.

톈중췬(田中群)　샤먼(廈門)대학 교수. 1955년 푸젠성 샤먼시 출생. 1982년 샤먼대학 화학과 학사, 1987년 영국 사우스햄튼대학교 박사. 주요 분야는 물리화학.

쟝밍(江明)　푸단대학 교수. 1938년 쟝쑤성 양저우시. 1960년 푸단대학 화학과 학사. 주요 분야는 고분자화학과 물리학.

우윈둥(吳云東) 홍콩과기대학 교수. 1957년 쟝쑤성 리양(溧陽)시 출생. 1981년 란저우대학 화학과 학사, 1986년 피츠버그대학교 화학과 박사. 주요 분야는 계산유기화학.

리훙중(李洪鐘) 중국과학원 과정공정연구소 연구원. 1941년 산시(山西)성 시양(昔陽)현 출생. 1965년 타이위안(太原)이공대학 화학공정학과 학사, 1981년 중국과학기술대학 석사, 1986년 중국과학원 화공야금연구소 박사. 주요 분야는 화학공정학.

천이(陳懿) 난징대학 교수. 1933년 푸젠성 푸저우 출생. 1955년 난징대학 화학과 학사. 주요 분야는 물리화학. 《물리화학》.

야오졘녠(姚建年) 중국과학원 화학연구소 부소장. 1953년 푸젠성 진쟝(晋江)시 출생. 1982년 푸젠사범대학 화학과 학사, 1990년 도쿄대학교 공학 석사, 1993년 동대학 박사. 주요 분야는 유기나노체계.

마성밍(麻生明) 중국과학원 상하이유기화학연구소 연구원. 1965년 저쟝성 둥양(東陽)시 출생. 1986년 항저우대학 화학과 학사, 1988년 중국과학원 상하이유기화학연구소 석사, 1990년 동대학 박사. 주요 분야는 유기화학.

옌더웨(顔德岳) 상하이 쟈오퉁(交通)대학 교수. 1937년 저쟝성 융캉(永康)시 출생. 1961년 난카이대학 화학과 학사, 1965년 지린대학 화학과 석사, 2002년 벨기에 Leuven천주교대학교 자연과학 박사. 주요 분야는 집합반응동역학.

생명과학 및 의학학부 (12명)

팡징윈(方精云) 베이징대학 교수. 1959년 7월 안후이성 화이닝(怀宁)현 출생. 1982년 안후이농학원 임학과 학사, 1989년 일본 오사카시립대학 생물학과 박사. 주요 분야는 생태학. 주요 저작은 《온실 효과》.

왕다청(王大成) 중국과학원 생물물리연구소 연구원. 1949년 1월 쓰촨성 청두시 출생. 1963년 중국과학기술대학 생물물리학과 학사. 주요 분야는 분자생물물리학.

왕정민(王正敏) 푸단대학부속 안과-이비인후과의원 교수, 상하이 청각의학과학연구소 소장. 1935년 11월 상하이 출생. 1955년 상하이제1의학원(현 푸단대학) 의료학과 학사, 1982년 스위스 취리히대학교 박사. 주요 분야는 이비인후과학.

왕언둬(王恩多) 중국과학원 상하이 생명과학연구원 생물화학 및 세포생물학연구소 연구원. 1944년 11월 충칭시 출생. 1969년 중국과학원 상하이생물화학연구소 석사. 주요 분야는 생물화학.

덩쯔신(鄧子新) 상하이 쟈오퉁(交通)대학 교수. 1957년 3월 후베이성 팡(房)현 출생. 1982년 화중농업대학 미생물학 학사, 1987년 영국 East Anglia대학교 분자미생물학 박사. 주요 분야는 미생물-분자생물학.

왕중가오(汪忠鎬) 서우두(首都)의과대학 혈관연구소 소장. 1937년 9월 저쟝성 항저우시 출생. 1961년 상하이의과대학 학사. 주요 분야는 임상의학 및 혈관외과.

천샤오야(陳曉亞) 중국과학원 상하이생명과학연구원 식물생리생태연구소 소장. 1955년 쟝쑤성 양저우시 출생. 1982년 난징대학 생물학과 학사, 1985년 영국 Reading대학교 박사. 주요 분야는 식물생리학.

허린(賀林) 상하이 쟈오퉁(交通)대학 교수. 1953년 7월 베이징 출생. 1991년 영국 소재 대학교 박사. 주요 분야는 인류유전학.

자오궈핑(趙國屛) 중국과학원 생명과학연구원 식물생리생태연구소 연구원. 1948년 8월 상하이 출생. 1982년 푸단대학 미생물학 학사, 1990년 미국 포드대학교 생물화학 박사. 주요 분야는 분자미생물학.

창원루이(常文瑞) 중국과학원 생물물리연구소 연구원. 1940년 5월 랴오닝성 진저우(錦州)시 출생. 1964년 난카이대학 화학과 학사. 주요 분야는 구조생물학.

쩡이신(曾益新) 중국의과과학원 베이징협화의학원 부원장. 1962년 10월 후난성 롄위안(漣源)시 출생. 1985년 후난형양(衡陽)의학원 학사. 1990년 중산의과대학 의학 박사. 주요 분야는 종양학.

퉁탄쥔(童坦君) 베이징대학 의학부 교수. 1934년 8월 저쟝성 츠시(慈溪)시 출생. 1959년 베이징의학원 의료학과 학사, 1964년 동대학 생화학 석사. 주요 분야는 노년의학기초.

지학부 (7명)

딩중리(丁仲礼) 중국과학원 지질 및 지구물리연구소 소장. 1957년 저장성 성(嵊)현 출생. 1982년 저쟝대학 지구화학 학사, 1988년 중국과학원 지질연구소 제4기 지질 및 고기후(古气候) 박사. 주요 분야는 제4기 지질학.

왕톄관(王鐵冠) 중국석유대학 교수. 1937년 상하이 출생. 1956년 베이징석유지질학교 학사 및 1965년 베이징석유학원 학사. 주요 분야는 분자유기지구화학.

뤼다런(呂達仁) 중국과학원 대기물리연구소 연구원. 1940년 상하이 출생. 1962년 베이징대학 학사, 1966년 중국과학원 대기물리연구소 석사. 주요 분야는 대기물리학. 주요 저작은 《대기 마이크로웨이브 복사와 그 원격탐지 원리》.

양원차이(楊文采) 중국지질과학원 지질연구소 연구원. 1942년 광둥성 다부(大埔)현 출생. 1964년 베이징지질학원 학사, 1984년 캐나다 맥길대학교 박사. 주요 분야는 지구물리학.

츄잔샹(邱占祥) 중국과학원 고척추동물 및 고인류연구소 연구원. 1936년 3월 산둥성 칭다오시 출생. 1960년 모스크바대학교 학사, 1984년 독일 소재 대학교 박사. 주요 분야는 신생대지층학.

진전민(金振民) 중국지질대학(우한시 소재) 교수. 1941년 저장성 원저우시 출생. 1965년 7월 베이징지질학원 학사. 주요 분야는 구조지질학.

[Appendix] 역대 중국과학원 원사명단(1955~2009) 135

웨이펑쓰(魏奉思) 중국과학원 공간과학 및 응용연구센터 연구원. 1941년 쓰촨성 몐양(綿陽)시 출생. 1963년 중국과학기술대학 학사. 주요 분야는 공간물리학.

정보기술과학부 (6명)

왕쟈치(王家騏) 중국과학원 창춘(長春)광학정밀기계 및 물리연구소 연구원. 1940년 2월 쟝쑤성 쑤저우시 출생. 1963년 하얼빈공업대학 학사, 1966년 중국과학원 창춘광학정밀기계연구소 석사. 주요 분야는 광학정밀기계.

바오웨이민(包爲民) 중국항천과기집단공사 연구원. 1960년 헤이룽쟝성 하얼빈시 출생. 1982년 시베이전신공정학원 전자공정학과 학사. 주요 분야는 유도 및 제어. 주요 저작은 《중국 생물 방제》.

허지펑(何積丰) 화둥사범대학 소프트웨어학원 원장. 1943년 8월 상하이 출생. 1965년 푸단대학 수학과 학사. 주요 분야는 컴퓨터소프트웨어 및 이론.

우페이헝(吳培亨) 난징대학 초전도전자학연구소 소장. 1929년 상하이 출생. 1961년 난징대학 물리학과 학사. 주요 분야는 초전도전자학. 주요 저작은 《극초단파 전기회로》.

황민챵(黃民强) 총참모부 제58연구소 연구원. 1960년 10월 상하이 출생. 1982년 푸단대학 수학과 학사, 1989년 중국과학기술대학 박사. 주요 분야는 정보처리 및 정보통신.

추쥔하오(褚君浩) 중국과학원 상하이기술물리연구소 연구원. 1945년 쟝쑤성 이싱(宜興)시 출생. 1966년 상하이사범학원 물리학과 학사, 1981년 중국과학원 상하이기술물리연구소 석사, 1984년 동대학원 박사. 주요 분야는 반도체물리학.

기술과학부 (9명)

우쉬셴(吳碩賢) 화난(華南)이공대학 건축기술과학연구소 소장. 1947년 5월 푸젠성 취안저우(泉州)시 출생. 1970년 칭화대학 토목건축학과 학사, 1981년 동대학 석사, 1984년 동대학 박사. 주요 분야는 건축 및 환경음향학.

리톈(李天) 선양 항공기설계연구소 부총설계사. 1938년 10월 지린성 지린시 출생. 1963년 칭화대학 공정역학과 학사. 주요 분야는 항공기공기동역학.

리수탕(李述湯) City University of Hong Kong 강좌교수. 1947년 후난성 사우둥(邵東)현 출생. 1969년 홍콩중문대학 화학과 학사, 1971년 미국 로체스터대학교 석사, 1974년 캐나다 UBC 박사. 주요 분야는 재료과학.

천주위(陳祖煜) 베이징항공항천대학 토목공정학과 겸임교수. 1943년 2월 충칭시 출생. 1966년 칭화대학 학사, 1991년 동대학 박사. 주요 분야는 수리수전(水電) 및 토목.

자오춘성(趙淳生) 난징항공항천대학 교수. 1938년 11월 후난성 형산(衡山)현 출생. 1961년 난징항공학원 항공기과 학사, 1984년 프랑스 고등기술학교 박사. 주요 분야는 진동공정기술 및 응용.

두유웨이(都有爲)　난징대학 교수. 1936년 11월 저장성 항저우시 출생. 1957년 난징대학 물리학과 학사. 주요 분야는 자성재료.

타오원취안(陶文銓)　시안 쟈오퉁(交通)대학 교수. 1939년 3월 저장성 사오싱(紹興) 출생. 1962년 시안 쟈오퉁대학 동력기계학과 학사. 주요 분야는 공정열물리학.

구이둥(顧逸東)　중국과학원 광전연구소 부원장. 1946년 9월 쟝쑤성 화이안(淮安)시 출생. 1970년 칭화대학 공정물리학과 학사. 주요 분야는 항공항천 시스템 공정.

쉐지쿤(薛其坤)　중국과학원 물리연구소 연구원, 칭화대학 교수. 1963년 12월 산둥성 멍인(蒙陰)현 출생. 1984년 산둥대학 화학과 학사, 1990년 중국과학원 물리연구소 석사, 1994년 동대학 박사. 주요 분야는 재료물리학.

총 58명
2003년 중국과학원 원사

수학물리학부 (10명)

쾅위핑(鄺宇平)　칭화대학 교수. 1932년 11월 베이징 출생. 1955년 베이징대학 물리학과 학사. 주요 분야는 입자이론. 주요 저작은 《고에너지 물리학과 핵물리학》.

주방펀(朱邦芬)　칭화대학 교수. 1948년 1월 상하이 출생. 1970년 칭화대학 공정물리학과 학사, 1981년 동대학 석사. 주요 분야는 응집태물리학. 주요 저작은 《반도체 초결정격자 물리학》.

장졔(張杰)　중국과학원 물리연구소 연구원. 1958년 1월 산시(山西)성 타이위안(太原)시 출생. 1981년 네이멍구(內蒙古)대학 물리학과 학사, 1985년 동대학 석사. 1988년 중국과학원 물리연구소 박사. 주요 분야는 방사선광학.

리쟈춘(李家春)　중국과학원 역학연구소 연구원. 1940년 7월 상하이 출생. 1962년 푸단대학 수학과 학사. 주요 분야는 유체역학. 주요 저작은 《수학물리학에 대한 접근 방법》.

푸옌(陸炎)　중국과학원 자금산천문대 연구원. 1932년 2월 쟝쑤성 창수(常熟)시 출생. 1957년 베이징대학 물리학과. 주요 분야는 고에너지 천체물리.

천무파(陳木法)　베이징사범대학 교수. 1946년 8월 푸졘성 후이안(惠安)현 출생. 1969년 베이징사범대학 수학과 학사, 1980년 동대학 석사, 1983년 동대학 박사. 주요 분야는 수학.

훙쟈싱(洪家興)　푸단대학 수학과학학원 원장. 1942년 11월 상하이 출생. 1965년 푸단대학 수학과 학사, 1982년 동대학 박사. 주요 분야는 수학.

타오루이바오(陶瑞宝)　 푸단대학 교수. 1937년 3월 상하이 출생. 1960년 푸단대학 물리학과 학사, 1964년 동대학 석사. 주요 분야는 통계물리 및 응집태이론.

거모린(葛墨林)　 난카이대학 교수. 1938년 12월 베이징 출생. 1961년 란저우대학 물리학과 학사, 1965년 동대학 석사. 주요 분야는 기본입자이론.

졔쓰선(解思深)　 중국과학원 물리연구소 연구원. 1942년 2월 산둥성 칭다오시 출생. 1965년 베이징대학 물리학과, 1983년 중국과학원 물리연구소 박사. 주요 분야는 나노재료의 합성.

화학부 (10명)

지량녠(計亮年)　 중산대학 화학 및 화공학원 교수. 1934년 4월 상하이 출생. 1956년 산둥대학 화학과 학사. 주요 분야는 생물무기화학. 주요 저작은 《생명무기화학 개론》.

우치(吳奇)　 홍콩중문대학 화학과 강좌교수. 1955년 3월 안후이성 우후(芙湖)시 출생. 1982년 중국과학기술대학 근대화학과 학사, 1987년 뉴욕주립대학 박사. 주요 분야는 고분자과학.

우양졔(吳養洁)　 정저우대학 화학과 교수. 1928년 1월 산둥성 지난시 출생. 1951년 푸단대학 학사, 1958년 모스크바대학 화학과학 부박사. 주요 분야는 유기화학.

장위쿠이(張玉奎)　 중국과학원 다롄화학물리연구소 연구원. 1942년 9월 허베이성 바오딩(保定)시 출생. 1965년 난카이대학 화학과 학사, 주요 분야는 분석화학.

리찬(李燦)   중국과학원 다롄화학물리연구소 연구원. 1960년 1월 산수성 융창(永昌)현 출생. 1983년 장예(張掖)사범전문학원 화학과 학사, 1989년 중국과학원 다롄화학연구소 박사. 주요 분야는 물리화학.

양위량(楊玉良)   푸단대학 교장. 1952년 11월 저쟝성 하이옌(海鹽)현 출생. 1977년 푸단대학 화학과 학사, 1984년 동대학 박사. 주요 분야는 고분자응집태물리학. 주요 저작은 《고분자과학 중의 Monte Carlo 방법》.

허우졘궈(侯建國)   중국기술대학 교수. 1959년 10월 푸젠성 핑탄(平潭)현 출생. 중국기술대학 학사, 1989년 동대학 박사. 주요 분야는 물리화학.

훙마오춘(洪茂椿)   중국과학원 푸젠성 물질구조연구소 소장. 1953년 9월 푸젠성 푸톈(莆田)시 출생. 1978년 푸저우대학 화학과 학사, 1981년 중국과학원 푸젠 물질구조연구소 석사. 일본 나고야대학교 박사. 주요 분야는 무기화학.

페이웨이양(費維揚)   칭화대학 화학공정학과 교수. 1939년 7월 상하이 출생. 1963년 칭화대학 공정화학과 학사. 주요 분야는 화공분리과학 및 기술.

황셴(黃憲)   2010년 3월 6일 사망. 저쟝대학 화학과 교수. 1933년 쟝쑤성 양저우시 출생. 1958년 난징대학 화학과 학사. 주요 분야는 유기화학. 주저로 《신편유기합성화학》.

생물학부 (11명)

팡룽샹(方榮祥) 중국과학원 미생물연구소 소장. 1946년 1월 상하이 출생. 1967년 푸단대학 학사. 주요 분야는 식물바이러스학.

류윈위(劉允怡) 홍콩중문대학 외과학과 교수. 1947년 6월 홍콩 출생. 1972년 홍콩대학 의학원 학사, 1995년 홍콩중문대학 의학 박사. 주요 분야는 간담췌장외과.

쑨한둥(孫漢董) 중국과학원 쿤밍식물연구소 연구원. 1939년 11월 윈난성 바오산(保山)시 출생. 1962년 윈난대학 학사, 1988년 교토대학교 약학 박사. 주요 분야는 식물재원 및 신약연구 개발. 주요 저작은 《윈난 향료 식물자원과 그 이용》.

장야핑(張亞平) 중국과학원 쿤밍동물연구소 부소장, 윈난대학 교수. 1965년 5월 윈난 자오퉁(昭通)시 출생. 1986년 푸단대학 생물학과 학사, 1991년 중국과학원 쿤밍 동물연구소 박사. 주요 분야는 진화생물학 및 보호유전학.

선옌(沈岩) 중국의학과학원 기초이학연구소 연구원. 1951년 10월 베이징 출생. 1984년 베이징 직공대학 학사, 1989년 중국협화의과대학 생물화학 석사. 주요 분야는 분자생물학 및 유전학.

천린(陳霖) 중국과학원 연구생원 교수. 1945년 11월 쓰촨성 청두시 출생. 1970년 중국과학기술대학 학사. 주요 분야는 인지과학 및 실험심리학.

린지수이(林其誰)　중국과학원 상하이 생명과학연구원 생물화학 및 세포생물학연구소 연구원. 1937년 12월 상하이 출생. 1959년 제1의학원 학사. 주요 분야는 생물화학.

정광메이(鄭光美)　베이징사범대학 생명과학학원 교수. 1932년 11월 헤이룽쟝성 하얼빈시 출생. 1954년 베이징사범대학 생물학과 학사, 1958년 둥베이사범대학 동물생태 석사. 주요 분야는 동물학 및 조류생태학. 주요 저작은《중국 조류 분류 및 분포 명록》.

라오쯔허(饒子和)　칭화대학 교수, 중국과학원 생물물리연구소 소장. 1950년 9월 쟝쑤성 난징시 출생. 1977년 중국과학기술대학 학사, 1982년 중국과학원 석사, 1989년 멜버른대학교 박사. 주요 분야는 생물물리학 및 구조생물학.

궈아이커(郭愛克)　중국과학원 생물물리연구소 및 상하이생명과학연구원 연구원. 1940년 2월 랴오닝성 선양시 출생. 1965년 모스크바대학교 학사, 1979년 뮌헨대학교 자연과학 박사. 주요 분야는 신경과학 및 생물물리학.

웨이위취안(魏于全)　쓰촨대학 화시(華西)의원 임상종양학 교수. 1959년 6월 쓰촨성 난쟝(南江)현 출생. 1983년 화시의과대학 학사, 1996년 교토대학교 의학 박사. 주요 분야는 종양치료 및 종양면역학.

지학부 (10명)

덩치둥(鄧起東)　중국지진국 지질연구소 연구원. 1938년 2월 후난성 솽

펑(双峰)현 출생. 1961년 중난채광야금학원 지질학과 학사. 주요 분야는 구조지질학. 주요 저작은 《천산활동구조》.

예쟈안(叶嘉安) 홍콩대학 도시연구 및 도시계획연구센터 강좌교수. 1952년 홍콩 출생. 1974년 홍콩대학 지리 및 지질학과 학사, 1976년 태국 아시아이공학원 석사, 1978년 뉴욕주 시라큐스대학교 석사, 1980년 동대학 도시계획 박사. 주요 분야는 지리정보과학.

류쟈치(劉嘉麒) 중국과학원 지질 및 지구물리연구소 연구원. 1941년 5월 랴오닝성 단둥시 출생. 1965년 창춘지질학원 학사, 1967년 동대학 석사, 1986년 중국과학기술대학 박사. 주요 분야는 화산지질 및 제4기환경지질.

주르샹(朱日祥) 중국과학원 지질 및 지구물리연구소 연구원. 1955년 8월 산시(山西)성 다퉁(大同) 출생. 1978년 산시대학 물리학과 학사, 1984년 중국과학원 지구물리연구소 석사, 1989년 중국과학원 지질연구소 박사. 주요 분야는 지구물리학기초이론 및 실험. 주요 저작은 《전동역학수학 지도》.

리수광(李曙光) 중국과학기술대학 교수. 1941년 2월 산시(陝西)성 셴양(咸陽)시 출생. 1965년 중국과학기술대학 지구화학 학사. 주요 분야는 지구화학.

루다다오(陸大道) 중국과학원 지리과학 및 자원연구소 연구원. 1940년 10월 안후이성 퉁청(桐城)시 출생. 1963년 베이징대학 지질지리학과 학사. 주요 분야는 경제지리학. 주요 저작은 《중국 국가지리》.

천쉬(陳旭)　중국과학원 난징지질고생물연구소 연구원. 1936년 9월 쟝쑤성 난징시 출생. 1959년 베이징지질학원 학사. 주요 분야는 고생물학 및 지층학.

친다허(秦大河)　중국기상국 국장, 중국과학원 자원환경 및 기술국 국장. 1947년 1월 간수성 란저우시 출생. 1970년 란저우대학 지질지리학과 학사, 1992년 동대학 박사. 주요 분야는 지리학.

구청짜오(賈承造)　중국석유천연가스주식회사 부총재, 중국석유탐사개발연구원 원장, 난징대학 에너지과학연구원 원장. 1948년 3월 간수성 란저우시 출생. 1975년 신쟝공학원 지질학과 학사, 1987년 난징대학 구조지질 및 지구물리 박사. 주요 분야는 석유지질 및 구조지질. 주요 저작은《중국 타리무(塔里木) 분지 구조특징 및 천연가스》.

푸충빈(符淙斌)　중국과학원 대기물리연구소 연구원. 1939년 10월 상하이 출생. 1962년 난징대학 기상학과 학사, 1967년 중국과학원 석사. 주요 분야는 기후 및 전지구적 변화.

기술과학부 (17명)

루커(盧柯)　중국과학원 금속연구소 소장. 1965년 5월 간수성 화츠(華池)현 출생. 1985년 난징이공대학 금속재료 및 열처리 전공 학사, 1990년 중국과학원 금속연구소 공학 박사. 주요 분야는 금속나노재료.

예페이젠(叶培建)　중국공간기술연구원 연구원. 1945년 1월 쟝쑤성 타이싱(泰興)시 출생. 1967년 저장대학 무전학과 학사, 1985년 스위스

Université de Neuchatel 박사. 주요 분야는 공간비행기총체 및 정보처리.

주웨이츄(朱位秋)   저쟝대학 역학과 교수. 1938년 9월 저쟝성 이우(義烏)시 출생. 1961년 시베이공업대학 학사, 1964년 동대학 석사. 주요 분야는 비선형 랜덤동역학 및 제어. 주요 저작은《비선형 임의 동역학과 제어 - Hamilton 이론 체계틀》.

싱츄헌(邢球痕)   중국항천과기집단 제4연구원 연구원. 1930년 9월 저쟝성 성저우(嵊州)시 출생. 1957년 중국인민해방군 군사연구원 졸업. 주요 분야는 고체로켓발동기.

우훙신(吳宏鑫)   중국공간기술연구원 연구원. 1939년 쟝쑤성 단투(丹徒)구 출생. 1965년 칭화대학 자동제어학과 학사. 주요 분야는 제어이론 및 제어공정.

양웨이(楊衛)   칭화대학 공정역학과 교수. 1954년 2월 베이징 출생. 1976년 시베이공업대학 학사, 1981년 칭화대학 석사, 1985년 브라운대학교 박사. 주요 분야는 고체역학.

천촹톈(陳創天)   중국과학원 이화(理化)기술연구소 연구원. 1937년 2월 저쟝성 펑화(奉化)시 출생. 1962년 베이징대학 물리학과 학사. 주요 분야는 재료과학.

천궈량(陳國良)   선전대학 컴퓨터 및 소프트웨어학원 원장. 1938년 6월 안후이성 잉상(潁上)현 출생. 1961년 시안 쟈오퉁(交通)대학 무선전신학과 학사. 주요 분야는 컴퓨터체계구조. 주요 저작은《병행컴퓨터체계 및 구조》.

저우위안(周遠)　중국과학원 이화(理化)기술연구소 연구원. 1938년 7월 저쟝성 진탄(金壇)시 출생. 1961년 칭화대학 열에너지공정학과 학사. 주요 분야는 저온공정학.

린쮠치(林尊琪)　중국과학원 상하이광학정밀기계연구소 연구원. 1942년 베이징 출생. 1964년 중국과학기술대학 무선전신학과 학사, 1968년 중국과학원 석사. 주요 분야는 고출력레이저광학 및 기술.

판서우산(范守善)　칭화대학 물리학과 교수. 1947년 2월 산시(山西)성 진청(晋城)시 출생. 1970년 칭화대학 학사, 1981년 동대학 석사. 주요 분야는 재료물리 및 화학.

정유더우(鄭有斗)　난징대학 물리학과 교수. 1935년 푸젠성 다톈(大田)현 출생. 1957년 난징대학 물리학과 학사. 주요 분야는 반도체재료 및 기계.

진잔펑(金展鵬)　중난대학 교수. 1938년 11월 광시성 리푸(荔浦)현 출생. 1960년 중난채광야금학원 학사, 1963년 동대학 석사. 주요 분야는 재료과학기술.

궈광찬(郭光燦)　중국과학기술대학 물리학과 교수. 1942년 푸젠성 후이안(惠安)현 출생. 1965년 중국과학기술대학 무선전신전자학과 학사. 주요 분야는 양자광학 및 양자통신 등.

[Appendix] 역대 중국과학원 원사명단(1955~2009) 147

장쯔슝(章梓雄)   홍콩대학 강좌교수. 1944년 1월 상하이 출생. 1965년 홍콩 주해서원대학 학사, 1967년 캐나다 Saskatchewan대학교 석사, 1971년 California Institute of Technology 박사. 주요 분야는 유체역학 및 응용역학.

황린(黃琳)   베이징대학 역학 및 공정과학과 교수. 1935년 1월 쟝쑤성 양저우시 출생. 1957년 베이징대학 수학역학과 학사, 1961년 동대학 석사. 주요 분야는 제어과학. 주요 저작은 《안정성 이론》.

펑쿤츠(彭堃墀)   산시(山西)대학 광전연구소 소장. 1936년 6월 쓰촨성 출생. 1961년 쓰촨대학 물리학과 학사. 주요 분야는 양자광학 및 고체레이저기술.

총 56명
2001년 중국과학원 원사

수학물리학부 (10명)

예차오후이(叶朝輝)   중국과학원 우한분원 원장. 1942년 3월 쓰촨성 젠양(簡陽)시 출생. 1965년 베이징대학 무선전신전자학과 주요 분야는 스펙트럼학.

톈강(田剛)   베이징대학 수학과학학원 강좌교수. 1958년 쟝쑤성 난징시 출생. 1982년 난징대학 수학과 학사, 1984년 베이징대학 석사, 1988년 하버드대학교 박사. 주요 분야는 기초수학.

장뎬린(張殿琳)　중국과학원 물리연구소 연구원. 1934년 11월 산시(陝西)성 싼위안(三原)현 출생. 1956년 시베이대학 물리학과 학사. 주요 분야는 실험응집태물리학.

리방허(李邦河)　중국과학원 수학 및 시스템과학연구원 연구원. 1942년 7월 저쟝성 웨칭(樂淸)시 출생. 1965년 중국과학기술대학 수학과 학사. 주요 분야는 수학. 주요 저작은 《비표준 분석 기초》.

왕청하오(汪承灝)　중국과학원 음향학연구소 연구원. 1938년 1월 쟝쑤성 난징시 출생. 1958년 베이징대학 물리학과 학사. 주요 분야는 초성학.

쩌우광톈(鄒广田)　지린대학 교수. 1938년 7월 지린성 창춘시 출생. 1962년 지린대학 물리학과 학사, 1965년 동대학 석사. 주요 분야는 고압물리학.

천스강(陳式剛)　베이징응용물리 및 컴퓨터수학연구소 연구원. 1935년 11월 저쟝성 원저우시 출생. 1958년 푸단대학 물리학과 학사. 주요 분야는 기초이론연구 및 핵무기이론연구 및 설계.

저우유위안(周又元)　중국과학기술대학, 베이징대학 교수. 1938년 7월 상하이 출생. 1960년 베이징대학 물리학과 학사. 주요 분야는 천체물리학.

자오광다(趙光達)　베이징대학 교수. 1939년 10월 산시(陝西)성 시안시 출생. 1963년 베이징대학 물리학과 학사. 주요 분야는 입자물리 및 양자장론.

궈바이링(郭柏灵) 베이징응용물리 및 컴퓨터수학연구소 연구원. 1936년 10월 푸젠성 룽옌(龍岩)시 출생. 1958년 푸단대학 수학과 학사. 주요 분야는 비선형발전방정식.

화학부 (10명)

런융화(任咏華) 홍콩대학 화학과 강좌교수. 1963년 2월 홍콩 출생. 1985년 홍콩대학 화학과 학사, 1988년 동대학 박사. 주요 분야는 무기화학.

쟝룽(江龍) 중국과학원 화학연구소 연구원. 1933년 1월 상하이 출생. 1953년 난징대학 화학과 학사, 1960년 소련과학원 물리화학연구소 부박사. 주요 분야는 물리화학.

천훙위안(陳洪渊) 난징대학 화학화공학원 교수, 분석과학 및 화학생물학연구소 소장. 1937년 12월 저쟝성 쟝산면(江三門) 출생. 1961년 난징대학 화학과 학사. 주요 분야는 분석화학.

천신쯔(陳新滋) 홍콩이공대학 응용생물 및 화학기술학과 강좌교수, 응용과학 및 방직학원 원장. 1950년 10월 광둥성 타이산(台山)시 출생. 1975년 도쿄국제기독교대학교 화학과 학사, 1979년 시카고대학교 박사. 주요 분야는 유기화학.

마이쑹웨이(麥松威) 홍콩중문대학 강좌교수. 1936년 10월 홍콩 출생. 1960년 캐나다 British Columbia대학교 학사, 1963년 동대학 박사. 주요 분야는 구조화학. 주요 저작은 Crystallography in Modern Chemistry: A Resource Book of Crystal Structures.

린궈챵(林國强)　중국과학원 상하이유기화학연구소 연구원. 1943년 3월 상하이 출생. 1964년 상하이과학기술대학 화학과 학사, 1968년 중국과학원 상하이유기화학연구소 석사. 주요 분야는 유기화학. 주요 저작은 《수성합성 - 불대칭반응과 그 응용》.

정란쑨(鄭蘭蓀)　샤먼대학 화학과 교수. 1954년 10월 푸젠성 샤먼시 출생. 1982년 샤먼대학 화학과 학사, 1986년 미국 Rice대학교 박사. 주요 분야는 물리무기화학.

차오융(曹鏞)　화난이공대학 교수. 1941년 10월 후난성 창사시 출생. 1965년 소련 레닌그라드대학교 화학과 학사, 1987년 도쿄대학교 이학박사. 주요 분야는 고분자화학.

황춘후이(黃春輝)　베이징대학 화학학원 교수. 1933년 5월 허베이성 싱타이(邢台) 출생. 1955년 베이징대학 화학과 학사. 주요 분야는 무기화학. 주요 저작은 《고등무기화학 실험》.

청진페이(程津培)　난카이대학 화학학원 교수, 국가과학기술부 부부장, 국무원학위위원회 위원, 국가과학기술장려위원회 비서장. 1948년 6월 톈진시 출생. 1975년 톈진사범학원 학사, 1981년 난카이대학 석사, 1987년 미국 노스웨스턴대학교 박사. 주요 분야는 물리유기화학.

[Appendix] 역대 중국과학원 원사명단(1955~2009) 151

생물학부 (12명)

왕즈전(王志珍) 중국과학원 생물물리연구소 연구원. 1942년 7월 상하이 출생. 1964년 중국과학기술대학 생물물리학과 학사. 주요 분야는 생물화학 및 분자생물학.

예위루(叶玉如) 홍콩과기대학 교수, 이학원 부원장, 생물기술연구소 소장. 1955년 7월 홍콩 출생. 1977년 미국 Simmons대학교 학사, 1983년 하버드대학교 박사. 주요 분야는 신경생물학.

쑨다예(孫大業) 허베이사범대학 교수. 1937년 7월 저쟝성 항저우시 출생. 1959년 베이징농업대학 농학과 학사. 주요 분야는 세포생물학. 주요 저작은 《세포신호 전도》.

장유상(張友尙) 중국과학원 상하이생물화학 및 세포생물학연구소 연구원. 1925년 11월 후난성 창사시 출생. 1948년 저쟝대학 화공과 학사, 1861년 중국과학원 상하이생물화학연구소 석사. 주요 분야는 생물화학 및 분자생물학.

장융롄(張永蓮) 중국과학원 상하이생물화학 및 세포생물학연구소 연구원. 1935년 2월 상하이 출생. 1957년 푸단대학 화학과 학사. 주요 분야는 분자내분비학.

리쟈양(李家洋) 중국과학원 유전 및 발육생물학연구소 소장. 1956년 7월 안후이성 페이시(肥西)시 출생. 1981년 안후이 농학원(현 안후이농업대학) 학사, 1991년 미국 Brandeis대학교 생물학 박사. 주요 분야는 식물분자유전학.

천원신(陳文新) 중국농업대학 생물학원 교수. 1926년 9월 후난성 류양(瀏陽)시 출생. 1952년 우한대학 농학원 토화학과 학사, 1958년 소련 티미랴제프농학원 부박사. 주요 분야는 토양미생물학.

정서우이(鄭守儀) 중국과학원 해양연구소 연구원. 1931년 5월 필리핀 마닐라 출생. 1954년 필리핀 동방대학 학사, 1955년 국립 필리핀대학교 생물학 석사. 주요 분야는 해양원생동물학. 주요 저작은 《중국 동물지 : 교착 유공충권》.

진궈장(金國章) 중국과학원 상하이 약물연구소 연구원. 1927년 6월 저쟝성 융캉(永康)시 출생. 1952년 저장대학 이학원 약학과 학사. 주요 분야는 약리학.

허푸추(賀福初) 군사이학과학원 방사의학연구소 소장. 1962년 후난성 안샹(安鄉)현 출생. 1982년 푸단대학 생물학과 학사, 1994년 군사의학과학원 방사의학연구소 박사. 주요 분야는 세포생물학 및 유전학.

자오얼미(趙爾宓) 중국과학원 청두(成都)생물연구소 연구원. 1930년 1월 쓰촨성 청두시 출생. 1951년 화시대학 생물학과 학사. 주요 분야는 동물학. 주요 저작은 《중국 동물지》.

량즈런(梁智仁) 홍콩대학의학원 정형외과 교수. 1942년 7월 홍콩 출생. 1965년 홍콩대학 의학원 학사. 주요 분야는 골외과학.

지학부 (9명)

왕잉(王穎)　난징대학 지학원 원장. 1935년 2월 허난성 황촨(潢川)현 출생. 1956년 난징대학 학사, 1961년 베이징대학 지질지리학과 석사. 주요 분야는 해안해양지구표면 형태 및 퇴적학. 주요 저작은 《해안 지모학》.

스야오린(石耀霖)　중국과학원 연구생원 교수. 1944년 2월 광시성 구이린(桂林)시 출생. 1966년 중국과학기술대학 학사, 1986년 미국 버클리대학교 박사. 주요 분야는 지구물리학.

리샤오원(李小文)　베이징사범대학 원격탐지 및 GIS연구센터 주임, 중국과학원 원격탐지응용연구소 소장. 1947년 3월 쓰촨성 쯔궁(自貢)시 출생. 1968년 청두(成都)전신공정학원 학사, 1985년 미국 캘리포니아대학교 지리학 박사. 주요 분야는 지리학 및 원격탐지.

리충인(李崇銀)　중국과학원 대기물리연구소 연구원, 해방군 이공대학 기상학원 교수. 1940년 4월 쓰촨성 다(達)현 출생. 1963년 중국과학기술대학 학사. 주요 분야는 기상학. 주요 저작은 《기후 동역학 인론》.

진위간(金玉玕)　2006년 6월 26일 사망. 난징 고생물연구소 학술위원회 주임. 1937년 12월 저쟝성 둥양(東陽)시 출생. 1959년 난징대학 지질학과 학사. 주요 분야는 고생물학 및 지층학.

후둔신(胡敦欣)　중국과학원 해양연구소 연구원. 1936년 10월 산둥성 지모(卽墨)시 출생. 1961년 산둥대학 학사, 1966년 중국과학원 해양연구소 석사. 주요 분야는 대양환류연구 및 물리해양학.

중다라이(鐘大賚) 중국과학원 지질 및 지구물리연구소 연구원. 1933년 8월 산둥성 칭다오시 출생. 1954년 베이징지질학원 학사, 1963년 소련 레닌그라드광업학원 부박사. 주요 분야는 구조지질학 및 대륙동역학. 주요 저작은 《1:400만 중국대지 구조도》.

쉬스저(徐世浙) 저장대학 교수. 1936년 10월 저쟝성 타이저우(台州)시 출생. 1956년 창춘지질학원 학사. 주요 분야는 지구물리학. 주요 저작은 《고지자학 개론》.

투촨다이(涂傳詒) 베이징대학 교수. 1940년 7월 베이징 출생. 1964년 베이징대학 학사. 주요 분야는 공간물리학.

기술과학부 (15명)

마쭈광(馬祖光) 2003년 7월 15일 사망. 하얼빈공업대학 항천학원 광전자정보과학기술학과 수석교수. 1928년 4월 베이징 출생. 1950년 산둥대학 물리학과 학사. 주요 분야는 광전자기술학. 주요 저작은 《레이저 실험 방법》.

류바오융(劉宝鏞) 중국항천과학집단공사 제1연구원 연구원. 1936년 1월 텐진 출생. 1958년 베이징대학 수학역학과 학사. 주요 분야는 비행역학 및 탄도유도탄 총설계.

좡펑전(庄逢辰) 장비지위기술학원 교수. 1932년 1월 쟝쑤성 창저우(常州)시 출생. 1956년 하얼빈공업대학 동력기계학과 학사. 주요 분야는 로켓발동기.

장쩌(張澤) 중국과학원 물리연구소 연구원. 1953년 1월 톈진 출생. 1980년 지린대학 물리학과 학사, 1987년 중국과학원 금속연구소 박사. 주요 분야는 재료과학 및 크리스탈 구조.

장추한(張楚漢) 칭화대학 수리수전공정학과 교수. 1933년 10월 광둥성 메이저우(梅州)시 출생. 1957년 칭화대학 수리공정학과 학사, 1965년 동대학 석사. 주요 분야는 수리수전공정.

천다(陳達) 난징항공항천대학 재료과학 및 기술학원 교수. 1937년 3월 쟝쑤성 퉁저우(通州)시 출생. 1963년 칭화대학 공정물리학과 학사. 주요 분야는 핵과학 기술.

천구이린(陳桂林) 중국과학원 상하이기술물리연구소 연구원. 1941년 푸젠성 난안(南安)시 출생. 1967년 시안 쟈오퉁(交通)대학 무선전신공정학과 학사. 주요 분야는 공간 적외선 원격탐지기술.

정스링(鄭時齡) 퉁지(同濟)대학 건축 및 도시공간 연구소 소장. 1941년 11월 쓰촨성 청두시 출생. 1965년 퉁지대학 건축학과 학사, 1993년 동대학 건축역사 및 이론 박사. 주요 분야는 건축학. 주요 저작으로 《World Cities −Shanghai》.

류바이신(柳百新) 칭화대학 재료과학 및 공정학과 교수. 1935년 6월 상하이 출생. 1961년 칭화대학 공정물리학과 학사. 주요 분야는 재료물리 및 화학.

탕수셴(唐叔賢) 홍콩도시대학 강좌교수. 1942년 4월 홍콩 출생. 1964년 홍콩대학 이학원 학사, 1969년 캘리포니아대학교 박사. 주요 분야는 재료표면과학 및 기술.

샤졘바이(夏建白) 중국과학원 반도체연구소 연구원. 1939년 상하이 출생. 1962년 베이징대학 물리학과 학사, 1965년 동대학 석사. 주요 분야는 반도체물리학. 주요 저서로 《현대반도체 물리》.

친궈강(秦國剛) 베이징대학 물리학원 교수. 1934년 3월 난징시 출생. 1956년 베이징대학 물리학과 학사, 1961년 동대학 석사. 주요 분야는 반도체재료물리학.

궈레이(郭雷) 중국과학원 수학 및 시스템과학연구원 원장. 1961년 11월 산둥성 쯔보(淄博)시 출생. 1982년 산둥대학 수학과 학사, 1984년 중국과학원 시스템과학연구소 석사, 1987년 동대학 박사. 주요 분야는 제어과학.

가오위천(高玉臣) 2005년 사망. 베이징 쟈오퉁(交通)대학 교수. 1937년 지린성 창춘시 출생. 베이징대학 수학역학과 학사, 칭화대학 공정역학과 석사. 주요 분야는 고체역학.

거창춘(葛昌純) 베이징과기대학 재료과학 및 공정학원 교수. 1934년 3월 상하이 출생. 1952년 베이팡 쟈오퉁(交通)대학 당산철도학원 학사, 1983년 독일 드레스덴기술대학 박사. 주요 분야는 분말야금.

1999년 중국과학원 원사
총 55명

수학물리학부 (10명)

위루(于淥)　중국과학원 이론물리연구소 연구원. 1937년 8월 쟝쑤성 전쟝(鎭江)시 출생. 1961년 소련 하리코프 국립대학교 이론물리학 학사. 주요 분야는 이론물리학.

원란(文蘭)　베이징대학 교수. 1946년 3월 간수성 란저우시 출생. 1970년 베이징대학 수학역학과 학사, 1986년 노스웨스턴대학교 박사. 주요 분야는 미분동력시스템 등.

왕쉰(王迅)　푸단대학 교수. 1934년 4월 상하이 출생. 1956년 푸단대학 물리학과 학사, 1960년 동대학 석사. 주요 분야는 반도체물리학 및 표면물리학.

왕스지(王世績)　상하이 레이져등입자체연구소 연구원. 1932년 9월 상하이 출생. 1956년 베이징대학 기술물리학과 학사. 주요 분야는 핵물리학 및 레이져등입자체물리학.

옌쟈안(嚴加安)　중국과학원 수학 및 시스템과학연구원 응용수학연구소 연구원. 1941년 12월 쟝쑤성 한쟝(邗江)구 출생. 1964년 중국과학기술대학 응용수학과 학사. 주요 분야는 무작위수분석 및 금융수학.

장쭝예(張宗燁)　중국과학원 고에너지물리연구소 연구원. 1935년 1월 베이징 출생. 1956년 베이징대학 물리학과 학사. 주요 분야는 핵이론물리학.

양궈전(楊國楨)　중국과학원 물리연구소 연구원. 1938년 3월 후난성 샹탄(湘潭) 출생. 1962년 베이징대학 물리학과, 1965년 동대학 석사. 주요 분야는 광물리학.

선원칭(沈文慶)　중국과학원 상하이원자핵연구소 연구원. 1945년 8월 상하이 출생. 1967년 칭화대학 공정물리학과 학사. 주요 분야는 실험핵물리학.

추이얼제(崔爾杰)　2010년 12월 13일 사망. 베이징공기동역학연구소 연구원. 1935년 산둥성 지난시 출생. 1959년 베이징항공학원 공기동역학 학사. 주요 분야는 공기동역학.

황룬첸(黃潤乾)　중국과학원 국가천문대 윈난천문대 연구원. 1933년 12월 베이징 출생. 1958년 독일 쉴러대학교 학사. 주요 분야는 천체물리학. 주요 저작은 《항성 대기이론》.

화학부 (8명)

류뤄좡(劉若庄)　베이징사범대학 화학학원 교수. 1925년 5월 베이징 출생. 1947년 베이징푸런(輔仁)대학 화학과 학사, 1950년 베이징대학 물리화학학과 석사. 주요 분야는 계산양자화학.

[Appendix] 역대 중국과학원 원사명단(1955~2009)

퉁전허(佟振合) 중국과학원 이론기술연구소 연구원. 1937년 9월 산둥성 량산(梁山)현 출생. 1963년 중국과학기술대학 고분자화학 및 물리학과 학사, 1983년 컬럼비아대학교 박사. 주요 분야는 유기광화학.

우신타오(吳新濤) 중국과학원 푸젠물질구조연구소 연구원. 1939년 4월 푸젠성 스스(石獅)시 출생. 1960년 샤먼대학 화학과 학사, 1966년 푸저우대학 물리화학 석사. 주요 분야는 물리화학.

리징하이(李靜海) 중국과학원 부원장, 중국과학원 과정공정연구소 연구원. 1956년 10월 산시(山西)성 징러(靜樂)현 출생. 1982년 하얼빈공업대학 열에너지공정 학사, 1984년 동대학 석사, 1987년 중국과학원 화공야금연구소(현 중국과학원 과정공정연구소) 박사. 주요 분야는 화학공정.

천카이셴(陳凱先) 중국과학원 상하이약물연구소 연구원. 1945년 8월 충칭시 출생. 1967년 푸단대학 학사, 1982년 중국과학원 상하이 약물연구소 석사, 1985년 동대학 박사. 주요 분야는 약물화학 및 신약물연구.

저우치펑(周其鳳) 지린대학 교장, 베이징대학 화학학원 고분자과학 및 공정학과 교수. 1947년 10월 후난성 류양(瀏陽)시 출생. 1970년 베이징대학 화학과 학사, 1983년 미국 MIT 고분자과학 및 공정학 박사. 주요 분야는 고분자합성 및 액정고분자. 주요 저작은 《액정 고분자》.

야오서우쭤(姚守拙) 후난사범대학 및 후난대학 교수. 1936년 3월 상하이 출생. 1959년 소련 레닌그라드대학교 학사. 주요 분야는 분석화학.

황나이정(黃乃正) 홍콩중문대학 화학과 강좌교수, 신아시아서원(新亞

書院) 원장. 1950년 11월 홍콩 출생, 1973년 홍콩중문대학 화학과 학사, 1976년 런던대학교 (철학) 박사, 1994년 동대학 (과학) 박사. 주요 분야는 유기화학.

생물학부 (11명)

쿵샹푸(孔祥夏)　충칭제3군의대학 서남의원 병리연구소 종신교수. 1942년 9월 충칭시 출생. 1969년 미국 밴더빌트대학교 약학원 박사. 주요 분야는 분자생물학.

류이쉰(劉以訓)　중국과학원 동물연구소 연구원. 1936년 5월 산둥성 안츄(安丘)시 출생. 1963년 푸단대학 생물학과 학사, 1966년 중국과학원 석사. 주요 분야는 생식생물학.

쑹다샹(宋大祥)　2008년 1월 25일 사망. 허베이대학 생명과학학원 교수. 저쟝성 사오싱(紹興)시 출생. 1953년 쟝쑤사범학원(현 쑤저우대학) 생물학과 학사, 1961년 중국과학원 동물연구소 석사. 주요 분야는 동물학.

장치파(張啓發)　화중농업대학 교수, 생명과학기술학원 원장. 1953년 12월 후베이성 궁안(公安)현 출생. 1976년 화중농학원 학사, 1985년 캘리포니아대학교 박사. 주요 분야는 식물유전 및 분자생물학.

리차오이(李朝義)　중국과학원 신경과학연구소 고급연구원. 1934년 7월 충칭시 출생. 1956년 중국약과대학 학사. 주요 분야는 신경생물학.

쑤귀후이(蘇國輝)　홍콩대학 의학원 교수, 신경과학연구센터 주임. 1948

년 1월 홍콩 출생. 1973년 미국 노스이스턴대학교 생물학과, MIT대학교 박사. 주요 분야는 신경해부학.

치정우(戚正武) 중국과학원 상하이생물화학연구소 연구원. 1932년 4월 저쟝성 닝보시 출생. 1952년 상하이 퉁지(同濟)대학 화학과 학사, 1959년 소련 의학과학원 모스크바의학생물화학연구소 부박사. 주요 분야는 생물화학. 주요 저작은 《단백질화학 연구기술》.

저우쥔(周俊) 중국과학원 쿤밍식물연구소 연구원. 1932년 쟝쑤성 둥타이(東台)시 출생. 1958년 화둥화공학원 제약공정 학사. 주요 분야는 식물자원 및 식물화학.

정루융(鄭儒永) 중국과학원 미생물연구소 연구원. 1931년 1월 홍콩 출생. 1953년 화난(華南)농업대학 식물보호학 학사. 주요 분야는 시스템세균학. 주요 저작은 《자낭균 시스템》.

쟝유쉬(蔣有緒) 중국농업과학연구원 삼림생태 및 보호연구소 연구원. 1932년 5월 상하이 출생. 1954년 베이징대학 생물학과 학사. 주요 분야는 삼림생태학.

페이강(裴鋼) 중국과학원 상하이세포생물학연구소 연구원. 1953년 12월 랴오닝성 선양시 출생. 1981년 선양약과대학 학사, 1984년 동대학 석사. 주요 분야는 세포생물학.

지학부 (10명)

우룽성(伍榮生)　난징대학 대기과학과 교수. 1934년 1월 저쟝성 루안(瑞安)시 출생. 1956년 난징대학 대기과학과 학사. 주요 분야는 대기과학. 주요 저작은 《대기과학 중의 근대수학기초》.

우신즈(吳新智)　중국과학원 고척추동물 및 고인류연구소 연구원. 1928년 6월 안후이성 허페이시 출생. 1953년 상하이연구원 학사, 1961년 중국과학원 석사. 주요 분야는 고인류학.

장번런(張本仁)　중국지질대학 교수. 1929년 5월 안후이성 화이위안(怀遠)현 출생. 1952년 난징대학 지질학과 학사, 1956년 베이징지질학원 석사. 주요 분야는 지구화학. 주요 저작은 《지구화학》.

장궈웨이(張國偉)　시베이대학 조산대지질연구소 소장. 1939년 1월 허난성 난양시 출생. 1961년 시베이대학 학사. 주요 분야는 구조지질 및 전캄브리아기지질학. 주요 저작은 《친링(秦岭)조산대와 대륙동역학》.

정두(鄭度)　중국과학원 지리과학 및 자원연구소 연구원. 1936년 8월 광둥성 졔시(揭西)현 출생. 1958년 중산대학 지리학과 학사. 주요 분야는 자연지리학. 주요 저작은 《중국 생태지리구역 계통연구》.

야오전싱(姚振興)　중국과학원 지질 및 지구물리연구소 연구원. 1939년 4월 상하이 출생. 1962년 베이징대학 학사, 1966년 중국과학원 지구물리연구소 석사. 주요 분야는 지진파이론 및 응용.

가오쥔(高俊)   해방군측량학원 교수. 1933년 10월 베이징 출생. 1956년 해방군측량학원 학사. 주요 분야는 지도학 및 지리정보시스템.

자이위성(翟裕生)   베이징 지질관리간부학원 원장. 1930년 2월 허베이성 다청(大城)현 출생. 1952년 베이징대학 지질학과 학사, 1957년 창춘지질학원 석사. 주요 분야는 지질학. 주요 저작은 《구역성광(成礦)학》.

텅지원(滕吉文)   중국과학원 지질 및 지구물리연구소 연구원. 1934년 3월 헤이룽쟝성 하얼빈시 출생. 1956년 둥베이지질학원 지구물리학과 학사, 1962년 소련과학원 대지물리연구소 부박사. 주요 분야는 암석권물리학.

쉐위췬(薛禹群)   난징대학 교수. 1931년 11월 쟝쑤성 우시(无錫)시 출생. 1952년 탕산공학원 학사, 1957년 창춘지질학원 석사. 주요 분야는 수문지질학. 주요 저작은 《수문지질학의 수직법》.

기술과학부 (16명)

류쏭하오(劉頌豪)   화난사범대학 교장. 1930년 11월 광둥성 광저우시 출생. 1951년 광둥문리학원 학사. 주요 분야는 광학 및 레이저.

류가오롄(劉高聯)   상하이대학 교수. 1931년 7월 쟝시성 펑신(奉新)현 출생. 1953년 상하이 쟈오퉁(交通)대학 기계학과 학사, 1957년 하얼빈공업대학 증기터빈 석사. 주요 분야는 공정열물리 및 유체역학.

주중량(朱中梁)   시난전자전신기술연구소 연구원. 1936년 4월 쟝시성 난창(南昌) 출생. 1961년 화중공학원(현 화중이공대학) 무선전신공정학과 학사. 주요 분야는 통신 및 정보과학.

위명룬(余夢倫)　베이징우주항공시스템공정연구소 연구원. 1936년 11월 상하이 출생. 1960년 베이징대학 수학역학과 학사. 주요 분야는 우주비행역학.

장유치(張佑啓)　홍콩 출생. 1958년 화난(華南)공학원 학사, 1964년 영국 웨일스대학교 박사. 홍콩대학 교수. 주요 분야는 계산역학 및 토목공정.

루루첸(陸汝鈐)　중국과학원 수학 및 시스템과학연구원 수학연구소 연구원. 1935년 2월 상하이 출생. 1959년 독일 예나대학교 수학과 학사. 주요 분야는 컴퓨터과학과. 주요 저작은 《인공지능》.

천싱단(陳星旦)　중국과학원 창춘광학 정밀기계 및 물리연구소 연구원. 1927년 5월 후난성 샹샹(湘鄉)시 출생. 1950년 후난대학 물리학과 학사. 주요 분야는 응용광학. 주요 저작은 《스펙트럼학과 스펙트럼 분석》.

천싱비(陳星弼)　전자과기대학 교수. 1931년 1월 상하이 출생. 1952년 퉁지(同濟)대학 전기학과 학사. 주요 분야는 반도체기계 및 마이크로일렉트로닉스. 주요 저작은 《트랜지스터 원리와 설계》.

린후이민(林惠民)　중국과학원 소프트웨어연구소 연구원. 1947년 11월 푸젠성 푸저우시 출생. 1982년 푸저우대학 컴퓨터학과 학사, 1986년 중국과학원 소프트웨어연구소 박사. 주요 분야는 컴퓨터소프트웨어 및 이론.

정야오쭝(鄭耀宗) 홍콩대학 교장. 1939년 2월 홍콩 출생. 1963년 홍콩대학 학사, 1967년 캐나다 소재 대학교 박사. 주요 분야는 마이크로일렉트로닉스.

쟝중훙(姜中宏) 중국과학원 상하이광학정밀기계연구소 연구원. 1930년 8월 광둥성 타이산(台山)시 출생. 1953년 화난공학원 화공과 학사. 주요 분야는 무기비금속재료. 주요 저작은 《현대 유리과학 기술》.

야오바오치(陶宝祺) 난징항공항천대학 교수. 1935년 1월 쟝쑤성 창저우시 출생. 1957년 베이징항공학원 항공기과 학사. 주요 분야는 구조측정학 및 항공지능재료. 주요 저작은 《지능재료구조》.

구빙린(顧秉林) 칭화대학 부교장, 물리학과 교수. 1945년 10월 헤이룽쟝성 하얼빈시 출생. 1970년 칭화대학 공정물리학과 학사, 1982년 덴마크 Aarhus대학교 박사. 주요 분야는 재료물리.

원스주(溫詩鑄) 칭화대학 정밀기구 및 기계학과 교수. 1932년 쟝시성 펑청(丰城)시 출생. 1955년 칭화대학 기계제조학과 학사. 주요 분야는 기계학.

한전샹(韓禎祥) 저쟝대학 전기과 교수. 1930년 5월 저쟝성 항저우시 출생. 1951년 저쟝대학 전기과 학사, 1961년 소련 모스크바동력학원 부박사. 주요 분야는 전기공학 및 전력시스템.

쉐융치(薛永祺) 중국과학원 상하이기술물리연구소 연구원. 1937년 1월 쟝쑤성 장쟈강(張家港)시 출생. 1959년 화둥사범대학 학사. 주요 분야는 적외선 및 원격탐지기술.

총 58명
1997년 중국과학원 원사

수학물리학부 (9인)

딩웨이웨(丁偉岳)　중국과학원 수학 및 시스템과학연구원 수학연구소 연구원. 1945년 4월 상하이 출생. 1968년 베이징대학 수학역학과 학사, 1981년 중국과학원 석사. 주요 분야는 기초수학. 주요 저작은 《침향화 이론》.

쑨이쑤이(孫義燧)　난징대학 천문학과 교수. 1936년 12월 난징시 출생. 1958년 난징대학 천문학과 학사. 주요 분야는 천체역학 및 비선형동역학.

리티베이(李惕碚)　중국과학원 고에너지물리연구소 연구원, 칭화대학 천체물리센터 주임. 1939년 6월 충칭시 출생. 1963년 칭화대학 공정물리학과 학사. 주요 분야는 고에너지천체물리학. 주요 저작은 《실험적 수학 추리》.

양잉창(楊應昌)　베이징대학 물리학과 교수. 1934년 5월 베이징 출생. 1958년 베이징대학 물리학과 학사. 주요 분야는 물질자성.

장환챠오(張煥喬)　중국원자능과학연구원 연구원. 1933년 12월 쓰촨성 바(巴)현 출생. 베이징대학 학사. 주요 분야는 핵물리학.

천시루(陳希孺)　중국과학기술대학 연구생원 교수. 1934년 2월 후난성 왕청(望城) 출생. 1956년 우한대학 수학과 학사. 주요 분야는 수리통계학. 주요 저작은 《선형모형에서의 M방법》.

천난셴(陳難先)　칭화대학 교수. 1937년 10월 상하이 출생. 1962년 베이징대학 물리학과 학사, 1984년 펜실베니아대학교 전기공정 및 과학 박사. 주요 분야는 물리학. 주요 저작으로 《변형 메비우스 정리의 물리적 응용》.

어우양중찬(歐陽鐘燦)　중국과학원 이론물리연구소 소장. 1946년 1월 푸젠성 취안저우(泉州)시 출생. 1968년 칭화대학 자동제어학과 학사, 1981년 동대학 물리학과 석사, 1984년 동대학 박사. 주요 분야는 이론물리학.

퉁빙강(童秉綱)　중국과학원 연구생원 교수. 1927년 9월 쟝쑤성 장쟈강(張家港)시 출생. 1950년 난징대학 기계공정학과 학사, 1953년 하얼빈공업대학 역학 석사. 주요 분야는 유체역학. 주요 저작은 《소용돌이 운동 이론》.

화학부 (10명)

완후이린(万惠霖)　샤먼대학 화학화공학과 교수. 1938년 11월 후베이성 우한시 출생. 1966년 샤먼대학 화학과 학사. 주요 분야는 물리화학. 주요 저작은 Principles of Catalysis.

팡자오룬(方肇倫)　　2007년 11월 12일 사망. 둥베이대학 이학원 교수. 1934년 8월 톈진 출생. 1957년 베이징대학 화학과 학사. 주요 분야는 분석화학. 주요 저작은 Flow Injection Separation and Preconcentration.

바이춘리(白春礼)　　중국과학원 원장. 1953년 9월 랴오닝성 단둥(丹東)시 출생. 1978년 베이징대학 화학과 학사, 81년 중국과학원 석사, 1985년 동대학 박사. 주요 분야는 화학 및 나노과학.

주다오번(朱道本)　　중국과학원 화학연구소 소장. 1942년 8월 상하이 출생. 1965년 둥베이화공학원 학사, 1968년 동대학 유기화학과 석사. 주요 분야는 유기화학.

사궈허(沙國河)　　중국과학원 다롄화학물리연구소 연구원. 1934년 5월 쓰촨성 청두 출생. 1956년 베이징석유학원 학사. 주요 분야는 물리화학.

줘런시(卓仁禧)　　우한대학 화학과 교수. 1931년 2월 푸젠성 샤먼시 출생. 1953년 푸단대학 학사. 주요 분야는 고분자화학.

허우위쥔(侯虞鈞)　　저쟝대학 화공과 교수. 1922년 8월 푸젠성 푸저우시 출생. 1945년 저쟝대학 화공과 학사, 1955년 미시건대학교 박사. 주요 분야는 화학공정 및 화공열역학.

위안청예(袁承業)　　중국과학원 상하이유기화학연구소 연구원. 1924년 8월 저쟝성 상위(上虞)시 출생. 1948년 국립약학전문학교(현 중국약과대학) 학사, 1955년 소련과학원 부박사. 주요 분야는 유기화학.

첸이타이(錢逸泰)　중국과학기술대학 화학과 교수, 산둥대학 화학화공학원 교수. 1941년 1월 쟝쑤성 우시(无錫)시 출생. 1962년 산둥대학 화학과 학사. 주요 분야는 무기화학.

가오스양(高世揚)　중국과학원 칭하이염호연구소 연구원, 산시(陝西)사범대학 화학 및 재료학원 교수. 1953년 쓰촨대학 화학과 학사. 주요 분야는 무기화학.

생물학부 (12명)

왕즈신(王志新)　중국과학원 생물물리연구소 연구원. 1935년 8월 베이징 출생. 1977년 칭화대학 화학공정학과 학사, 1988년 중국과학원 생물물리연구소 박사. 주요 분야는 생물화학 및 생물물리학.

주쭤옌(朱作言)　중국과학원 수생생물연구소 소장. 1941년 9월 후난성 리(澧)현 출생. 1965년 베이징대학 생물학과 학사. 주요 분야는 세포 및 발육생물학.

류루이위(劉瑞玉)　중국과학원 해양연구소 연구원. 1922년 11월 허베이성 러팅(樂亭)현 출생. 1945년 푸런(輔仁)대학 생물학과 학사. 주요 분야는 해양생물학 및 갑각동물학.

쉬즈훙(許智宏)　베이징대학 교장, 중국과학원 부원장. 1942년 10월 쟝쑤성 우시(无錫)시 출생. 1965년 베이징대학 생물학과 학사, 1969년 중국과학원 상하이식물생리연구소 석사. 주요 분야는 식물생리학. 주요 저작은 《식물 유전자 공정》.

선쯔인(沈自尹)   상하이의과대학 화산의원 교수. 1928년 3월 저쟝성 전하이(鎭海)시 출생. 1952년 상하이의학원 의학과 학사. 주요 분야는 중서의학결합학. 주요 저작은 《콩팥 연구》.

위안스신(院士新)   중국의학과학원 종양연구소 연구원.

팡슝페이(龐雄飛)   화난(華南)공업대학 교수. 1929년 8월 광둥성 포산(佛山)시 출생. 1959년 화난농학원 학사, 1959년 모스크바대학교 부박사. 주요 분야는 곤충학. 주요 저작은 《중국 경제 곤충 : 무당벌레과》.

훙귀판(洪國藩)   중국과학원 상하이생물화학연구소 연구원. 1939년 12월 저쟝성 닝보시 출생. 1964년 푸단대학 생물학과 학사. 주요 분야는 분자생물학.

스윈위(施蘊渝)   중국과학기술대학 생명과학학원 원장. 1942년 4월 상하이 출생. 1965년 중국과학기술대학 생물물리학과 학사. 주요 분야는 분자생물물리학.

차오원쉬안(曹文宣)   중국과학원 수생생물연구소 연구원. 1934년 5월 쓰촨성 펑저우(彭州)시 출생. 1955년 쓰촨대학 생물학과 학사. 주요 분야는 어류생물학.

한치더(韓啓德)   베이징대학 상무부교장, 심혈관연구소 소장. 1945년 7월 상하이 출생. 1968년 상하이 제1의학원 의학과 학사, 1982년 시안의학원 석사. 주요 분야는 병리생물학.

[Appendix] 역대 중국과학원 원사명단(1955~2009) 171

웨이쟝춘(魏江春) 중국과학원 미생물연구소 연구원. 1931년 11월 산시(陝西)성 셴양(咸陽)시 출생. 1955년 시베이농학원 학사, 1962년 소련과학원 연구생원 생물과학 부박사, 1995년 러시아 생물과학 박사. 주요 분야는 지의류세균학.

지학부 (10명)

마진(馬瑾) 국가지진국 지질연구소 연구원. 1934년 11월 쟝쑤성 루가오(如皐)시 출생. 1956년 베이징지질학원 학사, 1962년 소련과학원 대지물리연구소 부박사. 주요 분야는 구조지질 및 구조물리학.

왕더쯔(王德滋) 난징대학 지구과학과 교수. 쟝쑤성 타이싱(泰興)시 출생. 1950년 난징대학 지질학과 학사. 주요 분야는 암석학.

펑스쭤(馮士筰) 중국해양대학 교수. 1937년 3월 톈진 출생. 1962년 칭화대학 공정역학수학과 학사. 주요 분야는 지리해양 및 환경해양학. 주요 저작은 《폭풍우 흐름 개론》.

톈짜이이(田在藝) 중국석유천연기집단공사 석유탐사개발과학연구원 교수. 1919년 12월 산시성 웨이난(渭南)시 출생. 1945년 중앙대학 이학원 지질학과 학사. 주요 분야는 석유지질학.

런지순(任紀舜) 중국지질과학원 지질연구소 연구원. 1935년 2월 산시(陝西)성 화인(華陰)시 출생. 1955년 시베이대학 지질학과 학사. 주요 분야는 지질학. 주요 저작은 《중국 대지구조와 진화》.

룽쟈위(戎嘉余)　중국과학원 난징지질고생물연구소 연구원. 1941년 12월 상하이 출생. 1962년 베이징지질학원 학사, 1966년 중국과학원 난징지질고생물연구소 석사. 주요 분야는 지층고생물학.

우궈슝(吳國雄)　중국과학원 대기물리연구소 연구원. 1943년 3월 광둥성 차오양(潮陽)시 출생. 1966년 난징기상학원 학사, 1983년 영국 런던대학교 이학 박사. 주요 분야는 대기동역학 및 기후동역학.

장펑시(張彭熹)　중국과학원 칭하이(青海)염호연구소 연구원. 1931년 2월 톈진 출생. 1956년 베이징지질학원 학사. 주요 분야는 염호지구화학. 주요 저작은 《야외지질 소묘법》.

린쉐위(林學鈺)　지린대학 수자원 및 환경연구소 소장. 1937년 3월 상하이 출생. 1957년 창춘지질학원 수문지질 및 공정지질학과 학사. 주요 분야는 수문지질 및 환경수문지질학. 주요 저작은 《지하수 관리》.

퉁칭시(童慶禧)　중국과학원 원격탐지응용연구소 연구원. 1935년 10월 후베이성 우한시 출생. 1961년 소련(우크라이나) Odessa 수문기상학원 학사. 주요 분야는 원격탐지학.

기술과학부 (17명)

왕웨이(王圩)　중국과학원 반도체연구소 연구원. 1937년 12월 허베이성 원안(文安)현 출생. 1960년 베이징대학 물리학과 반도체학 학사. 주요 분야는 반도체광전자학.

왕위주(王育竹) 중국과학원 상하이과학정밀기계연구소 연구원. 1932년 2월 허베이성 정딩(正定)현 출생. 1955년 칭화대학 무선전신공정학과 학사, 1960년 소련과학원 전자학연구소 박사. 주요 분야는 양자광학.

우샤오핑(伍小平) 중국과학기술대학 교수, 응용역학연구소 소장. 1938년 2월 톈진 출생. 1960년 베이징대학 수학역학과 학사. 주요 분야는 실험역학.

궈쩡위안(過增元) 칭화대학 교수, 기계공정학원 원장. 1936년 2월 쟝쑤성 우시(无錫)시 출생. 칭화대학 동력기계학과 학사. 주요 분야는 공정열물리학. 주요 저작은 《열유체학》.

리웨이(李未) 베이징항공항천대학 컴퓨터학과 교수. 1943년 6월 베이징 출생. 1966년 베이징대학 수학역학과 학사, 1983년 영국 에딘버러대학교 컴퓨터과학 박사. 주요 분야는 컴퓨터학.

리치후(李啓虎) 중국과학원 음향학연구소 소장. 1939년 7월 저쟝성 원저우시 출생. 1963년 베이징대학 역학과 학사. 주요 분야는 물소리신호 처리 및 초음파탐지기 설계. 주요 저작은 《컴퓨터 도형학》.

리지성(李濟生) 시안 위성모니터제어센터 기술부 연구원. 1943년 5월 산둥성 지난(濟南)시 출생. 1966년 난징대학 천문학과 학사. 주요 분야는 인공위성궤도역학 및 위성모니터제어학. 주요 저작은 《인공위성 정밀궤도 확정》.

쑹위취안(宋玉泉) 지린공업대학 교수. 1933년 6월 허베이성 장베이(張

北)현. 1955년 난카이대학 물리학과 학사. 주요 분야는 초가소성학.

선쉬방(沈緒榜) 중국항천전자기초기술연구원 연구원. 1933년 1월 후난성 린리(臨澧)현 출생. 1957년 베이징대학 수학역학과 학사. 주요 분야는 컴퓨터학. 주요 저작은 《소형 컴퓨터》.

장쓰잉(張嗣瀛) 둥베이대학 자동제어학 교수, 자동화연구소 소장. 1925년 4월 산둥성 장츄(章丘)시 출생. 1948년 우한대학 기계과 학사. 주요 분야는 자동제어학. 주요 저작은 《미분 대책》.

린가오(林皋) 다롄이공대학 교수. 1929년 1월 쟝시성 난창시 출생. 1951년 칭화대학 토목공학과 학사, 1954년 다롄공학원 물에너지이용연구반 졸업. 주요 분야는 수리공사 및 지진공정학.

저우번롄(周本濂) 1999년 사망. 선양중국과학원 금속연구소 연구원. 1931년 안후이성 출생. 1949년 칭화대학 학사. 주요 분야는 재료물리학.

저우시위안(周錫元) 베이징공업대학 건축공정학원 교수. 1938년 5월 쟝쑤성 우시(无錫)시 출생. 1956년 쑤저우건축공정학교 졸업. 주요 분야는 지진공정학.

야오졘취안(姚建銓) 톈진대학 교수. 1939년 1월 상하이 출생. 1965년 톈진대학 석사. 주요 분야는 과학 및 광전자과학.

당훙신(党鴻辛) 2005년 6월 10일 사망. 허난대학 교수. 1953년 화난(華南)공학원(현 화난이공대학) 화학공정학과 학사. 주요 분야는 재료기계

마찰학.

차오춘샤오(曹春曉) 베이징항공재료연구원 연구원. 1934년 8월 저쟝성 상위(上虞)시 출생. 1956년 상하이 쟈오퉁(交通)대학 기계학과 학사. 주요 분야는 재료과학. 주요 저작은 《Ti3Al와 그 합금》.

레이샤오린(雷嘯霖) 상하이 쟈오퉁(交通)대학 교수. 1938년 11월 광시성 출생. 1963년 베이징대학 물리학과 학사. 주요 분야는 물리학.

총 59명
1995년 중국과학원 원사

수학물리학부 (10명)

마즈밍(馬志明) 중국과학원 수학 및 시스템과학연구원 응용수학연구소 연구원. 1948년 1월 쓰촨성 청두시 출생. 1978년 충칭사범학원 수학과 학사, 1981년 중국과학원 수학 석사, 1984년 중국과학원 응용수학연구소 박사. 주요 분야는 확률론 및 무작위수.

팡청(方成) 난징대학 교수. 1938년 8월 쟝쑤성 쟝인(江陰)시 출생. 1959년 난징대학 천문학과 학사. 주요 분야는 천체물리학.

류잉밍(劉應明) 쓰촨대학 부교장, 연구생원 원장. 1940년 10월 푸젠성 푸저우시 출생. 1963년 베이징대학 수학역학과 학사. 주요 분야는 수학.

리다첸(李大潛)　 푸단대학 교수, 중-프 응용수학연구소 소장. 1937년 11월 쟝쑤성 난퉁(南通)시 출생. 1957년 푸단대학 수학과 학사, 1966년 동 대학 석사. 주요 분야는 수학.

선쉐추(沈學礎)　 중국과학원 상하이기술물리연구소 연구원, 푸단대학 교수. 1938년 2월 쟝쑤성 리양(溧陽)시 출생. 1958년 푸단대학 물리학과 학사. 주요 분야는 응집태 스펙트럼.

정허우즈(鄭厚植)　 중국과학원 반도체연구소 연구원. 1942년 8월 쟝쑤성 창저우시 출생. 1965년 칭화대학 무선자학 학사. 주요 분야는 반도체물리학.

허셴투(賀賢土)　 베이징응용물리 및 계산수학연구소 연구원, 중국과학원 수학물리학부 주임. 1937년 9월 저쟝성 전하이(鎭海)구 출생. 1962년 저쟝대학 물리학과 학사. 주요 분야는 이론물리학.

궈샹핑(郭尙平)　 중국석유탐사개발연구원 및 삼류(滲流)유체역학연구소 연구원. 1930년 3월 쓰촨성 룽(榮)현 출생. 1951년 충칭대학 채광야금과 학사, 1957년 소련 모스크바석유과학원 부박사. 주요 분야는 유체역학. 주요 저작은《물리화학 삼투의 미시적 원리》.

차이스둥(蔡詩東)　 1996년 6월 20일 사망. 중국과학원 물리연구소 연구원. 1938년 5월 푸젠성 민허우(閩侯)현 출생. 1960년 타이완 둥하이대학 물리학과 학사, 1969년 프린스턴대학교 등입자체물리 박사. 주요 분야는 등입자체물리이론. 주요 저작은《물리학 사전 - 등립자체물리학 분첩》.

웨이바오원(魏宝文)　중국과학원 근대물리연구소 연구원. 1935년 11월 허난성 위저우(禹州)시 출생. 1957년 베이징대학 물리학과 학사. 주요 분야는 핵물리학.

화학부 (9명)

즈즈밍(支志明)　1978년 홍콩대학 화학과 학사, 1980년 동대학 박사. 주요 분야는 무기화학.

덩징파(鄧景發)　2001년 5월 12일 사망. 푸단대학 화학과 교수. 1933년 8월 상하이 출생. 1955년 푸단대학 화학과 학사, 1959년 동대학 석사. 주요 분야는 물리화학. 주요 저작은 《퇴화작용원리개론》.

주치허(朱起鶴)　중국과학원 화학연구소 연구원. 1924년 7월 베이징 출생. 1947년 중앙대학 화공과 학사, 1951년 캘리포니아대학교 버클리분교 박사. 주요 분야는 물리화학.

쑤창(蘇鏘)　중국과학원 창춘응용화학연구소 연구원, 중산대학 교수. 1931년 7월 광둥성 광저우시 출생. 1952년 베이징대학 화공과 학사. 주요 분야는 무기화학.

허우위안(何鳴元)　화둥사범대학 화학과 교수. 1940년 2월 상하이 출생. 1961년 화둥방직공학원 응용화학 학사. 주요 분야는 석유화공학.

선즈취안(沈之荃)　저장대학 화학과 교수, 고분자연구소 소장. 1931년 5월 상하이 출생, 1952년 상하이 후장(滬江)대학 화학과 학사. 주요 분야는 고분자화학. 주요 저작은 《공업화학》.

장리허(張礼和)　베이징대학 약학원 교수. 1937년 9월 쟝쑤성 양저우시 출생. 1958년 베이징의학원 약학과 학사, 1967년 동대학 석사. 주요 분야는 약물화학.

후훙원(胡宏紋)　난징대학 화학화공학원 교수. 1925년 3월 쓰촨성 광안(广安) 출생. 1946년 중앙대학 화학과 학사, 1959년 소련 모스크바대학교 화학과 부박사. 주요 분야는 유기화학. 주요 저작은 《유기화학》.

쉬샤오바이(徐曉白)　중국과학원 창춘응용화학연구소 연구원. 1927년 5월 쟝쑤성 쑤저우시 출생. 1948년 상하이 쟈오퉁(交通)대학 화학과 학사. 주요 분야는 환경화학.

생물학부 (12명)

위톈런(于天仁)　2004년 사망. 중국과학원 토양연구소 연구원. 1920년 산둥성 윈청(郓城)현 출생. 1945년 시베이농학원 농업화학과 학사. 주요 분야는 토양전기화학. 주요 저작은 《토양발생에서의 화학과정》.

인샹추(印象初)　중국과학원 시베이고원생물연구소 연구원. 1934년 7월 쟝쑤성 하이먼(海門)시 출생. 1958년 산둥농학원 식물보호과 학사. 주요 분야는 곤충학.

쾅팅윈(匡廷云)　서우두(首都)사범대학 생물학과 교수. 1934년 12월 쓰촨성 출생. 1956년 중국농업대학 토양화학과 학사, 1962년 소련모스크바대학교 생물학 박사. 주요 분야는 광합성작용.

리지룬(李季倫) 중국농업대학 생물학원 교수. 1925년 3월 허베이성 러팅(樂亭)현 출생. 1948년 중앙대학 생물학과 학사. 주요 분야는 미생물학. 주요 저작은 《미생물학》.

우창신(吳常信) 중국농업대학 동물과학기술학원 원장. 1935년 11월 저장성 성(嵊)현 출생. 1957년 베이징농업대학 목축학과 학사. 주요 분야는 동물유전육종학. 주요 저작은 《중국 가금 연구》.

천란(陳竺) 중국과학원 부원장. 1953년 8월 상하이 출생. 1989년 파리7대학 박사. 주요 분야는 분자생물학.

천이장(陳宜張) 제2군의대학 생물학과 교수. 1927년 9월 저장성 츠시(慈溪)시 출생. 1952년 저장대학 의학원 학사. 주요 분야는 신경생리학.

천웨이펑(陳慰峰) 2009년 1월 26일 사망. 베이징의과대학 미생물학 교수. 1935년 10월 상하이 출생. 1958년 베이징의학원 의료학과 학사, 1982년 멜버른대학교 박사. 주요 분야는 면역학.

선윈펀(沈韞芬) 2006년 10월 31일 사망. 중국과학원 수생생물연구소 연구원. 1933년 1월 상하이 출생. 1953년 난징대학 생물학과 학사, 1960년 소련 부박사. 주요 분야는 동물학. 주요 저작은 《서장고원의 원생동물》.

장춘팅(張春霆) 톈진대학 교수. 1936년 9월 산둥성 옌타이(烟台)시 출생. 1961년 푸단대학 물리학과 학사, 1965년 동대학 석사. 주요 분야는 생물정보학.

쉬궈쥔(徐國鈞)　2005년 사망. 중국약과대학 교수. 1922년 11월 쟝쑤성 창수(常熟)시 출생. 1945년 국립약학전문학교 학사. 주요 분야는 생약학. 주요 저서는 《중약재분말 감정》.

탕서우정(唐守正)　중국임업과학연구원 자원정보연구소 연구원. 1941년 5월 후난성 사오둥(邵東)현 출생. 1963년 베이징임학원 임업과 학사, 1985년 베이징사범대학 수학과 박사. 주요 분야는 삼림경영관리학. 주요 저작은 《삼림자원조사 모니터링 체계 문집》.

지학부 (10명)

쉬즈친(許志琴)　중국지질과학원 지질연구소 연구원. 1941년 8월 상하이 출생. 1964년 베이징대학 지질지리학과 학사, 1987년 프랑스 몽펠리에(Montpellier)대학교 구조지질학 박사. 주요 분야는 구조지질학.

류창밍(劉昌明)　중국과학원 지리연구소 연구원, 스쟈좡(石家庄)농업현대화연구소 소장, 베이징사범대학자원 및 환경학원 원장. 1934년 5월 후난성 창사시 출생. 1956년 시베이대학 학사. 주요 분야는 수문수자원학. 주요 저작은 《중국 수자원 현황평가와 수요공급발전 추세 분석》.

류전싱(劉振興)　중국과학원 공간과학 및 응용연구센터 연구원. 1929년 9월 산둥성 창러(昌樂)현 출생. 1955년 난징대학 기상학과 학사, 1961년 중국과학원 지구물리연구소 부박사. 주요 분야는 공간물리학.

왕지양(汪集暘) 중국과학원 광저우에너지연구소 특별수석과학자. 1935년 10월 쟝쑤성 우쟝(吳江)현 출생. 1956년 베이징지질학원 학사, 1962년 모스크바지질탐사학원 부박사. 주요 분야는 지열자원. 주요 저서는 Geothermics in China.

저우즈옌(周志炎) 중국과학원 난징지질고생물연구소 연구원. 1933년 1월 상하이 출생. 1954년 난징대학 지질학과 학사, 1961년 중국과학원 난징지질고생물연구소 석사. 주요 분야는 고식물학.

위충원(於崇文) 중국지질대학 교수. 1924년 2월 상하이 출생. 1950년 베이징대학 지질학과 학사. 주요 분야는 지구화학동역학 및 광상(礦床)지구화학.

시청판(席承藩) 2002년 4월 19일 사망. 중국과학원 난징토양연구소 연구원. 1915년 10월 산시(山西)성 원수이(文水)현 출생. 1939년 베이핑대학 농학원 농업화학과 학사, 1949년 오클라호마주립대학교 석사. 주요 분야는 토양지리학. 주요 저서는 《장강유역토양 및 생태환경건설》.

친윈산(秦蘊珊) 중국과학원 해양연구소 연구원. 1933년 6월 랴오닝성 선양시 출생. 1956년 베이징지질학원 학사. 주요 분야는 해양지질학. 주요 저작은 《동해 대륙붕 퇴적 분포 특징의 탐색적 연구》.

차오지핑(巢紀平) 국가해양국 과학기술위원회 부주임. 1932년 10월 쟝쑤성 우시(无錫)시 출생. 1954년 난징대학 기상학과 학사. 주요 분야는 환경기후 및 열대해양기후. 주요 저서는 《적운 동역학》.

다이진싱(戴金星)　중국석유천연기집단공사 석유탐사개발연구원 교수급 고급엔지니어. 1935년 3월 저쟝성 루이안(瑞安)시 출생. 1961년 난징대학 지질학과 학사. 주요 분야는 천연기지질 및 지구화학. 주요 저작은 《중국 천연가스 지질학》.

기술과학부 (18명)

왕잔궈(王占國)　중국과학원 반도체연구소 연구원. 1938년 12월 허난성 전핑(鎭平)현 출생. 1962년 난카이대학 물리학과 학사. 주요 분야는 반도체재료물리학. 주요 저서는 《나노반도체기술》.

왕리딩(王立鼎)　중국과학원 창춘광학정밀기계연구소 연구원, 다롄이공대학 교수. 1934년 12월 랴오닝성 랴오양(遼陽) 출생. 1960년 지린공업대학 기계학과 학사. 주요 분야는 정밀기계.

왕양위안(王陽元)　베이징대학 교수. 1935년 1월 저쟝성 닝보시 출생. 1958년 베이징대학 물리학과 학사. 주요 분야는 미세전자학. 주요 저작은 《미세전자학 과학 총서》.

펑춘보어(馮純伯)　2010년 11월 10일 사망. 둥난대학 교수. 1928년 4월 쟝쑤성 진탄(金壇)현 출생. 1950년 저쟝대학 전기학과 학사, 1953년 하얼빈공업대학 석사, 1958년 소련 레닌그라드공업대학 기술과학 부박사. 주요 분야는 자동제어학. 주요 저서로 《비선형제어시스템 분석 및 설계》.

주징(朱靜)　칭화대학 교수. 1938년 10월 상하이 출생. 1962년 푸단대학 물리학과 학사. 주요 분야는 재료과학.

주선위안(朱森元)　중국탑재로켓기술연구원 연구원. 1930년 10월 쟝쑤성 리양(溧陽)시 출생. 1952년 난징대학 항공학과 학사, 1960년 모크스바 과기대학 부박사. 주요 분야는 액체로켓발동기.

선주쟝(沈珠江)　2006년 사망. 칭화대학 수리수전공정학과 교수. 1933년 저쟝성 츠시(慈溪)시 출생. 1953년 화둥수리학원(현 허하이(河海)대학) 학사, 1956년 소련 모스크바건축공학원 부박사. 주요 분야는 암토공정. 주요 저작은 《이론 토력학》.

장보(張鈸)　칭화대학 교수. 1935년 3월 푸젠성 푸칭(福清)시 출생. 1958년 칭화대학 자동제어학과 학사. 주요 분야는 컴퓨터응용. 주요 저작은 Theory and Applications of Problem solving, Elsevier Science Publishers.

장징중(張景中)　중국과학원 청두컴퓨터응용연구소 연구원, 광저우사범대학 교육소프트웨어연구소 소장. 1936년 12월 허난성 출생. 1959년 베이징대학 수학역학과 학사. 주요 분야는 컴퓨터과학. 주요 저작은 《수학과 철학》.

허우차오환(侯朝煥)　중국과학원 음향학연구소 연구원. 1936년 9월 쓰촨성 쯔궁(自貢)시 출생. 1958년 베이징대학 물리학과 학사. 주요 분야는 신호처리 및 음향학.

저우궈즈(周國治)　베이징과학기술대학 교수. 1937년 3월 난징시 출생. 1960년 난징과학기술대학 야금학과 주요 분야는 야금재료물리화학.

후원루이(胡文瑞)　중국과학원 역학연구소 연구원. 1936년 4월 상하이 출생. 1958년 베이징대학 수학역학과 유체역학 학사. 주요 분야는 액체 물리. 주요 저작은 《미중력 유체역학》.

졘수이성(簡水生) 베이징 쟈오퉁(交通)대학 광파기술연구소 소장. 1929 년 10월 쟝시성 핑샹(萍鄕)시 출생. 1953년 베이징철도학원 전신과 학사. 주요 분야는 광섬유통신 및 전자기(電磁)겸용. 주요 저작은 《통신 회로 원리》

쉬졘중(徐建中) 중국과학원 공정열물리연구소 연구원. 1940년 3월 쟝 시성 지안(吉安) 출생. 1963년 중국과학기술대학 학사, 1967년 중국과학 원 역학연구소 석사. 주요 분야는 공정열물리.

쉬쭈야오(徐祖耀) 상하이 쟈오퉁(交通)대학 교수. 1921년 3월 저쟝성 닝보시 출생. 1942년 국립윈난대학 채광야금학과 학사. 주요 분야는 재 료과학.

펑이강(彭一剛) 톈진대학 교수. 1932년 9월 안후이성 허페이시 출생. 1953년 톈진대학 토목건축학과 학사. 주요 분야는 건축미학 및 건축창 조이론.

청겅둥(程耿東) 다롄이공대학 교장. 1941년 9월 쟝쑤성 쑤저우시 출생. 1964년 베이징대학 수학역학과 학사, 1980년 덴마크기술대학교 고체역 학 박사. 주요 분야는 공정역학.

슝유룬(熊有倫) 화중이공대학 교수. 1939년 4월 후베이성 짜오양(棗陽) 시 출생. 1962년 시안 쟈오퉁(交通)대학 기계공정학과 학사, 1966년 시안 쟈오퉁대학 구조자동화학 석사. 주요 분야는 기계공정.

총 59명
1993년 중국과학원 원사

수학물리학부 (10명)

왕나이옌(王乃彦) 중국원자능과학연구원 연구원. 1935년 11월 푸젠성 푸저우시 출생. 1956년 베이징대학 기술물리학과 학사. 주요 분야는 핵물리학.

아이궈샹(艾國祥) 중국과학원 국가천문대 대장. 1938년 2월 후난성 이양(益陽)시 출생. 1963년 베이징대학 지구물리학과 학사. 주요 분야는 천체물리학.

옌즈다(嚴志達) 1999년 4월 30일 사망. 난카이대학 수학과 교수. 1917년 11월 쟝쑤성 난퉁시 출생. 1941년 칭화대학 물리학과 학사, 1949년 프랑스 스트라스부르대학교 박사. 주요 분야는 수학. 주요 저작은 《Lie군 및 Lie 대수》.

리팡화(李方華) 중국과학원 물리연구소 연구원. 1932년 1월 홍콩 출생. 1956년 소련 레닌그라드대학교 물리학과 학사. 주요 분야는 물리학.

우항성(吳杭生) 2003년 12월 4일 사망. 중국과학기술대학 교수. 1953년 푸단대학 물리학과 학사, 1956년 베이징대학 물리학과 석사. 주요 분야는 저온물리학. 주요 저작은 《초전도성》.

잉충푸(應崇福) 2011년 6월 30일 사망. 중국과학원 음향학 연구소 부소장. 1918년 6월 저쟝성 닝보시 출생. 1940년 화중대학 물리학과 학사, 1944년 칭화대학 물리학과 석사, 1952년 브라운대학교 박사. 주요 분야는 초성학. 논문선집으로 《잉충푸논문선집》.

천쟈얼(陳佳洱) 베이징대학 교수, 베이징대학 교장. 1934년 10월 상하이 출생. 1954년 지린대학 물리학과 학사. 주요 분야는 핵물리학. 주요 저작은 《천쟈얼 문집》.

린췬(林群) 중국과학원 수학 및 시스템과학연구원 연구원. 1935년 7월 푸젠성 롄쟝(連江)현 출생. 1956년 샤먼대학 수학과 학사. 주요 분야는 계산수학. 주요 저작은 《속성 미적분》.

저우헝(周恒) 텐진대학 교수. 1929년 11월 상하이 출생. 1950년 베이양대학 수리학과 학사. 주요 분야는 유체역학.

훠위핑(霍裕平) 정저우대학 교수. 1937년 8월 후베이성 황강(黃岡)시 출생. 1959년 베이징대학 물리학과 학사. 주요 분야는 이론물리학. 주요 저작은 《비평형태 통계물리》.

화학부 (10명)

덩충하오(鄧從豪) 1998년 1월 17일 사망. 산둥대학 교장. 1920년 10월 쟝시성 린촨(臨川) 출생. 1945년 샤먼대학 화학과 학사. 주요 분야는 양자화학. 주요 저작은 《현대화학의 당면문제》.

천칭윈(陳慶云) 중국과학원 상하이유기화학연구소 연구원. 1929년 1월 후난성 위안쟝(沅江)시 출생. 1952년 베이징대학 화학과 학사, 1960년 소련과학원 원소유기화합물연구소 부박사. 주요 분야는 유기화학.

천졘위안(陳鑒遠) 1995년 5월 26일 사망. 베이징화공학원 원장. 1940년 중앙대학 화학공정학과 학사, 1948년 아이오와주립대학교 화학공정학과 석사, 1950년 시랴큐스대학교 화학공정학과 박사. 주요 분야는 화학공정학.

린리우(林勵吾) 중국과학원 다롄화학물리연구소 연구원. 1929년 10월 광둥성 산터우(汕頭)시 출생. 1952년 저쟝대학 화공과 학사. 주요 분야는 물리화학. 주요 저작은 《촉매의 신반응과 신재료》.

린상안(林尙安) 2009년 3월 17일 사망. 중산대학 화학과 교수. 1924년 퓨졘성 융딩(永定)현 출생. 1946년 샤먼대학 화학과 학사, 1950년 링난(岭南)대학 화학 석사. 주요 분야는 고분자화학. 주요 저작은 《고분자화학과 물리전론》.

후잉(胡英) 화둥이공대학 교수. 1934년 6월 상하이 출생. 1953년 화둥화공학원 화공기계학과 학사. 주요 분야는 화학공정학. 주요 저작은 《물리화학》.

인즈원(殷之文) 2006년 7월 18일 사망. 중국과학원 상하이규산염연구소 연구원. 1919년 5월 쟝쑤성 우(吳)현 출생. 1942년 윈난대학 채광야금학과 학사, 1948년 미주리대학교 야금학 석사, 1950년 일리노이대학교 세라믹 공정학 석사. 주요 분야는 재료과학. 주요 저작은 《반도체물리학》.

황번리(黃本立) 샤먼대학 교수. 1925년 9월 홍콩 출생. 1949년 링난(岭南)대학 물리학과 학사. 주요 분야는 스펙트럼화학. 주요 저작은 《스펙트럼 방출 분석》.

량징쿠이(梁敬魁) 중국과학원 물리연구소 연구원. 1931년 푸젠성 푸저우시 출생. 1955년 샤먼대학 화학과 학사, 1960년 소련과학원 부박사. 주요 분야는 물리화학.

다이리신(戴立信) 중국과학원 상하이유기화학연구소 연구원. 1924년 11월 베이징 출생. 1947년 저장대학 화학과 학사. 주요 분야는 유기화학. 주요 저작은 《유기화학》.

생물학부 (11명)

왕원차이(王文采) 중국과학원 식물연구소 연구원. 1926년 6월 산둥성 예(掖)현 출생. 1949년 베이징사범대학 생물학과 학사. 주요 분야는 식물분류학.

루융건(盧永根) 화난(華南)농업대학 교장. 1930년 12월 홍콩 출생. 1953년 화난농업학원 농학과 학사. 주요 분야는 작물유전학. 주요 저서는 《농작물의 품종자원》.

주자오량(朱兆良) 중국과학원 난징토양연구소 연구원. 1932년 8월 산둥성 칭다오 출생. 1953년 산둥대학 화학과 학사. 주요 분야는 토양학. 주요 저작은 《모두 함께 과학으로 나아가자》.

쑨루융(孫儒永) 베이징사범대학 교수. 1927년 6월 저쟝성 닝보시 출생. 1951년 베이징사범대학 생물학과 학사, 1958년 소련 모스크바대학교 박사. 주요 분야는 생태학.

리보(李博) 1998년 5월 16일 사망. 네이멍구대학 교수. 1929년 4월 산둥성 샤진(夏津)현 출생. 1953년 베이징농업대학 학사. 주요 분야는 식물생태학.

우쭈쩌(吳祖澤) 군사의학과학원 연구원. 1935년 10월 저쟝성 전하이(鎭海) 출생. 1957년 산둥대학 학사. 주요 분야는 실험혈액학. 주요 저작은 《조혈 제어》.

하오수이(郝水) 2010년 11월 27일 사망. 둥베이사범대학 교수, 동대학 교장. 1926년 10월 네이멍구 퉁랴오(通遼)시 출생. 1948년 둥베이대학 박물학과 학사, 1959년 소련 레닌그라드대학교 생물학과 부박사. 주요 분야는 세포생물학 및 식물유전학. 주요 저서는 《세포생물학교본》.

궁웨팅(龔岳亭) 중국과학원 상하이생물화학연구소 연구원. 상하이 출생. 1949년 상하이 성요한대학 화학과 학사. 주요 분야는 생물화학.

한지성(韓濟生) 베이징대학 의학부 교수, 신경과학연구소 소장. 1928년 7월 저쟝성 샤오산(蕭山) 출생. 1953년 상하이의학원 의학과 학사. 주요 분야는 신경생리학. 주요 저작은 《신경과학 강요》.

쩡이(曾毅)　중국 예방의학과학원 원장. 1929년 3월 광둥성 제시(揭西)현 출생. 1952년 상하이의학원 의료학과 학사. 주요 분야는 바이러스학.

츄파쭈(裘法祖)　2008년 6월 14일 사망. 우한의학원 원장. 1914년 12월 저장성 항저우시 출생. 1936년 퉁지대학 의학원 수료, 1939년 독일 뮌헨대학교 의학원 박사. 주요 분야는 외과학. 주요 저작은 《외과학》.

지학부 (10명)

왕수이(王水)　중국과학기술대학 교수. 1942년 4월 쟝쑤성 난징시 출생. 1961년 난징대학 기상학과 학사. 주요 분야는 공간물리학.

원쭝창(文宗常)　중국해양대학 교수. 1921년 11월 허난성 광산(光山)현 출생. 1944년 우한대학 학사, 1947년 미국 항공기계학교 졸업. 주요 분야는 물리해양학.

처우지판(丑紀范)　베이징기상학원 교수. 1934년 7월 후난성 창사시 출생. 1956년 베이징대학 물리학과 학사. 주요 분야는 기상학. 주요 저작은 《장기수치적 일기예보》.

리팅둥(李廷棟)　중국지질과학원 원장. 1930년 10월 허베이성 롼청(欒城)현 출생. 베이징대학 지질학과 학사. 주요 분야는 구역지질학. 주요 저작은 《중화인민공화국 지질도집》.

천윰(陳顒)　중국지진국 연구원, 국가지진국 부국장. 1942년 12월 충칭시 출생. 1965년 중국과학기술대학 지구물리학과 학사. 주요 분야는 지구물리학. 주요 저작은 《분형 기하학》.

자오펑다(趙鵬大)   중국지질대학 교장. 1931년 5월 랴오닝성 선양시 출생. 1952년 베이징대학 지질학과 학사, 1958년 소련 모스크바대학교 지질탐사학원 부박사. 주요 분야는 수학지질 및 광산 조사탐사학.

인홍푸(殷鴻福)   중국지질대학(우한 소재) 교수. 1935년 3월 저장성 저우산(舟山)시 출생. 1956년 베이징지질학원 학사, 1961년 동대학 석사. 주요 분야는 지층고생물학 및 지질학. 주요 저작은 《고생태학 강좌》.

궈링즈(郭令智)   난징대학 교수. 1915년 4월 후베이성 안루(安陸)시 출생. 1938년 중앙대학 지질학과 학사. 주요 분야는 지질학. 주요 저작은 《내리막길의 형성원인에 대한 토질학적 시각에서의 토론》.

장선(章申)   2002년 9월 3일 사망. 중국과학원 지리연구소 연구원. 1933년 10월 24일 쟝쑤성 창수(常熟)시 출생. 1956년 난징농업대학 토양농업화학과 학사, 1962년 소련 모스크바대학교 생물학 부박사. 주요 분야는 경관지구화학. 주요 저작은 Environmental Protectionin the People's Republic of China.

청궈둥(程國棟)   중국과학원 란저우분원 원장. 1943년 7월 상하이 출생. 1965년 베이징지질학원 학사. 주요 분야는 동토학(凍土學).

기술과학부 (18명)

왕다중(王大中)   칭화대학 핵공정학과 교수, 칭화대학 교장. 1935년 2월 허베이성 창리(昌黎)현 출생. 1958년 칭화대학 공정물리학과 학사, 1982년 독일 아헨공업대학교 자연과학 박사. 주요 분야는 핵공정 및 핵안전.

왕시지(王希季) 중국공간기술연구원 연구원. 1921년 7월 윈난성 쿤밍시 출생. 1942년 시난(西南)연합대학 학사, 1949년 미국 버지니아이공대학교 석사. 주요 분야는 위성 및 귀환기술. 주요 저작은 《위성 설계학》.

왕충위(王崇愚) 칭화대학 물리학과 교수. 1932년 10월 랴오닝성 단둥(丹東)시 출생. 1954년 베이징기술대학 금속학 학사. 주요 분야는 금속결함전자구조 및 재료설계.

덩시밍(鄧錫銘) 1997년 12월 20일 사망. 중국과학원 상하이광학정밀기계연구소 연구원. 1952년 베이징대학 물리학과 학사. 주요 분야는 광학 및 레이저.

스칭윈(石靑云) 2002년 12월 9일 사망. 베이징대학 정보과학센터 교수. 1936년 8월 쓰촨성 허촨(合川) 출생. 주요 분야는 암세포패턴식별. 주요 저작은 《수학공간의 수학형태학이론 및 응용》

츠캉(齊康) 둥난(東南)대학 건축과 교수. 1931년 10월 쟝쑤성 난징시 출생. 1952년 난징대학공학원 건축과(현 둥난대학 건축과) 학사. 주요 분야는 건축학. 주요 저작은 《건축과》.

쉬쉐옌(許學彦) 중국함박(船舶)공업총공사 7원 708소 기술고문. 1948년 상하이 쟈오퉁(交通)대학 학사. 주요 분야는 선박설계.

리이이(李依依)　중국과학원 금속연구소 연구원. 1933년 10월 베이징 출생. 1957년 베이징강철학원 야금학과 학사. 주요 분야는 야금 및 금속 재료과학.

쑹쟈수(宋家樹)　중국공정물리연구원 기술위원. 1932년 3월 후난성 창사시 출생. 1954년 둥베이인민대학 물리학과 학사, 1958년 동대학 석사. 주요 분야는 금속물리학.

천한루(陳翰馥)　중국과학원 시스템과학연구소 연구원. 1937년 2월 저쟝성 항저우 출생. 1961년 소련 레닌그라드대학교 수학역학과 학사. 주요 분야는 자동제어이론.

저우싱밍(周興銘)　퉁지(同濟)대학 소프트웨어학원 원장, 국방과학기술대학 교수. 1938년 12월 상하이 출생. 1962년 군사공정학원 졸업. 주요 분야는 전자계산.

저우샤오신(周孝信)　전력과학연구원 총엔지니어. 1940년 4월 산둥성 펑라이(蓬萊)시 출생. 1965년 칭화대학 학사. 주요 분야는 전력시스템.

저우차오천(周巢塵)　중국과학원 소프트웨어연구소 연구원. 1937년 11월 상하이 출생. 1958년 베이징대학 수학역학과 학사, 1967년 중국과학원 계산기술연구소 석사. 주요 분야는 컴퓨터 소프트웨어.

중완세(鐘万勰)　다롄이공대학 공정역학연구소 소장. 1934년 2월 상하이 출생. 1956년 퉁지대학 교량터널학과 학사. 주요 분야는 공정역학 및 계산역학. 주요 저작은 《탄성역학 해법의 신체계》.

쉬싱추(徐性初)　기계공업부 과기위 부주임. 1934년 1월 쟝시성 난창(南昌)시 출생. 1965년 다롄공학원 기계학과 학사. 주요 분야는 정밀선반설계 및 공예.

량쓰리(梁思礼)　중국항천공업총공사 과기위 고문. 1924년 8월 베이징 출생. 1945년 미국 포드대학교 학사, 1949년 미국 신시내티대학교 박사. 주요 분야는 유도탄제어. 주요 저작은 《량쓰리 문집》.

둥윈페이(董韞美)　중국과학원 소프트웨어연구소 연구원. 1936년 3월 윈난성 쿤밍시 출생. 1956년 지린대학 수학과 학사. 주요 분야는 컴퓨터 소프트웨어.

청칭궈(程慶國)　1999년 8월 18일 사망. 중국철도과학연구원 연구원. 1927년 10월 저쟝성 퉁샹(桐鄉)시 출생. 칭화대학 토목공정학과 학사, 1956년 소련 레닌그라드 철도학원 부박사. 주요 분야는 교량 및 철도공정. 주요 저작은 《세기를 잇는 철도과학기술의 발전》.

총 209명
1991년 중국과학원 원사

수학물리학부 (38명)

딩다자오(丁大釗)　2004년 1월 14일 사망. 중국원자능과학연구원 연구원. 1935년 1월 쟝쑤성 쑤저우시 출생. 1955년 푸단대학 물리학과 학사.

주요 분야는 핵물리학.

딩샤치(丁夏畦) 중국과학원 수학 및 시스템과학연구원 응용수학연구소 연구원. 1928년 5월 후난성 이양(益陽)시 출생. 1951년 우한대학 수학과 학사. 주요 분야는 편미분방정식 및 수리통계 등.

완저셴(万哲先) 중국과학원 수학 및 시스템과학연구원 연구원. 1927년 11월 산둥성 쯔촨(淄川) 출생. 1948년 칭화대학 산학(算學)과 학사. 주요 분야는 대수학 및 조합론 등. 주요 저작은 《비밀번호에 대한 이야기》.

왕예닝(王業宁) 난징대학 교수. 1926년 10월 안후이성 안칭(安慶)시 출생. 1949년 중앙대학 물리학과 학사. 주요 분야는 물리학.

왕쯔쿤(王梓坤) 베이징사범대학 교수, 동대학 교장. 1929년 4월 후난성 링링(零陵) 출생. 1952년 우한대학 수학과 학사, 1958년 소련 모스크바대학교 수학역학과 부박사. 주요 분야는 수학. 주요 저작은 《확률론 기초와 그 응용》.

팡서우셴(方守賢) 중국과학원 고에너지물리연구소 연구원. 1932년 10월 상하이 출생. 1955년 푸단대학 학사. 주요 분야는 가속기물리학.

간쯔자오(甘子釗) 베이징대학 물리학과 교수. 1938년 4월 광둥성 신이(信宜)시 출생. 1959년 베이징대학 물리학과 학사. 1963년 동대학 석사. 주요 분야는 반도체물리 및 레이저물리.

스중츠(石鐘慈) 중국과학원 수학 및 시스템과학연구원 연구원, 중국과학기술대학 교수. 1933년 12월 저쟝성 닝보시 출생. 1955년 푸단대학 수학과 학사. 주요 분야는 수학. 주요 저작은 《컴퓨터 시대의 과학적 계산》.

바이이룽(白以龍) 중국과학원 역학연구소 연구원. 1940년 12월 윈난성 샹윈(祥云)현 출생. 1963년 중국과학기술대학 역학과 학사, 1966년 중국과학원 역학연구소 석사. 주요 분야는 폭발, 고체 및 비선형역학.

뤼민(呂敏) 인민해방군 총장비부 시스템공정연구소 연구원. 1931년 4월 쟝쑤성 단양(丹陽)시 출생. 952년 저쟝대학 물리학과 학사. 주요 분야는 핵물리학.

탕딩위안(湯定元) 중국과학원 상하이기술물리연구소 연구원. 1920년 5월 쟝쑤성 진탕(金壇)시 출생. 1942년 충칭중앙대학 물리학과 학사, 1950년 미국 시카고대학교 석사. 주요 분야는 고체물리학.

쑤딩챵(蘇定强) 난징대학 교수. 1936년 상하이 출생. 1959년 난징대학 천문학 학사. 주요 분야는 천문학.

쑤자오빙(蘇肇冰) 중국과학원 이론물리연구소 연구원. 1937년 6월 쟝쑤성 쑤저우시 출생. 1958년 베이징대학 물리학과 학사. 주요 분야는 물리학.

리쟈밍(李家明) 상하이 쟈오퉁(交通)대학 교수, 칭화대학 원자분자나노과학 연구센터 주임. 1945년 11월 윈난성 쿤밍시 출생. 1968년 타이완대학 전기공정학과 학사, 1974년 미국 시카고대학교 박사. 주요 분야는 원자분자물리학.

리더핑(李德平)　중국복사방호연구원 연구원, 중국 핵공업총공사 과기위원회 고급고문. 1928년 11월 베이징 출생. 1948년 칭화대학 물리학과 학사. 주요 분야는 복사물리학.

양리밍(楊立銘)　2003년 1월 12일 사망. 베이징대학 교수. 1919년 2월 쟝쑤성 리수이(溧水)출생. 1942년 충칭 중앙대학 기계학과 학사, 1948년 영국 에딘버러대학교 이론물리학 박사. 주요 분야는 이론물리학. 주요 저작은 《원자핵이론 강의》.

양푸쟈(楊福家)　중국과학원 상하이원자핵 연구소 소장 및 푸단대학 교장. 1936년 6월 상하이 출생. 1958년 푸단대학 물리학과 학사. 주요 분야는 핵물리학. 주요 저작은 《원자물리학》.

민나이번(閔乃本)　난징대학 교수. 1935년 8월 쟝쑤성 루가오(如皋)시 출생. 1959년 난징대학 물리학과 학사, 1987년 일본 토호쿠대학교 박사. 주요 분야는 물리학. 주요 저작은 《크리스탈 생장의 물리적 기초》.

장런허(張仁和)　중국과학원 음향학연구소 연구원. 1936년 11월 충칭시 출생. 1958년 베이징대학 물리학과 학사. 주요 분야는 음향학.

장궁칭(張恭慶)　베이징대학 교수. 1936년 5월 상하이 출생. 1959년 베이징대학 수학과 학사. 주요 분야는 수학. 주요 저작은 《비선형 분석 방법》.

장수이(張淑儀)　난징대학 교수. 1935년 12월 저쟝성 원저우시 출생. 1956년 난징대학 물리학과 학사, 1960년 동대학 음향학 석사. 주요 분야는 음향학. 주요 저작은 《고적(高适) 연보》.

장한신(張涵信)   중국공기동력연구 및 발전센터 연구원. 1936년 1월 쟝쑤성 페이(沛)현 출생. 1958년 칭화대학 수리공정학과 학사. 1959년 칭화대학 및 1963년 중국과학원 연구생 졸업. 주요 분야는 역학.

천졘성(陳建生)   중국과학원 국가천문대 연구원, 베이징대학 교수. 1938년 7월 푸졘성 푸저우시 출생. 1963년 베이징대학 지구물리학과 학사. 주요 분야는 천체물리학.

판하이푸(范海福)   중국과학원 물리연구소 연구원. 1933년 8월 광둥성 광저우시 출생. 1956년 베이징대학 화학과 학사. 주요 분야는 결정(晶体)학. 주요 저작은 《컴퓨터소프트웨어 기술 기초》.

저우유린(周毓麟)   베이징 응용물리 및 계산수학연구소 연구원. 1923년 2월 상하이 출생. 1945년 상하이 다퉁(大同)대학 수학과 학사. 주요 분야는 수학.

셴딩창(冼鼎昌)   중국과학원 고에너지물리연구소 연구원. 1935년 8월 광둥성 광저우시 출생. 1956년 베이징대학 물리학과 학사. 주요 분야는 이론물리학.

징푸쳰(經福謙)   중국공정물리연구원 연구원. 1929년 6월 쟝쑤성 난징시 출생. 1952년 난징대학 물리학과 학사. 주요 분야는 물리학. 주요 저작은 《동고압원리와 기술》.

자오중셴(趙忠賢)   중국과학원 물리연구소 연구원. 1941년 1월 랴오닝성 신민(新民)시 출생. 1964년 중국과학기술대학 기술물리학과 학사. 주요 분야는 물리학.

후런위(胡仁宇)　시난중국공정물리연구소 원장. 1931년 7월 저쟝성 쟝산(江山)시 출생. 1952년 칭화대학 물리학과 학사, 1958년 소련 멘델레예프물리연구소 석사. 주요 분야는 실험핵물리학. 주요 저작은 《레이저 산출시 고온 고밀도 등립자체 진단 기술》.

후허성(胡和生)　푸단대학 교수. 1928년 6월 상하이 출생. 1950년 다샤(大夏)대학 학사, 1952년 저장대학 수학과 석사. 주요 분야는 미분기하학. 주요 저작은 《미분기하학》.

쉬즈잔(徐至展)　중국과학원 상하이광학정밀기계연구소 연구원. 1938년 12월 쟝쑤성 창저우시 출생. 1962년 푸단대학 학사, 1965년 베이징대학 물리학과 석사. 주요 분야는 물리학.

궈중헝(郭仲衡)　1993년 9월 22일 사망. 베이징대학 교수. 1933년 3월 광둥성 광저우시 출생. 1960년 폴란드 바르샤바대학교 석사, 1963년 폴란드과학원 기술박사. 주요 분야는 응용수학 및 역학. 주요 저작은 《Hamilton역학의 기하이론》.

시쩌중(席澤宗)　2008년 12월 27일 사망. 중국과학원 자연과학사연구소 소장. 1927년 6월 산시성 위안취(垣曲)현 출생. 1951년 중산대학 천문학과 학사. 주요 분야는 천문사학. 주요 저작은 《과학10론》.

황성녠(黃胜年)　2009년 1월 8일 사망. 중국원자력에너지과학연구원 연구원. 1932년 2월 쟝쑤성 타이창(太倉)시 출생. 1955년 소련 레닌그라드대학교 물리학과 학사. 주요 분야는 핵물리학. 주요 저작은 《황성녠시문집 - 한 과학원 원사의 심경》.

푸푸뤄(蒲富恪) 2001년 5월 2일 사망. 중국과학원 물리연구소 연구원. 1930년 7월 쓰촨성 청두시 출생. 1952년 칭화대학 물리학과 학사, 1960녀 소련과학원 수학연구소 부박사. 주요 분야는 물리학.

랴오산타오(廖山濤) 1997년 6월 6일 사망. 베이징대학 교수. 1920년 1월 후난성 헝산(衡山)현 출생. 1942년 시난연합대학 수학과 학사, 1955년 시카고대학교 박사. 주요 분야는 수학.

슝다룬(熊大潤) 중국과학원 쯔진산천문대 연구원. 1938년 9월 쟝시성 지안(吉安) 출생. 1962년 베이징대학 지구물리학과 학사. 주요 분야는 천문학.

판청둥(潘承洞) 1997년 12월 27일 사망. 산둥대학 교수, 교장. 1934년 5월 쟝쑤성 쑤저우시 출생. 1956년 베이징대학 수학역학과 학사, 1961년 동대학 석사. 주요 분야는 수학.

화학부 (34명)

왕쿠이(王夔) 베이징대학 교수. 1928년 5월 톈진시 출생. 1949년 옌징대학(현 베이징대학) 화학과 학사, 1952년 옌징대학 화학과 석사. 주요 분야는 생물무기화학 및 무기약물화학.

왕팡딩(王方定) 중국원자력에너지연구원 연구원. 1928년 12월 랴오닝성 선양시 출생. 1953년 쓰촨화공학원 화학공정학과 학사. 주요 분야는 방사능화학.

왕푸쑹(王佛松)　중국과학원 부원장, 창춘응용화학연구소 소장. 1933년 5월 광둥성 싱닝(興寧) 출생. 1955년 우한대학 화학과 학사, 1960년 소련 과학원 레닌그라드 고분자화합물연구소 석사. 주요 분야는 고분자화학.

주칭스(朱淸時)　중국과학기술대학 교수, 교장. 1946년 2월 쓰촨성 청두시 출생. 1968년 중국과학기술대학 근대물리학과 학사. 주요 분야는 물리화학.

류위안팡(劉元方)　베이징대학 교수. 1931년 2월 상하이 출생. 1952년 옌징대학(현 베이징대학) 화학과 학사. 주요 분야는 핵화학 및 방사능화학. 주요 저작은 《류위안팡 문집》.

쟝위안성(江元生)　난징대학 교수. 1931년 8월 쟝시성 이춘(宜春)시 출생. 1953년 우한대학 화학과 학사, 1956년 지린대학 화학과 석사. 주요 분야는 물리화학.

쑨쟈중(孫家鐘)　지린대학 교수, 이론화학연구소 소장. 1929년 12월 톈진시 출생. 1952년 옌징대학(현 베이징대학) 화학과 학사. 주요 분야는 이론화학.

허궈중(何國鐘)　중국과학원 다롄화학물리연구소 연구원. 1933년 5월 광둥성 난하이(南海) 출생. 1955년 베이징석유학원 석유화공기계학과 학사. 주요 분야는 물리화학.

위궈충(余國琮)　톈진대학 교수. 1922년 11월 광둥성 광저우시 출생. 1943년 시난연합대학 화공과 학사, 1945년 미국 미시건대학교 석사, 1947년 피츠버그대학교 박사. 주요 분야는 화학공정. 주요 저작은 《화학공정사전》.

왕얼캉(汪爾康)　중국과학원 창춘응용화학연구소 소장. 1933년 5월 쟝쑤성 전쟝(鎭江)시 출생. 1952년 후쟝(滬江)대학 화학과 학사, 1959년 체코슬로바키아 과학원 부박사. 주요 분야는 분석화학.

선쟈충(沈家驄)　지린대학 교수, 저쟝대학 교수, 저쟝대학 재료 및 화공학원 원장. 1931년 9월 저쟝성 사오싱(紹興) 출생. 1952년 저쟝대학 화학과 학사. 주요 분야는 고분자화학. 주요 저작은 《고분자반응 통계이론》.

장팡(張滂)　2011년 11월 29일 사망. 베이징대학 화학과 교수. 1917년 8월 쟝쑤성 난징시 출생. 1942년 시난연합대학 화학과 학사. 1949년 영국 캠브리지대학교 박사. 주요 분야는 유기화학. 주요 저작은 《장팡문집》.

장쳰얼(張乾二)　샤먼대학 교수, 샤먼대학 화학화공학원 원장. 1928년 8월 푸졘성 후이안(惠安)현 출생. 1951년 샤먼대학 화학과 학사, 1954년 샤먼대학 화학과 석사. 주요 분야는 양자화학. 주요 저작은 《다면체분자궤도》.

루완전(陸婉珍)　중국석유화공집단 석유화공과학연구원 분석실 총엔지니어. 1924년 9월 톈진 출생. 1946년 중앙대학 화공과 학사, 1949년 미국 일리노이대학교 석사, 1951년 미국 오하이오주립대학교 박사. 주요 분야는 분석화학.

루시옌(陸熙炎)　중국과학원 상하이유기화학연구소 연구원. 1928년 쟝쑤성 쑤저우시 출생. 1951년 저쟝대학 화학과 학사. 주요 분야는 유기화학.

천쥔우(陳俊武)　핵공정공사 총엔지니어. 1927년 3월 베이징 출생. 1948년 베이징대학 학사. 주요 분야는 석유정제공정.

천야오주(陳耀祖)　1920년 11월 24일 사망. 저쟝대학, 란저우대학 교수. 1927년 3월 후난성 창사시 출생. 1949년 저쟝대학 화학과 학사. 주요 분야는 분석화학.

저우퉁후이(周同惠)　중국의학과학원 약물연구소 연구원. 1924년 11월 베이징 출생. 1944년 베이징대학 화학과 학사, 1952년 미국 시애틀워싱턴대학교 박사. 주요 분야는 분석화학. 주요 저작은 《분석기술사전 - 색보(色譜)분석》.

저우웨이산(周維善)　중국과학원 상하이유기화학연구소 연구원. 1923년 7월 저쟝성 사오싱(紹興)시 출생. 1949년 상하이의학원 약학과 학사. 주요 분야는 유기화학.

자오위펀(趙玉芬)　칭화대학 화학과 교수. 1948년 12월 후베이성 한커우(漢口)시 출생. 1971년 타이완신주(新竹)칭화대학 화학과 학사, 1975년 미국 뉴욕주립대학교 박사. 주요 분야는 유기화학.

위루친(俞汝勤)　후난대학 교수, 교장. 1935년 11월 상하이 출생. 1959년 소련 레닌그라드대학교 화학과 학사. 주요 분야는 분석화학. 주요 저작은 《화학 계량학 개론》.

쟝성졔(姜圣階)　1992년 12월 28일 사망. 원자력에너지사업부(2지부) 부장. 1915년 11월 헤이룽쟝성 린뎬(林甸)현 출생. 1936년 톈진공업학원 기전학과 학사. 주요 분야는 화공 및 핵공정. 주요 저작은 《합성암모니아학》.

위안취안(袁權)　중국과학원 다롄화학물리연구소 소장. 1934년 11월 상하이 출생. 1956년 저쟝대학 화공과 학사, 1960년 중국과학원 석유연구소 석사. 주요 분야는 화학공정학.

쉬시(徐僖)　쓰촨대학 교수, 청두과기대학 부교장. 1921년 1월 쟝쑤성 난징시 출생. 1944년 저쟝대학 화공과 학사, 1948년 미국 리하이(Lehigh)대학교 석사. 주요 분야는 고분자재료과학. 주요 저작은 《고분자화학 원리》.

쉬루런(徐如人)　지린대학 교수. 1932년 3월 저쟝성 상위(上虞)시 출생. 1952년 상하이 쟈오퉁(交通)대학 화학과 학사. 주요 분야는 무기화학. 주요 저작은 《무기합성 화학》.

궈징쿤(郭景坤)　중국과학원 상하이 규산염연구소 소장. 1933년 11월 상하이 출생. 1958년 푸단대학 화학과 학사. 주요 분야는 재료과학.

황즈탕(黃志鏜)　중국과학원 화학연구소 연구원. 1928년 5월 상하이 출생. 1951년 퉁지(同濟)대학 화학과 학사. 주요 분야는 유기화학 및 고분자화학.

황바오퉁(黃葆同)　2005년 9월 6일 사망. 중국과학원 창춘응용화학연구소 소장. 1921년 5월 상하이 출생. 1944년 중앙대학 화학과 학사, 1952년 미국 뉴욕 부르클린이공대학교 박사. 주요 분야는 고분자화학. 주요 저작은 《인조고무의 합성촉매》.

쟝시쿠이(蔣錫夔)　중국과학원 상하이 유기화학연구소 연구원. 1926년 9월 상하이 출생. 1947년 상하이 성요한대학 화학과 학사, 1952년 워싱턴대학교 박사. 주요 분야는 유기화학.

청룽스(程镕時)　난징대학, 화난이공대학 교수. 1927년 10월 쟝쑤성 이싱(宜興) 출생. 1949년 진링(金陵)대학 화학과 학사, 1951년 베이징대학 석사. 주요 분야는 고분자물리 및 물리화학.

유샤오쩡(游效曾)　난징대학 교수. 1934년 1월 쟝시성 지안(吉安) 출생. 1955년 우한대학 화학과 학사, 1957년 난징대학 석사. 주요 분야는 무기화학. 주요 저작은 《배합물구조와 성질》.

셰위위안(謝毓元)　중국과학원 상하이 약물연구소 소장. 1924년 4월 베이징 출생. 1949년 칭화대학 화학과 학사, 1961년 소련과학원 천연유기화합물연구소 부박사. 주요 분야는 약물화학.

러우난취안(樓南泉)　사망. 중국과학원 다롄화학물리연구소 소장. 1922년 12월 저쟝성 항저우시 출생. 1946년 중앙대학 화학공정과 학사. 주요 분야는 물리화학.

리러민(黎樂民)　베이징대학 화학학원 교수. 1935년 12월 광둥성 뎬바이(電白)현 출생. 1959년 베이징대학 기술물리학과 학사, 1965년 동대학 석사. 주요 분야는 물리무기화학.

생물학부 (34명)

마오쟝선(毛江森)   저쟝의학과학원 원장. 1934년 1월 저쟝성 쟝산(江山)시 출생. 1956년 상하이 제1의학원 의학과 학사. 주요 분야는 바이러스학.

인원잉(尹文英)   중국과학원 상하이 곤충연구소 연구원. 1922년 10월 허베이성 핑샹(平鄕)현 출생. 1947년 중앙대학 생물학과 학사. 주요 분야는 곤충학.

스위안춘(石元春)   중국농업대학 교수. 1931년 2월 후베이성 우한시 출생. 1953년 베이징농업대학 농학과 학사, 1956년 동대학 토양 및 농업화학과 석사. 주요 분야는 토양학. 주요 저작은 《중국 북방 가뭄지역의 토양》.

톈보(田波)   중국과학원 미생물연구소 연구원. 1931년 12월 산둥성 환타이(桓台)현 출생. 1954년 베이징농업대학 식물보호학과 학사. 주요 분야는 바이러스학. 주요 저작은 《분자진화 공정》.

쫭챠오성(庄巧生)   중국농업과학원 작물육종재배연구소 연구원. 1916년 8월 푸졘성 민허우(閩侯)현 출생. 1939년 진링대학 농학원 학사. 주요 분야는 유전육종학.

류신위안(劉新垣)   중국과학원 생화학 및 세포연구소 연구원. 1927년 11월 후난성 헝둥(衡東)현 출생. 1952년 난카이대학 화학과 학사, 1963년 상하이 생물화학연구소 부박사. 주요 분야는 분자생물학.

쉬건쥔(許根俊)   사망. 안후이성 서(歙)현 출생. 1957년 푸단대학 화학과 학사. 주요 분야는 생물화학.

쑨만지(孫曼霽) 군사의학과학원 독물약물연구원 연구원. 1931년 8월 허난성 카이펑시 출생. 1954년 제5군의대학 학사. 주요 분야는 생화약리학.

양녠시(陽念熙) (자료 없음)

리전성(李振聲) 중국과학원 유전연구소 연구원. 1931년 2월 산둥성 쯔보(淄博)시 출생. 1951년 산둥농학원 농학과 학사. 주요 분야는 유전학.

양홍위안(楊弘遠) 2010년 11월 18일 사망. 우한대학 생명과학학원 교수. 1933년 후베이성 우한시 출생. 1954년 우한대학 생물학과 학사. 주요 분야는 식물학. 주요 저작은 《논벼생식생물학》.

양슝리(楊雄里) 중국과학원 상하이생리연구소 소장. 1941년 10월 상하이 출생. 1963년 상하이과학기술대학 생물학과 학사, 1982년 일본 국립생리학연구소 박사. 주요 분야는 생리학.

양푸위(楊福愉) 중국과학원 생물물리연구소 연구원. 1927년 10월 상하이 출생. 1950년 저장대학 화학과 학사, 1960년 소련 모스크바대학교 생물학과 박사. 주요 분야는 생물화학.

우젠핑(吳建屛) 중국과학원 상하이뇌연구소 소장. 1934년 4월 상하이 출생. 1958년 상하이 제1의학원 의료학과 학사. 주요 분야는 신경생리학.

우멍차오(吳孟超) 제2군의대학 둥팡 간담외과의원 원장, 둥팡 간담외과연구소 소장. 1922년 8월 푸젠성 민칭(閩淸)현 출생. 1949년 상하이 퉁지대학 의학원 학사. 주요 분야는 의학.

장광쉐(張广學) 2010년 2월 24일 사망. 중국과학원 동물연구소 연구원. 1921년 1월 산둥성 딩타오(定陶)현 출생. 1946년 중앙대학 농학과 학사. 주요 분야는 곤충학. 주요 저작은 《중국경제곤충지·진딧물류》.

장수정(張樹政) 중국과학원 미생물연구소 연구원. 1922년 10월 허베이성 수루(束鹿) 출생. 1945년 베이징대학 화학과 학사. 주요 분야는 생물화학.

장신스(張新時) 중국과학원 식물연구소 연구원. 1934년 6월 허난성 카이펑시 출생. 1955년 베이징임학원 산림학과 학사, 1985년 미국 코넬대학교 박사. 주요 분야는 생태학. 주요 저작은 《중국 식생》.

천쯔위안(陳子元) 저쟝농업대학 교수. 1924년 10월 상하이 출생. 1944년 상하이 다샤(大夏)대학 화학과 학사. 주요 분야는 씨농학.

천커이(陳可翼) 중국 중의과학원 서원의원내과 교수, 베이징대학 의학부 겸직교수. 1930년 10월 푸젠성 푸저우시 출생. 1954년 푸젠의학원 학사. 주요 분야는 의학.

천이위(陳宜瑜) 중국과학원 부원장, 수생생물연구소 연구원. 1944년 4월 푸젠성 셴유(仙游)현 출생. 1964년 샤먼대학 생물학과 학사. 주요 분야는 동물학.

칭쥔더(欽俊德) 사망. 중국과학원 동물연구소 연구원. 저쟝성 지안(安吉)시 출생. 1940년 둥우(東吳)대학 생물학과 학사, 1950년 네덜란드 암스테르담대학교 박사. 주요 분야는 곤충생리학. 주요 저작은 《동물의 운동》.

스리밍(施立明) 1994년 5월 22일 사망. 중국과학원 쿤밍동물연구소 소장. 1939년 12월 저쟝성 러칭(樂淸)시 출생. 1964년 푸단대학 생물학과 학사. 주요 분야는 유전학.

스쟈오나이(施敎耐) 중국과학원 상하이 식물생리연구소 연구원. 1920년 11월 푸젠성 진쟝(晋江)시 출생. 1944년 저쟝대학 생물학과 학사. 주요 분야는 식물생리학.

훙멍민(洪孟民) 중국과학원 상하이식물생리연구소 연구원. 1931년 1월 저쟝성 린하이(臨海)시 출생. 1953년 상하이 제1의학원 학사. 주요 분야는 분자유전학.

훙더위안(洪得元) 중국과학원 식물연구소 연구원. 1937년 1월 안후이성 지시(績溪)현 출생. 1962년 푸단대학 생물학과 학사. 1966년 중국과학원 식물연구소 석사. 주요 분야는 식물학.

야오카이타이(姚開泰) 후난의과대학 교수. 1931년 4월 쓰촨성 출생. 1954년 상하이 제1의학원 의료학과 학사. 주요 분야는 병리생리학.

탕충티(唐崇惕) 샤먼대학 생물학과 교수. 1929년 11월 푸젠성 푸저우시 출생. 1954년 샤먼대학 생물학과 학사. 주요 분야는 기생충학. 주요 저작은 《인간 및 가축의 선형기생충학》

옌룽페이(閻隆飛) 중국농업대학 교수. 베이징 출생. 1945년 시베이대학 생물학과 학사, 1949년 칭화대학 석사. 주요 분야는 생물화학. 주요 저작은 《논벼 바이러스 관측 방법》.

셰롄후이(謝聯輝) 푸젠농업대학 식물바이러스연구소 교수, 소장. 1935년 3월 푸젠성 룽옌(龍岩)시 출생. 1958년 푸젠성 농학원 학사. 주요 분야는 식물병리학. 주요 저작은 《식물 면역학》.

챵보친(强伯勤) 중국협화의과대학 생물화학 및 분자생물학과 교수. 1939년 9월 상하이 출생. 1962년 상하이 제2의과대학 의료학과 학사. 주요 분야는 분자생물학.

취중허(翟中和) 베이징대학 생명과학학원 교수. 1930년 8월 쟝쑤성 리양(溧陽) 출생. 1956년 소련 레닌그라드대학교 학사. 주요 분야는 세포생물학.

쉐서푸(薛社普) 중국의학과학원 기초의학연구소 연구원, 중국협화의과대학 교수. 1917년 9월 광둥성 신후이(新會)구 출생. 1943년 충칭중앙대학 박물학과 학사, 1947년 동대학 생물학과 석사, 1951년 미국 워싱턴대학교 박사. 주요 분야는 세포생물학.

쥐궁(鞠躬) 제4군의대학 교수, 중국인민해방군 신경과학연구소 소장. 1929년 11월 상하이 출생. 1952년 샹야(湘雅)의학원 학사. 주요 분야는 신경생물학.

지학부 (35명)

마짜이톈(馬在田)　2011년 6월 5일 사망. 퉁지(同濟)대학 해양지질 및 지구물리학과 교수. 1930년 10월 랴오닝성 파쿠(法庫)현 1957년 소련 레닌그라드 광물학원 지구물리학과 학사. 주요 분야는 지구물리학.

마쭝푸(馬宗普)　중국지진국 지진연구소 연구원. 1933년 4월 지린성 창춘시 출생. 1955년 베이징지질학원 조사학(普查)과 학사, 1961년 중국과학원 지질연구소 석사. 주요 분야는 지질학. 주요 저작은 《현 전지구적 구조의 특징 및 동역학 해제》.

예다녠(叶大年)　중국과학원 지질 및 지구물리연구소 연구원. 1939년 7월 홍콩 출생. 1962년 베이징지질학원 암광(岩礦)학 학사, 1966년 중국과학원 지질연구소 석사. 주요 분야는 광물학. 주요 저작은 《지리와 대칭》.

주셴모(朱顯謨)　중국과학원 수리부 수토유지(保持)연구소 연구원. 1915년 12월 상하이 출생. 1940년 중앙대학 농업화학과 학사. 주요 분야는 토양학. 주요 저작은 《황토고원토양 및 농업》.

류바오쥔(劉宝珺)　국토자원부 청두지질광산연구소 소장. 1931년 9월 톈진시 출생. 1953년 베이징지질학원 학사, 1956년 동대학 암석학 석사. 주요 분야는 지질학. 주요 저서는 《침적암석학》.

안즈성(安芷生)　중국과학원 시안분원 원장. 1941년 2월 후난성 즈쟝(芷江) 출생. 1962년 난징대학 학사, 1966년 중국과학원 지질 및 지구화학연구소 석사. 주요 분야는 제4기지질학. 주요 저작은 《최근 13만년 중국의 고계절풍(古季風)기록》.

쉬허우쩌(許厚澤)　중국과학원 측량 및 지구물리연구소 연구원, 중국과학원 우한분원 원장. 1934년 5월 안후이성 서(歙)현 출생. 1955년 퉁지(同濟)대학 학사, 1962년 중국과학원 측량 및 지리물리연구소 연구소 석사. 주요 분야는 대지측량 및 지구물리학. 주요 저작은 《칭짱고원(靑藏高原)의 대지측량연구》.

쑨수(孫樞)　중국과학원 지질 및 지구물리연구소 연구원. 1933년 7월 쟝쑤성 진탄(金壇)시 출생. 1953년 난징대학 지질학과 학사. 주요 분야는 지질학. 주요 저작은 《중국대지구조 자세히그리기(相圖)》.

쑨다중(孫大中)　1997년 5월 1일 사망. 중국과학원 광저우지구화학연구소 연구원. 1932년 산둥성 웨이하이(威海)시 출생. 1955년 베이징지질학원 학사. 주요 분야는 지질학.

쑨훙례(孫鴻烈)　중국과학원 지리과학 및 자원연구소 연구원, 중국과학원 부원장. 1932년 1월 베이징 출생. 1954년 베이징농업대학 토양농화학과 학사, 1960년 중국과학원 선양임업토양연구소 석사. 주요 분야는 토양지리 및 토지자원학. 주요 저작은 《중국생태체계》.

쑤지란(蘇紀蘭)　국가해양국 제2해양연구소 교수. 1935년 12월 후난성 유(攸)현 출생. 1957년 타이완 대학 학사, 1967년 미국 캘리포니아대학교 버클리 분교 박사. 주요 분야는 물리해양학. 주요 저작은 Overview of the South China Sea circulation and its influence on the coastal physical oceanography outside the Pearl River Estuary.

[Appendix] 역대 중국과학원 원사명단(1955~2009) 213

리쥔(李鈞)　1994년 4월 4일 사망. 중국과학원 우한물리연구소 연구원. 1930년 3월 후난성 사오양(邵陽) 출생. 1955년 우한대학 물리학과 학사, 1958년 동대학 석사. 주요 분야는 전리층지리 및 전전파(電傳播)학. 주요 저작은 《전리층불균등체 파라미터와 전리층상태의 관계》.

리지쥔(李吉均)　란저우대학 지리학과 교수. 1933년 10월 쓰촨성 펑(彭)현 출생. 1956년 난징대학 지리학과 학사. 주요 분야는 자연지리 및 지모학(地貌學). 주요 저작은 《칭짱고원 융기의 시대, 정도, 및 형식의 탐구》.

리더런(李德仁)　우한대학 교수. 1939년 12월 쟝쑤성 타이(泰)현 출생. 1963년 우한측량확원 항공측량학 학사, 1981년 촬영측량 및 원격탐지 전공 석사, 1985년 독일 슈투트가르트대학교 박사. 주요 분야는 촬영측량 및 원격탐지학. 주요 저작은 《촬영측량학의 해석》.

리더성(李德生)　중국 석유천연기집단공사 베이징 석유탐사개발과학연구원 총지질사. 1922년 10월 상하이 출생. 1945년 중앙대학 지질학과 학사. 주요 분야는 석유지질학. 주요 저작은 《중국석유천연기총공사 원사문집 - 리더성집(李德生集)》.

양치(楊起)　2010년 11월 21일 사망. 중국지질대학 교수. 1919년 5월 산둥성 펑차이(蓬萊) 출생. 1943년 쿤밍 시난연합대학 지질지리기상학 학사, 1946년 베이징 이과연구소 지질학부 석사. 주요 분야는 석탄(煤)지질학. 주요 저작은 《중국석탄변질 작용》.

샤오쉬창(肖序常)　중국지질과학원 지질연구소 연구원. 1930년 10월 구이저우성 안순(安順)시 출생. 1952년 베이징대학 지질학과 학사. 주요 분야는 구조지질학. 주요 저작은 《칭짱고원구조진화 및 융기 기제》.

우촨쥔(吳傳鈞)　2009년 3월 13일 사망. 중국과학원 지리연구소 연구원. 1918년 4월 쟝쑤성 쑤저우시 출생. 1941년 중앙대학 지리학과 학사, 1943년 동대학 석사, 1948년 영국 리버풀대학교 박사. 주요 분야는 인문지리 및 경제지리학. 주요 저작은 《중국경제지리》.

왕핀셴(汪品先)　퉁지대학 해양 및 지구과학학원 교수. 1936년 11월 쟝쑤성 쑤저우시 출생. 1960년 모스크바대학교 지질학과 학사. 주요 분야는 해양지질학. 주요 저작은 《15만년간의 남해》.

선치한(沈其韓)　국토자원부 중국지질과학원 지질연구소 연구원. 1922년 4월 쟝쑤성 화이인(淮陰) 출생. 1946년 충칭대학 지질학과 학사. 주요 분야는 지질학. 주요 저작은 《산둥이수이(沂水)지방의 잡암의 조성 및 지질 진화》.

장미만(張弥曼)　중국과학원 고척추동물 및 고인류연구소 연구원. 1936년 4월 쟝쑤성 난징시 출생. 1960년 소련 모스크바대학교 지질학과 학사, 1982년 덴마크 스톡홀름대학교 박사. 주요 분야는 고척추동물학.

천칭쉬안(陳慶宣)　2005년 10월 2일 사망. 국토자원부 지질역학연구소 연구원. 1916년 4월 후베이성 황포(黃陂) 출생. 1941년 베이징대학 지질학과 학사. 주요 분야는 지질역학. 주요 저작은 《동서구조대형성기제 및 유관문제의 탐구》.

천윈타이(陳運泰)　중국지진국 지구물리연구소 연구원, 베이징대학 지

[Appendix] 역대 중국과학원 원사명단(1955~2009) 215

구 및 공간과학원 원장. 1940년 8월 푸젠성 샤먼시 출생. 1962년 베이징 대학 지구물리학과 학사, 1966년 중국과학원 지구물리연구소 석사. 주요 분야는 지구물리학. 주요 저작은 《진원 이론》.

천쥔융(陳俊勇)　국가측량국 총엔지니어, 국장. 1933년 5월 상하이 출생. 1960년 우한측량학원 학사, 1981년 오스트리아 그라츠기술대학교 과학기술 박사. 주요 분야는 대지측량학.

천멍슝(陳夢熊)　국토자원부 과기자문 연구센터 자문위원. 1917년 10월 쟝쑤성 난징시 출생. 1942년 시난연합대학 지질지리기상학과 학사. 주요 분야는 수문지질학. 주요 저작은 《중국수문지질공정 지질사업의 발전 및 성취》.

어우양쯔위안(歐陽自遠)　중국과학원 지구화학연구소 연구원. 1935년 10월 쟝시성 지안(吉安) 출생. 1956년 베이징지질학원 학사, 1961년 중국과학원 지질연구소 석사. 주요 분야는 천체화학 및 지구화학. 주요 저작은 《천체(天体)화학》.

저우슈지(周秀驥)　중국기상과학연구원 원장. 1932년 9월 쟝쑤성 단양(丹陽)시 출생. 1962년 소련과학원 응용지구물리연구소 부박사. 주요 분야는 대기물리학. 주요 저작은 《장강삼각주 저층대기와 생태상호작용 연구》.

자오치궈(趙其國)　중국과학원 난징토양연구소 연구원. 1930년 2월 후베이성 우한시 출생. 1953년 중농학원 학사. 주요 분야는 토양지리학. 주요 저작은 《적색토물질순환과 조정》.

자오바이린(趙柏林)　베이징대학 물리학원 대기과학과 교수. 1929년 4월 랴오닝성 랴오중(遼中)현 출생. 1952년 칭화대학 기상학과 학사. 주요 분야는 대기과학. 주요 저작은 《자오바이린 문집》.

위안다오셴(袁道先)　국토자원부 암석용해(岩溶)지질 연구소 소장. 1933년 8월 저장성 주지(諸暨)시 출생. 1952년 난징지질탐광전문학교 학사. 주요 분야는 지질학. 주요 저작은 《탄소순환과 암석용해지질환경》.

쉬관화(徐冠華)　국가과학기술부 부장, 중국과학원 부원장. 1941년 12월 상하이 출생. 1963년 베이징임학원 학사. 주요 분야는 자원탐격탐지학. 주요 저작은 《북방호림 원격탐지종합조사와 검측》.

황룽후이(黃榮輝)　중국과학원 대기물리연구소 연구원. 1942년 8월 푸젠성 후이안(惠安)현 출생. 1965년 베이징대학 지구물리학과 학사, 1968년 중국과학원 대기물리연구소 석사, 1983년 도쿄대학교 이학박사. 주요 분야는 기상학. 주요 저작은 《대기과학개론》.

성진장(盛金章)　2007년 1월 7일 사망. 중국과학원 난징지질고생물연구소 연구원. 1921년 5월 쟝쑤성 징쟝(靖江)시 출생. 1946년 충칭대학 지질학과 학사. 주요 분야는 고생물학. 주요 저작은 《중국의 2첩계(二疊系)》.

창인포(常印佛)　안후이성 국토자원청 교수. 1931년 7월 쟝쑤성 타이싱(泰興)시 출생. 1952년 칭화대학 지질학과 학사. 주요 분야는 광상(礦床)지질학. 주요 저작은 《장강 중하류 동철성광대(銅鐵成礦帶)》.

푸쟈모(傅家謨)　중국과학원 광저우지구화학연구소 연구원, 상하이대학

[Appendix] 역대 중국과학원 원사명단(1955~2009)

환경화학학원 원장. 1933년 7월 상하이 출생. 1956년 베이징지질학원 학사, 1961년 중국과학원 지질연구소 석사. 주요 분야는 유기지구화학 및 환경지구화학. 주요 저작은 《치즈와 지구화학》.

기술과학부 (68명)

왕쉬안(王選) 2006년 2월 13일 사망. 베이징대학 교수, 컴퓨터연구소 소장. 1937년 2월 쟝쑤성 우시(无錫)시 출생. 1958년 베이징대학 수학과 학사. 주요 분야는 컴퓨터학.

왕웨(王越) 베이징대학 교수, 중국병기공업총공사 206소 소장. 1932년 4월 쟝쑤성 단양(丹陽)시 출생. 1956년 해방군통신학원(현 시안 전자과기대학) 학사. 주요 분야는 정보시스템.

왕즈쟝(王之江) 중국과학원 상하이 광학정밀기계연구소 연구원. 1930년 11월 저쟝성 항저우시 출생. 1952년 다롄대학 공학원 물리학과 학사. 주요 분야는 물리학. 주요 저작은 《광학설계이론 기초》.

왕치밍(王啓明) 중국과학원 반도체연구소 연구원. 1934년 7월 푸졘성 출생. 1956년 푸단대학 물리학과 학사. 주요 분야는 광전자학.

왕뎬쭤(王淀佐) 베이징 유색금속연구총원 교수, 중국공정원 부원장. 1934년 3월 랴오닝성 링하이(凌海)시 출생. 1961년 중난채광야금학원 학사. 주요 분야는 광물공정학. 주요 저작은 《부선(浮選)이론의 신진전》.

왕징탕(王景唐) 1992년 11월 24일 사망. 중국과학원 금속연구소 연구원. 1952년 쟈오퉁(交通)대학 화학과 학사, 1960년 소련과학원 야금연구소 기술과학 부박사. 주요 분야는 금속재료학.

예헝챵(叶恒强)　중국과학원 금속연구소 연구원. 1940년 7월 홍콩 출생. 1964년 베이징 강철학원 물리화학과 학사, 1967년 중국과학원 금속연구소 석사. 주요 분야는 재료과학.

루챵(盧强)　칭화대학 교수. 1936년 5월 안후이성 우웨이(无爲)현 출생. 1959년 칭화대학 전기과 학사, 동대학 석사. 주요 분야는 자동제어 및 전력시스템동태(動態)학. 주요 저작은 《비선형제어이론과 전력시스템동태》.

루자오쥔(盧肇鈞)　사망. 철도부 과학연구원 연구원. 1917년 11월 허난성 정저우시 출생. 1941년 칭화대학 토목공정학과 학사, 1948년 미국 하버드대학교 석사. 주요 분야는 토역학 및 기초공정. 주요 저작은 《지반 추리 신기술》.

무궈광(母國光)　난카이대학 교수. 1931년 1월 랴오닝성 진시(錦西) 출생. 1952년 난카이대학 물리학과 학사. 주요 분야는 광학. 주요 저작은 《광학》.

쾅딩보(匡定波)　중국과학원 상하이 기술물리연구소 연구원. 1930년 9월 쟝쑤성 우시(无錫)시 출생. 1952년 상하이 쟈오퉁(交通)대학 물리학과 학사. 주요 분야는 적외선 및 원격탐지.

류광쥔(劉广均)　핵공업 이화공정연구원 고급엔지니어. 1929년 7월 톈진시 출생. 1952년 칭화대학 물리학과 학사. 주요 분야는 동위원소분리.

류융탄(劉永坦)   하얼빈공업대학 교수. 1936년 12월 쟝쑤성 난징시 출생. 1959년 하얼빈공업대학 무선전신공정학 학사. 주요 분야는 전자공정.

쑨쥔(孫鈞)   퉁지(同濟)대학 지하건축공정학과 교수. 1926년 10월 쟝쑤성 쑤저우시 출생. 1949년 쟈오퉁(交通)대학 토목공정학 학사. 주요 분야는 철도 및 지하건축공정.

쑨중슈(孫鐘秀)   난징대학 기술과학학원 원장. 1936년 12월 쟝쑤성 난징시 출생. 1957년 난징대학 수학과 학사. 주요 분야는 컴퓨터과학. 주요 저작은 《조작계통 강의》.

쑨쟈둥(孫家棟)   중국 항천공업총공사 연구원, 항천공업부 부부장. 1929년 4월 랴오닝성 가이(盖)현 출생. 1958년 소련 주코프스키 공군공정학원 비행기설계 학사. 주요 분야는 로켓 및 위성총체기술.

옌루광(嚴陸光)   중국과학원 전공(電工)연구소 소장. 1935년 7월 베이징 출생. 1959년 소련 모스크바 동력학원 전력과 학사. 주요 분야는 전공학.

리즈젠(李志堅)   칭화대학 무선전전자학과 교수. 1928년 저쟝성 닝보시 출생. 1951년 저쟝대학 물리학과 학사, 1958년 소련 레닌그라드대학교 부박사. 주요 분야는 물리학. 주요 저작은 《미전자기술 중의 MOS물리》.

리옌다(李衍達)   칭화대학 교수. 1936년 10월 광둥성 둥관(東莞)시 출생. 1959년 칭화대학 자동제어학과 학사. 주요 분야는 신호처리 및 지능제어.

양푸칭(楊芙淸) 베이징대학 정보 및 공정과학학부 교수. 1932년 11월 쟝쑤성 우시(无錫)시 출생. 1955년 베이징대학 수력학과 학사, 1958년 동 대학 석사. 주요 분야는 컴퓨터소프트웨어.

양수쯔(楊叔子) 화중이공대학 교수. 1933년 9월 쟝시성 후커우(湖口)현 출생. 1956년 화중공학원 학사. 주요 분야는 기계공정.

우취안더(吳全德) 2005년 12월 29일 사망. 베이징대학 나노과학 및 기술센터 주임, 교수. 1923년 12월 저쟝성 황옌(黃岩) 출생. 1947년 칭화대학 전기과 학사. 주요 분야는 전자물리학.

우청캉(吳承康) 중국과학원 역학연구소 연구원. 1929년 11월 상하이 출생. 1951년 미국 위스컨신대학교 기계공정학과 학사, 1952년 동대학 석사, 1957년 MIT 박사. 주요 분야는 기체동역학.

우더신(吳德馨) 중국과학원 미세전자센터 연구원. 1936년 12월 허베이성 러팅(樂亭)현 출생. 1961년 칭화대학 무선전신전자공정 학사. 주요 분야는 반도체부품 및 집적회로.

츄다훙(邱大洪) 다롄이공대학 교수. 1930년 4월 상하이 출생. 1951년 칭화대학 토목공정학과 학사. 주요 분야는 해안 및 근해공정학.

쩌우스창(鄒世昌) 중국과학원 상하이 야금연구소 연구원. 1931년 7월 상하이 출생. 1952년 탕산 쟈오퉁(交通)대학 야금공정학과 학사, 1958년 소련 모스크바대학교 유색금속학 부박사. 주요 분야는 재료과학.

민구이룽(閔桂榮)　중국 공간기술연구원 연구원. 1933년 6월 푸젠성 푸톈(莆田)시 출생. 1956년 난징공학원 학사, 1963년 소련과학원 동력연구소 부박사. 주요 분야는 공정열물리학 및 공간기술.

왕겅(汪耕)　상하이 쟈오퉁대학 겸직교수, 상하이 증기터빈발전기유한공사 고급엔지니어. 1927년 10월 쟝쑤성 난징시 출생. 1949년 상하이 쟈오퉁(交通)대학 전기공정학과 학사. 주요 분야는 전기설계.

쑹졘(宋健)　중국공정원 원장, 국무위원. 193년 12월 산둥성 룽청(榮成)시 출생. 1958년 소련 모스크바 바오만고등공학원 공정사, 1960년 모스크바대학교 역학수학과 학사, 1960년 바오만공학원 부박사. 주요 분야는 제어론. 주요 저작은 《중국인구제어 : 이론응용》.

쑹전치(宋振騏)　산둥광업학원 교수, 광산압력연구소 소장. 1935년 3월 후베이성 한양(漢陽) 출생. 1957년 베이징광업학원 채탄학과 학사. 주요 분야는 광산압력 및 암층제어학.

선즈윈(沈志云)　시난 쟈오퉁(交通)대학 교수. 1929년 5월 후난성 창사시 출생. 1952년 탕산 철도학원 기계과 학사, 1961년 소련 레닌그라드 철도학원 기술과학 부박사. 주요 분야는 기관차차량.

장싱쳰(張興鈐)　중국공정물리연구원 교수. 1921년 10월 허베이성 우이(武邑)현 출생. 1942년 우한대학 채광야금학 학사, 1949년 미국 소재 대학교 석사, 1952년 MIT 물리야금 박사. 주요 분야는 금속물리.

장샤오샹(張效祥)　인민해방군 총참모부 컴퓨터기술연구소 소장. 1918

년 6월 저쟝성 하이닝(海宁)시 출생. 1943년 우한대학 전기과 학사. 주요 분야는 컴퓨터학.

천쥔량(陳俊亮) 베이징 우편전신대학 교수. 1933년 10월 저쟝성 닝보시 출생. 1955년 상하이 쟈오퉁(交通)대학 전신(電訊)과 학사, 1961년 소련 모스크바 전신공정학원 부박사. 주요 분야는 통신 및 전자시스템. 주요 저작은 《수학 전기회로의 논리적 설계》.

먀오융루이(苗永瑞) 중국과학원 상하이천문대 연구원. 산둥성 지난(濟南)시 출생. 1951년 치루(齊魯)대학 천산(天算)과 학사. 주요 분야는 천체측량 및 시간빈도.

린빙난(林秉南) 중국 수리수전과학연구원 고급엔지니어. 1920년 4월 말레이시아 출생. 1942년 쟈오퉁(交通)대학 탕산공학원 토목과 학사, 1947년 미국 오하이오대학교 수리학 석사, 1951년 동대학 박사. 주요 분야는 수리학 및 하류동역학.

어우양위(歐陽予) 중국핵공업총공사 과학기술위원회 부주임. 1927년 7월 쓰촨성 러산(樂山)시 출생. 1948년 우한대학 공학원 전기과 학사, 1957년 소련 모스크바동력학원 기술과학 박사. 주요 분야는 원자로 및 원자력공정.

저우간즈(周干峙) 건설부 부부장. 1930년 6월 쟝쑤성 쑤저우시 출생. 1952년 칭화대학 건축과 학사. 주요 분야는 건축학 및 도시계획.

저우라오허(周堯和) 시베이공업대학, 상하이 쟈오퉁(交通)대학 교수.

1927년 5월 베이징 출생. 1950년 칭화대학 기계과 학사, 1957년 소련 모스크바 철강-합금학원 기술과학 부박사. 주요 분야는 주조학.

저우빙쿤(周炳琨)　칭화대학 무선전신전자학연구소 소장. 1936년 3월 쓰촨성 청두시 출생. 1956년 칭화대학 무선전신학과 학사. 주요 분야는 레이저 및 광전자 기술.

자오런카이(趙仁愷)　2010년 7월 29일 사망. 국가핵안전국 전문가위원회 부주석. 1923년 2월 쟝쑤성 난징시 출생. 1946년 국립 중앙대학 기계학과 학사. 주요 분야는 원자로 연구 및 설계.

후위셴(胡聿賢)　국가 지진국 지구물리연구소 연구원. 1922년 10월 후베이성 우창시 출생. 1946년 상하이 쟈오퉁(交通)대학 토목공정학과 학사, 1949년 미국 미시건대학교 토목공정학과 석사, 1952년 동대학 박사. 주요 분야는 지진공정학. 주요 저작은 《주요 공정중의 지진문제》.

중샹충(鐘香崇)　정저우대학 고온재료연구소 교수. 1921년 11월 광둥성 산터우(汕頭)시 출생. 1941년 홍콩대학 학사, 1949년 영국 리즈대학교 박사. 주요 분야는 내화재료.

바오정(保錚)　시안전자과기대학 교수. 1927년 12월 쟝쑤성 난퉁(南通)시 출생. 1953년 해방군통신공정학원 학사. 주요 분야는 전자학. 주요 저작은 《펄스기술 기초》.

허우쉰(侯洵)　중국과학원 시안광학정밀기계연구소 연구원. 1936년 12월 산시(陝西)성 셴양(咸陽)시 출생. 1959년 시베이대학 물리학과 학사.

주요 분야는 광학.

위훙루(兪鴻儒) 중국과학원 역학연구소 연구원. 1928년 6월 쟝시성 광펑(广丰)현 출생. 1953년 다롄공학원 기계학과 학사, 1963년 중국과학원 역학연구소 고속공기동역학 석사. 주요 분야는 기체동역학.

원방춘(聞邦椿) 둥베이대학 교수. 1930년 9월 저쟝성 항저우시 출생. 1955년 둥베이대학 기계와 전력설비학 학사, 1957년 동대학 기계학과 석사. 주요 분야는 공정기계학. 주요 저작은 《진동을 이용한 공정》.

야오시(姚熹) 시안 쟈오퉁(交通)대학 및 퉁지(同濟)대학 교수. 1935년 9월 쟝쑤성 항저우시 출생. 1957년 쟈오퉁대학 전기과 학사, 1982년 미국 펜실베니아주립대학교 고체과학 박사. 주요 분야는 재료과학.

샤페이쑤(夏培肅) 중국과학원 계산기술연구소 연구원. 1923년 7월 쓰촨성 충칭시 출생. 1945년 중앙대학 전기과 학사, 1950년 영국 에딘버러대학교 박사. 주요 분야는 컴퓨터학. 주요 저작은 《영중 컴퓨터 사전》.

구쑹펀(顧誦芬) 중국항공공업총공사 과학기술위원회 부주임, 항공과학기술연구원 부원장. 1930년 2월 쟝쑤성 항저우시 출생. 1951년 상하이 쟈오퉁(交通)대학 항공공정학과 학사. 주요 분야는 항공기 공기동역학. 주요 저작은 《항공기총체설계》.

가오웨이빙(高爲炳) 1994년 3월 30일 사망. 베이징 항공항천대학 교수. 1925년 12월 허난성 웨이후이(衛輝)시 출생. 1946년 시베이공학원 항공학과 학사, 1952년 하얼빈공업대학 석사. 주요 분야는 자동제어. 주요 저작은 《변질구조이론 기초》.

가오전퉁(高鎭同)　베이징 항공항천대학 교수. 1928년 11월 베이징 출생. 1950년 베이양대학 항공과 학사. 주요 분야는 피로과학. 주요 저작은 《피로의 확실성》.

탕쥬화(唐九華)　2001년 10월 27일 사망. 중국과학원 창춘광학정밀기계연구소 연구원. 1929년 10월 상하이 출생. 1951년 상하이 쟈오퉁(交通)대학 기계공정학과 학사. 주요 분야는 광학공정총체설계.

탕즈쑹(唐稚松)　2008년 7월 21일 사망. 중국과학원 소프트웨어연구소 연구원. 1925년 8월 후난성 창사시 출생. 1950년 칭화대학 철학과 학사, 1952년 동대학 석사. 주요 분야는 컴퓨터과학 및 소프트웨어공정. 주요 저작은 《시서(時序)논리순서설계 및 소프트웨어공정》.

황커즈(黃克智)　칭화대학 교수, 공정역학연구소 소장. 1927년 7월 쟝시성 난창시 출생. 1947년 쟝시중정대학 토목공정학과 학사, 1952년 칭화대학 석사. 주요 분야는 역학.

황웨이루(黃緯祿)　2011년 11월 23일 사망. 국방부 5원 2분원 총엔지니어. 1916년 12월 안후이성 우후(芙湖) 출생. 1940년 중앙대학 전기과 학사, 1943년 영국 런던대학교 제국학원 무선전신학 석사. 주요 분야는 로켓 및 유도탄제어기술. 주요 저작은 《삼십년 과학연구에서의 약간의 체득》.

차오추난(曹楚南)　저쟝대학 교수. 1930년 8월 쟝쑤성 창수(常熟)시 1952년 퉁지(同濟)대학 화학과 학사. 주요 분야는 부식(腐蝕)과학 전화

(電化)학.

투서우어(屠守鍔) 중국항천공업총공사 연구원, 칭화대학 교수. 1917년 12월 저쟝성 우싱(吳興) 출생. 1940년 칭화대학 항공학과 학사, 1943년 미국 MIT 항공과 석사. 주요 분야는 로켓총체설계.

쟝민화(蔣民華) 2011년 5월 6일 사망. 산둥대학 교수. 1935년 8월 저쟝성 린하이(臨海)시 출생. 1956년 산둥대학 화학과 학사. 주요 분야는 크리스탈 재료과학. 주요 저작은 《크리스탈 물리》.

퉁셴장(童憲章) 1996년 1월 31일 사망. 베이징 석유탐사개발과학연구원 고급엔지니어. 1918년 1월 베이징 출생. 1941년 중앙대학 물리학과 학사. 주요 분야는 석유공정학.

셰광쉬안(謝光選) 중국항천공업총공사 과기위원회 고문, 국방부 5원 유도탄 총설계부 주임. 1922년 11월 쟝시성 난창(西南)시 출생. 1946년 병공(兵工)학교 대학부 졸업. 주요 분야는 유도탄 및 탑재로켓.

루융샹(路甬祥) 저쟝대학 교수, 중국과학원 원장. 1942년 4월 저쟝성 닝보시 출생. 1964년 저쟝대학 학사, 1981년 독일 아헨대학교 박사. 주요 분야는 유체전동 및 제어.

췌돤린(闕端麟) 저쟝대학 교수. 1928년 5월 푸젠성 푸저우시 출생. 1951년 샤먼대학 학사. 주요 분야는 반도체재료학.

더우궈런(竇國仁) 난징 수리과학연구원 고급엔지니어. 랴오닝성 베이전(北鎭)시 출생. 1956년 소련 레닌그라드 수운학원 학사, 1959년 부박사, 1960년 기술과학 박사. 주요 분야는 지질학. 주요 저작은 《진흙과 모레 운동이론》.

차이루이셴(蔡睿賢) 중국과학원 공정열물리연구소 연구원. 1934년 광둥성 산터우(汕頭)시 출생. 1956년 쟈오퉁(交通)대학 동력기계학 학사. 주요 분야는 공정열물리학.

옌우가오(顔嗚皐) 중국항공업총공사 항공재료연구소 연구원. 1920년 6월 허베이성 딩싱(定興)현 출생. 1942년 충칭 중앙대학 기계학과 학사, 1947년 미국 예일대학교 과학석사, 1949년 공학박사. 주요 분야는 재료과학.

다이루웨이(戴汝爲) 중국과학원 자동화연구소 연구원. 1932년 12월 윈난성 쿤밍시 출생. 1955년 베이징대학 수학역학과 학사. 주요 분야는 제어론 및 인공지능. 주요 저작은 《시스템 연구》.

다이녠츠(戴念慈) 1991년 11월 12일 사망. 건설부 고문, 성향(城鄕) 건설환경보호부 부부장. 1920년 4월 쟝쑤성 우시(无錫)시 출생. 1942년 중앙대학 건축과 학사. 주요 분야는 건축학.

총 282명
1980년 중국과학원 원사

수학물리학부 (50명)

위민(于敏)   중국공정물리연구원 연구원, 부원장. 1926년 8월 허베이성 닝허(宁河)현 출생. 1949년 베이징대학 물리학과 학사. 주요 분야는 핵물리학.

왕위안(王元)   중국과학원 수학 및 시스템과학연구원 연구원, 중국과학원 수학연구소 소장. 1930년 4월 저쟝성 란시(蘭溪)시 출생. 1952년 저쟝대학 학사. 주요 분야는 수학. 주요 저작은 《왕위안 문집》.

왕청수(王承書)   1994년 6월 18일 사망. 중국과학원 근대물리연구소 연구원. 1912년 6월 상하이 출생. 1934년 옌징(燕京)대학 물리학과 학사, 1944년 미시건주립대학교 박사. 주요 분야는 핵물리학.

왕서우관(王綬琯)   중국과학원 국가천문대연구원, 중국과학원 베이징천문대 대장. 1923년 1월 푸젠성 푸저우시 출생, 1943년 충칭 마웨이해군학교 졸업. 주요 분야는 천문학. 주요 저작은 《90년 중국 천문학에 대한 사고》.

덩쟈셴(鄧稼先)   1986년 7월 29일 사망. 핵공업부 제7연구원 원장. 1924년 6월 안후이성 화이닝(怀宁)현 출생. 1946년 시난연합대학 물리학과 학사, 1950년 미국 포드대학교 물리학 박사. 주요 분야는 핵물리학.

예수화(叶叔華)   중국과학원 상하이천문대 대장. 1927년 6월 광둥성 광저우시 출생. 1949년 중산대학 학사. 주요 분야는 천문학.

루허푸(盧鶴紱)   1997년 2월 13일 사망. 푸단대학 교수, 중국과학원 상하이원자핵연구소 부소장. 1914년 6월 랴오닝성 선양시 출생. 1936년 옌징(燕京)대학 학사, 1941년 미국 미네소타대학교 박사. 주요 분야는 핵물리학.

펑캉(馮康)　1993년 8월 17일 사망. 중국과학원 컴퓨터센터 연구원. 1920년 9월 쟝쑤성 난징시 출생. 1944년 충칭 중앙대학 학사. 주요 분야는 수학.

펑돤(馮端)　난징대학 교수. 1923년 6월 쟝쑤성 쑤저우시 출생. 1946년 중앙대학 학사. 주요 분야는 응집태물리학. 주요 저작은 《재료과학개론》.

취친웨(曲欽岳)　난징대학 교장. 1935년 5월 산둥성 옌타이(烟台)시 출생. 1957년 난징대학 학사. 주요 분야는 천체물리학. 주요 저작은 《항성 대기이론》.

주광야(朱光亞)　2011년 2월 26일 사망. 중국공정원 원장, 중국인민정치협상회의 제 9계 전국위원회 부주석. 1924년 12월 후베이성 우한시 출생. 1945년 시난연합대학 물리학과 학사, 1950년 미국 미시건대학교 원자핵물리 박사. 주요 분야는 핵물리학. 주요 저작은 《원자능과 원자무기》.

주훙위안(朱洪元)　1992년 11월 4일 사망. 중국과학원 고에너지물리연구소 부소장. 1917년 2월 쟝쑤성 이싱(宜興)시 출생. 1939년 퉁지(同濟)대학 학사, 1948년 영국 맨체스터대학교 박사. 주요 분야는 이론물리학. 주요 저작은 《양자장론》.

좡펑간(庄逢甘)　2010년 11월 8일 사망. 베이징 공기동력연구소 소장. 1925년 쟝쑤성 창저우(常州)시 출생. 1946년 상하이 쟈오퉁(交通)대학 항공공정학과 학사, 미국 캘리포니아이공대학교 석사, 박사. 주요 분야는 항공공기동역학. 주요 저작은 《계산유체역학의 이론방법 및 응용》.

관자오즈(關肇直) 1982년 11월 12일 사망. 중국과학원 시스템과학연구소 소장. 1919년 2월 톈진시 출생. 1941년 옌징(燕京)대학 학사. 주요 분야는 시스템 및 제어학. 주요 저작은 《기능분석 강의》.

리린(李林) 2002년 5월 31일 사망. 중국과학원 물리연구소 연구원. 1923년 10월 베이징 출생. 1944년 광시대학 학사, 1951년 영국 캠브리지대학교 박사. 주요 분야는 물리학.

리정우(李正武) 핵공업시난물리연구원 원장. 1916년 11월 저쟝성 둥양(東陽)시 출생. 1938년 칭화대학 학사, 1951년 미국 캘리포니아이공대학교 박사. 주요 분야는 핵물리학. 주요 저작은 《원자핵질량》.

리인위안(李蔭遠) 중국과학원 물리연구소 연구원. 1919년 5월 쓰촨성 청두시 출생. 1943년 시난연합대학 물리학과 학사, 1951년 미국 일리노이대학교 박사. 주요 분야는 물리학.

양러(楊樂) 중국과학원 수학 및 시스템과학연구원 원장. 1939년 11월 쟝쑤성 난퉁(南通)시 출생. 1962년 베이징대학 학사, 1966년 중국과학원 수학연구소 석사. 주요 분야는 수학.

양청중(楊澄中) 1987년 12월 28일 사망. 중국과학원 근대물리연구소 소장, 간쑤성 정협 부주석. 1913년 4월 쟝쑤성 우진(武進) 출생. 1937년 중앙대학 학사, 1950년 영국 리버풀대학교 박사. 주요 분야는 핵물리학.

주요 저작은 Ineastic Scattering of Deuterons.

샤오졘(肖健) 1984년 2월 20일 사망. 중국과학원 고에너지물리연구소 연구원. 1944년 시난연합대학 학사, 1950년 미국 캘리포니아이공대학교 석사. 주요 분야는 실험핵물리학.

우스수(吳式樞) 2009년 2월 27일 사망. 지린대학 교수. 1923년 5월 베이징 출생. 1944년 퉁지(同濟)대학 기계공정학 학사. 1951년 미국 일리노이대학교 박사. 주요 분야는 물리학. 주요 저작은 《Meson degree of freedom inNuclei and the renormalization theory》.

허쩌후이(何澤慧) 2011년 6월 20일 사망. 중국과학원 원자력연구소 연구원. 1914년 3월 쟝쑤성 쑤저우시 출생. 1936년 칭화대학 물리학과 학사, 1940년 독일 베를린공업대학교 박사. 주요 분야는 핵물리학.

허쭤슈(何祚庥) 중국과학원 이론물리연구소 연구원, 부소장. 1927년 8월 상하이 출생. 1951년 칭화대학 학사. 주요 분야는 입자물리 및 이론물리학. 주요 저작은 《양자복합장론의 철학적 사고》.

구차오하오(谷超豪) 푸단대학 부교장, 중국과학기술대학 교장. 1926년 5월 저쟝대학 원저우시 출생. 1948년 저쟝대학 학사, 1959년 소련 모스크바대학교 물리수학과학 박사. 주요 분야는 수학. 주요 저작은 《수학물리방정식》.

선위안(沈元) 2004년 5월 30일 사망. 베이징항공항천대학 교장. 1916년 3월 푸졘성 푸저우시 출생. 1940년 칭화대학 학사, 1945년 영국 런던대학교 제국이공대학 박사. 주요 분야는 공기동역학.

루치컹(陸啓鏗) 중국과학원 수학 및 시스템과학연구원 연구원. 1927년 5월 광둥성 포산(佛山)시 출생. 1950년 중산대학 학사. 주요 분야는 수학.

천뱌오(陳彪) 중국과학원 자금산천문대 연구원, 중국과학원 윈난천문대 대장. 1923년 11월 푸젠성 푸저우시 출생. 1946년 청두 진링대학 물리학과 학사. 주요 분야는 천문학. 주요 저작은 《중국대백과전서》.

천징룬(陳景潤) 1996년 3월 19일 사망. 중국과학원 수학연구소 연구원. 1933년 5월 푸젠성 푸저우시 출생. 1953년 샤먼대학 수학과 학사. 주요 분야는 수학. 주요 저작은 《조합수학》.

린퉁지(林同驥) 1993년 7월 29일 사망. 중국과학원 역학연구소 연구원, 부소장. 1918년 12월 베이징 출생. 1942년 중앙대학 학사, 1949년 영국 런던대학교 항공공정 박사. 주요 분야는 유체역학. 주요 저작은 《초고음속 공기동역학》.

진졘중(金建中) 1989년 10월 12일 사망. 칭화대학 물리학과 교수. 1919년 7월 베이징 출생. 1944년 베이징대학 학사, 1946년 푸런(輔仁)대학 석사. 주요 분야는 물리학. 주요 저작은 《진공설계수첩》.

저우광자오(周光召) 제6계 중국과협 주석, 중국과학원 원장. 1929년 5월 후난성 창사시 출생. 1951년 칭화대학 학사, 1954년 베이징대학 이론물리 석사. 주요 분야는 입자물리학 및 이론물리학. 주요 저작은 《분극입자반응의 상대적이론》.

[Appendix] 역대 중국과학원 원사명단(1955~2009) 233

하오바이린(郝柏林) 중국과학원 이론물리연구소 연구원, 소장. 1934년 6월 베이징 출생. 1959년 우크라이나 하리코프대학교 학사, 1963년 모스크바대학교 및 소련과학원 물리문제연구소 석사. 주요 분야는 이론물리학.

후스화(胡世華) 1998년 4월 11일 사망. 베이징 컴퓨터과학원 원장. 1912년 1월 상하이 출생. 1935년 베이징대학 학사, 오스트리아 비엔나대학교 석사, 독일 박사. 주요 분야는 수리논리학 및 컴퓨터과학. 주요 저작은 《중국대백과전서 수학권》.

후지민(胡濟民) 1998년 9월 9일 사망. 베이징대학 교수. 1919년 1월 쟝쑤성 루가오(如皐)시 출생. 1942년 저쟝대학 물리학과 학사, 1948년 영국 런던대학교 박사. 주요 분야는 핵물리학. 주요 저작은 《원자핵물리》.

쟝보쥐(姜伯駒) 베이징대학 교수. 1937년 9월 톈진시 출생. 1957년 베이징대학 학사. 주요 분야는 수학.

훙차오성(洪朝生) 중국과학원 저온기술실험센터 연구원. 1920년 10월 베이징 출생. 1940년 칭화대학 전기과 학사, 1948년 미국 MIT 박사. 주요 분야는 저온물리학.

샤다오싱(夏道行) 푸단대학 교수. 1930년 10월 쟝쑤성 타이저우(泰州)시 출생. 1950년 산둥대학 수학과 학사, 1952년 저쟝대학 석사. 주요 분야는 수학.

쉬수룽(徐叙瑢) 베이징 쟈오퉁(交通)대학 교수. 1922년 4월 산둥성 지난시 출생. 1945년 시난연합대학 학사, 1955년 소련과학원 lebedev물리연구소 부박사. 주요 분야는 물리학. 주요 저작은 《발광학과 발광재료》.

탕샤오웨이(唐孝威) 중국과학원 고에너지물리연구소 연구원. 1931년 10월 쟝쑤성 우시(无錫)시 출생. 1952년 칭화대학 학사. 주요 분야는 원자핵물리 및 고에너지물리학. 주요 저작은 《입자물리 실험방법》.

탄가오성(談鎬生) 2005년 9월 28일 사망. 중국과학원 역학연구소 부소장. 1916년 12월 쟝쑤성 쑤저우시 출생. 1939년 상하이 쟈오퉁(交通)대학 학사, 1949년 미국 코넬대학교 항공, 수학, 역학 박사. 주요 분야는 역학, 물리학, 응용수학.

황쭈챠(黃祖洽) 베이징사범대학 교수. 1924년 10월 후난성 창사시 출생. 1948년 칭화대학 학사, 1950년 동대학 이론물리 석사. 주요 분야는 이론물리 및 핵물리학. 주요 저작은 《황쭈챠 문집》.

장쫑(章綜) 중국과학원 물리연구소 연구원. 1929년 5월 쟝쑤성 이싱(宜興)시 출생. 1952년 난징대학 물리학과 학사. 주요 분야는 물리학.

청카이쟈(程開甲) 중국인민해방군 총장비부 과기위원회 고문, 저쟝대학 교수. 1918년 8월 쟝쑤성 우쟝(吳江)시 출생. 1941년 저쟝대학 물리학과 학사, 1948년 영국 에딘버러대학교 박사. 주요 분야는 물리학.

청민더(程民德) 1998년 11월 26일 사망. 베이징대학 교수. 1917년 1월 쟝쑤성 쑤저우시 출생. 1940년 저쟝대학 학사, 1949년 프린스턴대학교 박사. 주요 분야는 수학. 주요 저작은 《패턴인식 개론》

셰시더(謝希德)　2000년 3월 4일 사망. 푸단대학 교장. 1921년 3월 푸젠성 취안저우(泉州)시 출생. 1946년 샤먼대학 학사, 1951년 미국 MIT 박사. 주요 분야는 물리학. 주요 저작은 《반도체 물리학》.

셰쟈린(謝家麟)　중국과학원 고에너지물리연구소 연구원, 부소장. 1920년 8월 헤이룽쟝성 하얼빈시 출생. 1943년 옌징대학 물리학과 학사, 1948년 미국 캘리포니아이공대학교 석사, 1951년 미국 스탠포드대학교 박사. 주요 분야는 가속기물리학. 주요 저작은 Design Considerations of the Beijing Free Electron Laster Project.

관웨이옌(管惟炎)　2003년 3월 20일 사망. 중국과학원 물리연구소 소장, 중국과학기술대학 교장. 1928년 8월 쟝쑤성 루둥(如東) 출생. 1957년 소련 모스크바대학교 학사, 1960년 소련과학원 물리연구소 부박사. 주요 분야는 물리학. 주요 저작은 《초전도 연구 75년》.

다이위안번(戴元本)　중국과학원 이론물리연구소 연구원. 1928년 7월 쟝쑤성 난징시 출생. 1952년 난징대학 학사, 1961년 중국과학원 수학연구소 석사. 주요 분야는 이론물리학 및 입자물리학. 주요 저작은 《상호작용의 규범이론》.

다이촨쩡(戴傳曾)　1990년 11월 18일 사망. 중국 원자력과학연구원 원장. 1921년 12월 저쟝성 닝보시 출생. 1942년 시난연합대학 학사, 1951년 영국 리버풀대학교 박사. 주요 분야는 핵물리학.

웨이룽줴(魏榮爵)　2010년 4월 6일 사망. 난징대학 음향학연구소 교수. 1916년 9월 후난성 사오양(邵陽)시 출생. 1937년 난징 진링대학 물리학과 학사, 1947년 미국 시카고대학교 석사, 1950년 UCLA 박사. 주요 분야는 음향학. 주요 저작은 《대기음향학》.

화학부 (51명)

왕쉬(王序) 1984년 2월 10일 사망. 베이징의학원(현 베이징대학 의학부) 교수. 1912년 3월 쟝쑤성 우시(无錫)시 출생. 1935년 후쟝(滬江)대학 화학과 학사, 1940년 오스트리아 비엔나대학교 박사. 주요 분야는 유기화학.

왕바오런(王保仁) 1986년 9월 12일 사망. 중국과학원 화학연구소 부소장. 1907년 1월 쟝쑤성 양저우시 출생. 1927년 둥난대학 화학과 학사, 1935년 영국 런던대학교 제국학원 박사. 주요 분야는 고분자화학. 주요 저작은 《유기합성반응》.

선반원(申泮文) 난카이대학 교수, 산시(山西)대학 화학과 교수. 1916년 9월 지린성 지린시 출생. 1940년 시난연합대학 화학과 학사. 주요 분야는 무기화학. 주요 저작은 《배위화학에 대한 쉬운 강의》.

톈자오우(田昭武) 샤먼대학 교수, 교장. 1927년 6월 푸젠성 푸저우시 출생. 1949년 샤먼대학 화학과 학사. 주요 분야는 물리화학.

루페이쟝(盧佩章) 중국과학원 다롄화학물리연구소 연구원. 1925년 10월 저쟝성 항저우시 출생. 1948년 퉁지(同濟)대학 화학과 학사, 1958년 중국과학원 다롄화학물리연구소 부박사. 주요 분야는 분석화학. 주요 저작은 《루페이쟝 선집》.

펑신더(馮新德) 2005년 10월 24일 사망. 베이징대학 교수, 칭화대학 화학과 교수. 1915년 10월 쟝쑤성 우쟝(吳江)시 출생. 1937년 칭화대학 화학과 학사, 1948년 미국 노틀담대학교 박사. 주요 분야는 고분자화학. 주요 저작은 《고분자 합성화학》.

싱치이(邢其毅) 2002년 11월 4일 사망. 베이징대학 화학학원 교수. 1911년 11월 톈진시 출생. 1933년 푸런대학 화학과 학사, 1936년 미국 일리노이대학교 박사. 주요 분야는 유기화학. 주요 저작은 《기초유기화학》.

주야제(朱亞杰) 1997년 3월 13일 사망. 석유대학 교수, 부교장. 1914년 12월 쟝쑤성 싱화(興化)시 출생. 1938년 칭화대학 화학과 학사, 1949년 영국 맨체스터대학교 석사. 주요 분야는 화학공정학. 주요 저작은 《인조석유 공업》.

류유청(劉有成) 란저우대학 화학과 교수. 1920년 11월 안후이성 수청(舒城)현 출생. 1942년 중앙대학 학사, 1948년 영국 리즈대학교 화학 석사, 박사. 주요 분야는 유기화학.

옌둥성(嚴東生) 중국과학원 당조 서기, 부원장. 1918년 저쟝성 항저우시 출생. 1939년 칭화대학 학사, 1941년 옌징(燕京)대학 석사, 1949년 일리노이대학교 박사. 주요 분야는 재료과학.

쑤위안푸(蘇元夏) 1991년 6월 17일 사망. 화둥화공학원 교수, 부원장. 1910년 4월 저쟝성 하이닝(海宁)시 출생. 1933년 저쟝대학 화학공정학과 학사, 1937년 영국 맨체스터대학교 석사. 주요 분야는 화학공정학. 주요 저작은 《무기(无机)공업 화학》.

샤오룬(肖倫)　2000년 11월 15일 사망. 베이징대학 교수, 중국 원자력과학연구원 연구원. 1911년 12월 쓰촨성 피(郫)현 출생. 1939년 칭화대학 학사, 1951년 미국 일리노이대학교 박사. 주요 분야는 방사선화학.

우정카이(吳征鎧)　2007년 6월 27일 사망. 중국핵공업총공사 교수, 푸단대학 화학과 교수. 1913년 8월 상하이 출생. 1934년 진링대학 화학과 학사. 1936년 영국 캠브리지대학교 물리화학연구소 석사. 주요 분야는 물리화학 및 방사선화학. 주요 저작은 《물리화학수학 문집》.

우하오칭(吳浩靑)　2010년 7월 18일 사망. 푸단대학 화학과 교수. 1914년 4월 쟝쑤성 이싱(宜興)시 출생. 1935년 저쟝대학 화학과 학사. 주요 분야는 물리화학. 주요 저작은 《물리화학》.

구이둥(顧翼東)　1996년 1월 21일 사망. 푸단대학 교수. 1903년 3월 쟝쑤성 쑤저우시 출생. 1923년 둥우(東吳)대학 화학과 학사, 1925년 미국 시카고대학교 석사, 1935년 동대학 박사. 주요 분야는 화학.

스쥔(時鈞)　2005년 9월 1일 사망. 난징대학 화학과 교수. 1912년 12월 쟝쑤성 창수(常熟)현 출생. 1934년 칭화대학 학사, 1936년 미국 메인대학교 석사. 주요 분야는 화학공정학.

허빙린(何炳林)　2007년 7월 4일 사망. 난카이대학 교수. 1918년 8월 광둥성 판위(番禺) 출생. 1942년 시난연합대학 학사, 1952년 미국 인디애나대학교 박사. 주요 분야는 고분자화학.

민언쩌(閔恩澤)　중국 석유화공주식유한공사 석유화공과학연구원 교수.

1924년 2월 쓰촨성 청두시 출생. 1946년 중앙대학 화공과 학사, 1951년 미국 오하이오주립대학교 박사. 주요 분야는 석유화공. 주요 저작은 《공업촉진의 길 모색》.

왕쟈딩(汪家鼎) 2009년 7월 30일 사망. 칭화대학 교수. 1919년 10월 충칭시 출생. 1941년 시난연합대학 화학공정학과 학사, 1945년 미국 MIT 석사. 주요 분야는 화학공정학.

왕더시(汪德熙) 2006년 8월 8일 사망. 중국 원자력과학연구원 교수. 1913년 9월 베이징 출생. 1935년 칭화대학 화학과 학사, 1946년 미국 MIT 박사. 주요 분야는 핵화학화공학. 주요 저작은 《핵화학 공정》.

선톈후이(沈天慧) 2011년 1월 2일 사망. 상하이 쟈오퉁(交通)대학 교수. 1928년 저쟝성 쟈산(嘉善)현 출생. 1949년 상하이 다퉁(大同)대학 화공과 학사. 주요 분야는 반도체화학.

장춘하오(張存浩) 중국과학원 다롄화학물리연구소 소장. 1928년 2월 톈진시 출생. 1947년 중앙대학 화공과 학사, 1950년 미국 미시건대학교 석사. 주요 분야는 물리화학.

천룽티(陳榮悌) 2001년 11월 15일 사망. 난카이대학 화학과 교수. 1919년 11월 충칭시 출생. 1941년 쓰촨대학 화학과 학사, 1944년 우한대학 석사, 1952년 미국 인디애나대학교 박사. 주요 분야는 무기화학. 주요 저작은 《배위화학중의 상관분석》.

천루위(陳茹玉) 2012년 3월 11일 사망. 난카이대학 교수. 1919년 푸졘성 민허우(閩侯)현 출생. 1942년 시난연합대학 화학과 학사, 1950년 미국 인디애나대학교 석사, 1952년 동대학 박사. 주요 분야는 유기합성화학. 주요 저작은 《농약화학진전》.

천관룽(陳冠榮) 중국석유공사 타이완 신주연구소 엔지니어. 1915년 12월 상하이 출생. 1936년 칭화대학 학사, 1948년 미국 피츠버그이공대학교 석사. 주요 분야는 화학공정학.

천자융(陳家鏞) 중국과학원 과정공정연구소 부소장. 1922년 2월 쓰촨성 진탕(金堂)현 출생. 1943년 중앙대학 화공과 학사, 1951년 미국 일리노이대학교 화공학과 박사. 주요 분야는 화학공정학.

우츠(武遲) 1988년 3월 1일 사망. 칭화대학 교수. 1914년 12월 저장성 항저우시 출생. 1936년 칭화대학 화학과 학사, 1939년 미국 MIT 석사. 주요 분야는 석유화공.

자취안싱(査全性) 우한대학 화학 및 분자학원 교수. 1925년 4월 쟝쑤성 난징시 출생. 1950년 우한대학 화학과 학사. 주요 분야는 전기화학. 주요 저작은 《전극과정동역학개론》.

쳰런위안(錢人元) 2003년 12월 6일 사망. 중국과학원 화학연구소 소장. 1917년 9월 쟝쑤성 창수(常熟)시 출생. 1939년 저쟝대학 화학과 학사. 주요 분야는 고분자물리학 및 물리화학.

쳰바오궁(錢保功) 1992년 3월 17일 사망. 중국과학원 우한분원 원장. 1916년 3월 쟝쑤성 쟝인(江陰)현 출생. 1940년 우한대학 화학과 학사,

1947년 미국 뉴욕브루클린이공대학교 석사. 주요 분야는 고분자화학 및 고분자물리학. 주요 저작은 《고분자재료과기발전 약사》.

니쟈쭈안(倪嘉纘)　선전대학 생명과학원 원장. 1932년 5월 저쟝성 쟈싱(嘉興)시 출생. 1952년 상하이 다퉁(大同)대학 화학과 학사, 1961년 소련 과학원 무기화학연구소 부박사. 주요 분야는 무기화학.

쉬광셴(徐光憲)　베이징대학 화학학원 교수. 1920년 11월 저쟝성 사오싱(紹興)시 출생. 1944년 상하이 쟈오퉁(交通)대학 화학과 학사, 1951년 미국 컬럼비아대학교 박사. 주요 분야는 무기화학 및 물리화학.

가오훙(高鴻)　난징대학 및 시베이대학 교수. 1918년 6월 산시(陝西)성 징양(涇陽) 출생. 1943년 중앙대학 화학과 학사, 1947년 미국 일리노이대학교 박사. 주요 분야는 분석화학. 주요 저작은 《측정기분석》.

가오샤오샤(高小霞)　1998년 9월 9일 사망. 베이징대학 교수. 1919년 7월 저쟝성 샤오산(蕭山) 출생. 1944년 상하이 쟈오퉁(交通)대학 화학과 학사, 1951년 미국 뉴욕대학교 석사. 주요 분야는 분석화학. 주요 저작은 《전기분석화학개론》.

가오이성(高怡生)　1992년 5월 30일 사망. 중국과학원 상하이 약물연구소 소장. 1910년 8월 쟝쑤성 난징시 출생. 1934년 중앙대학 화학과 학사, 1950년 영국 옥스퍼드대학교 박사. 주요 분야는 약물화학.

가오지위(高濟宇)　2000년 4월 29일 사망. 난징대학 교수. 1902년 5월 허난성 우양(舞陽)현 출생. 1927년 미국 시애틀워싱턴주립대학교 전기과 학사, 1930년 일리노이대학교 유기화학 박사. 주요 분야는 유기화학. 주요 저작은 《유기화학》.

가오전헝(高振衡)　1989년 11월 14일 사망. 난카이대학 화학과 교수. 1911년 6월 베이징 출생. 1934년 칭화대학 학사, 1946년 하버드대학교 박사. 주요 분야는 유기화학. 주요 저작은 《유기화학구조 이론》.

궈무쑨(郭慕孫)　중국과학원 과정공정연구소 연구원. 1920년 6월 후베이성 한양(漢陽) 출생. 1943년 후장(滬江)대학 화학과 학사, 1947년 미국 프린스턴대학교 석사. 주요 분야는 화학공정학.

궈셰셴(郭燮賢)　1998년 6월 4일 사망. 중국과학원 다롄화학물리연구소 부소장. 1925년 2월 저장성 항저우시 출생. 1946년 충칭 병공대학 응용화학과 학사. 주요 분야는 물리화학.

탕유치(唐有祺)　베이징대학 교수. 1920년 7월 쟝쑤성 난후이(南匯)현 출생. 1942년 퉁지(同濟)대학 학사, 1950년 미국 캘리포니아아이공대학교 박사. 주요 분야는 물리화학. 주요 저작은 《결정체 화학》.

황량(黃量)　중국의학과학원 약물연구소 연구원. 1920년 5월 상하이 출생. 1942년 상하이 성요한대학 화학과 학사, 1949년 미국 코넬대학교 박사. 주요 분야는 약물화학. 주요 저작은 《실용 종양학》.

황웨이위안(黃維垣)　중국과학원 상하이 유기화학연구소 소장. 1921년 12월 푸젠성 푸톈(莆田)시 출생. 1943년 셰허(協和)대학 화학과 학사, 1949년 링난대학 석사, 1952년 하버드대학교 박사. 주요 분야는 유기화학. 주요 저작은 《고기술유기고분자재료 진전》.

황야오쩡(黃耀曾) 2002년 12월 17일 사망. 중국과학원 상하이 유기화학연구소 부소장. 1912년 11월 쟝쑤성 난퉁시 출생. 1934년 중앙대학 화학과 학사. 주요 분야는 유기화학. 주요 저작은 《유기화학에서의 공간효과》.

차오번시(曹本熹) 1983년 12월 25일 사망. 베이징 석유학원 교수. 1915년 2월 상하이 출생. 1938년 시난연합대학 화학과 학사. 1946년 영국 런던제국학원 박사. 주요 분야는 화학공정학.

량샤오톈(梁曉天) 2009년 9월 29일 사망. 중앙위생연구원 약물학과 연구원. 1923년 7월 허난성 우양(舞陽)현 출생. 1946년 충칭 중앙대학(현 난징대학) 화학공정학과 학사. 1952년 미국 시애틀워싱턴대학교 화학과 박사. 주요 분야는 유기화학 및 약물화학. 주요 저작은 《핵자기공명 고분변경보의 해석과 응용》.

펑사오이(彭少逸) 중국과학원 산시(山西)석탄화학연구소 연구원. 1917년 11월 후베이성 우창시 출생. 1939년 우한대학 화학과 학사. 주요 분야는 물리화학.

쟝리진(蔣麗金) 2008년 6월 9일 사망. 중국과학원 화학연구소 연구원. 1914년 4월 베이징 출생. 1942년 푸런(輔仁)대학 화학과 학사, 1946년 동대학 화학과 석사, 1951년 미국 미네소타대학교 박사. 주요 분야는 광화학.

쟝밍쳰(蔣明謙)　1995년 5월 19일 사망. 중국과학원 화학연구소 연구원. 1910년 11월 쓰촨성 펑시(蓬溪)현 출생. 1935년 베이징대학 화학과 학사, 1944년 미국 일리노이대학교 박사. 주요 분야는 유기화학. 주요 저작은 《고등약물화학》.

지루윈(嵇汝運)　2010년 5월 15일 사망. 중국과학원 상하이 약물연구소 부소장. 1918년 4월 상하이 출생. 1941년 중앙대학 화학과 학사. 주요 분야는 약물화학. 주요 저작은 《약리학개론》.

차이치루이(蔡啓瑞)　샤먼대학 교수. 1914년 1월 푸젠성 퉁안(同安) 출생. 1937년 샤먼대학 화학과 학사, 1950년 미국 오하이오주립대학교 박사. 주요 분야는 물리화학.

다이안방(戴安邦)　1999년 4월 17일 사망. 난징대학 교수. 1901년 4월 쟝쑤성 단투(丹徒) 출생. 1924년 진링대학 화학과 학사, 1931년 미국 컬럼비아대학교 박사. 주요 분야는 무기화학. 주요 저작은 《무기화학 강의》.

생물학부 (53명)

마스쥔(馬世駿)　1991년 5월 30일 사망. 중국과학원 동물연구소 연구원. 1915년 11월 산둥성 옌저우(兗州)시 출생. 1937년 베이징대학 농학원 생물학과 학사, 1948년 미국 유타대학교 석사, 1950년 미국 미네소타대학교 박사. 주요 분야는 생태학. 주요 저작은 《동아시아 메뚜기 서식지 연구》.

왕스전(王世眞)　중국협화의과대학 교수. 1916년 3월 일본 지바(千叶) 출생. 1938년 칭화대학 화학과 학사, 1948년 미국 아이오와대학교 석사,

1949년 동대학 박사. 주요 분야는 핵의학.

왕푸슝(王伏雄) 1995년 3월 10일 사망. 중국과학원 식물연구소 연구원. 1913년 10월 저장성 란시(蘭溪)시 출생. 1936년 칭화대학 생물학과 학사, 1941년 동대학 석사, 1946년 미국 일리노이대학교 박사. 주요 분야는 식물학. 주요 저작은 《은삼나무 생물학》.

왕즈쥔(王志均) 2000년 12월 24일 사망. 베이징의과대학 생리학 교수. 1910년 8월 산시(山西)성 시양(昔陽)현 출생. 1936년 칭화대학 생물학과 학사, 1950년 미국 일리노이대학교 의학원 박사. 주요 분야는 생리학.

왕더바오(王德宝) 2002년 11월 1일 사망. 중국과학원 상하이 생물화학 및 세포생물학연구소 연구원. 1918년 5월 쟝쑤성 타이싱(泰興)시 출생. 1940년 충칭 중앙대학 학사, 1951년 미국 western reserve university 박사. 주요 분야는 생물화학.

팡신팡(方心芳) 1992년 3월 24일 사망. 중국과학원 미생물연구소 연구원. 1907년 3월 허난성 린잉(臨穎) 출생. 1931년 상하이 라오둥(勞動)대학 농학원 농예화학과 학사. 주요 분야는 미생물학. 주요 저작은 《응용미생물학 실험법》.

주쭈샹(朱祖祥) 1996년 11월 18일 사망. 저장농업대학 교수. 1916년 10월 저장성 닝보시 출생. 1938년 저장대학 농학원 학사, 1946년 미국 미시건주립대학교 석사, 1948년 동대학 박사. 주요 분야는 토양화학. 주요 저작은 《토양학》.

주런바오(朱壬葆)　1987년 10월 24일 사망. 군사의학과학원 방사의학연구소 부소장. 1909년 2월 저장성 진화(金華)시 출생. 1932년 저장대학 심리학과 학사, 1938년 영국 에딘버러대학교 박사. 주요 분야는 생리학.

주지밍(朱既明)　1998년 1월 6일 사망. 중국예방의학과학원 바이러스학연구소 연구원. 1917년 8월 쟝쑤성 이싱(宜興)시 출생. 1939년 상하이 의학원 학사, 1948년 영국 캠브리지대학교 박사. 주요 분야는 바이러스학.

쫭샤오후이(庄孝惠)　1995년 8월 26일 사망. 중국과학원 상하이 세포생물학연구소 연구원. 1913년 9월 산둥성 쥐난(莒南)현 출생. 1935년 산둥대학 생물학과 학사, 1939년 독일 뮌헨대학교 동물학과 박사. 주요 분야는 실험발생학.

류젠캉(劉建康)　중국과학원 수생생물연구소 연구원. 1917년 9월 쟝쑤성 우쟝(吳江)시 출생. 1938년 쑤저우 둥우(東吳)대학 생물학과 학사, 1947년 캐나다 맥길대학교 박사. 주요 분야는 어류학. 주요 저작은《동호(東湖) 생태학 연구》.

리징슝(李競雄)　1997년 6월 28일 사망. 중국농업과학원 작물육종재배연구소 연구원. 1913년 10월 쟝쑤성 쑤저우시 출생. 1936년 저장대학 농학원 학사, 1944년 코넬대학교 석사, 1948년 동대학 박사. 주요 분야는 유전육종학. 주요 저작은《작물재배학》.

양졘(楊简)　1981년 5월 10일 사망. 중국의과학원 실험의학연구소 교수. 1911년 8월 8일 광둥성 메이(梅)현 출생. 1934년 중산대학 의학원 학사. 주요 분야는 의학.

[Appendix] 역대 중국과학원 원사명단(1955~2009) 247

우민(吳旻)　베이징협화의과대학, 중국의학과학원 교수. 1925년 12월 쟝쑤성 창저우시 출생. 1950년 통지(同濟)대학 의학원 학사, 1961년 소련 의학과학원 의학과학 박사. 주요 분야는 종양유전학.

우중룬(吳中倫)　1995년 5월 12일 사망. 중국임업과학연구원 연구원. 1913년 8월 저쟝성 주지(諸暨)시 출생. 1940년 진링대학 임학과 학사, 예일대학교 석사, 1951년 듀크대학교 박사. 주요 분야는 임학. 주요 저작은 《우리나라 수림번식기술의 발전》.

우계핑(吳階平)　2011년 3월 2일 사망. 제8계 전인대 상무위원회 부위원장, 중국의학과학원 원장. 1917년 1월 쟝쑤성 창저우시 출생. 1937년 옌징(燕京)대학 학사, 1942년 베이핑(현 베이징)협화의학원 박사. 주요 분야는 비뇨기과. 주요 저작은 《우계핑 비뇨기과학》.

츄스방(邱式邦)　2010년 12월 29일 사망. 중국농업과학원 생물방제연구소 연구원. 1911년 8월 저쟝성 후저우시 출생. 1935년 상하이 후쟝(滬江)대학 생물학과 학사. 주요 분야는 곤충학. 주요 저작은 《츄스방 문선》.

쩌우강(鄒岡)　1999년 2월 24일 사망. 중국과학원 상하이 약물연구소 연구원. 1932년 1월 1일 상하이 출생. 1954년 상하이 제1의학원 의료학과 학사, 1961년 중국과학원 약물연구소 석사. 주요 분야는 약리학.

쩌우청루(鄒承魯)　2006년 11월 23일 사망. 중국과학원 생물물리연구소 연구원. 1923년 5월 산둥성 칭다오시 출생. 1945년 시난연합대학 학사, 1951년 캠브리지대학교 생물화학 박사. 주요 분야는 생물화학.

왕쿤런(汪堃仁)　1993년 9월 18일 사망. 베이징사범대학 생물학과 교수. 1912년 4월 안후이성 슈닝(休寧)현 출생. 1934년 베이징사범대학 생물학과 학사, 1949년 미국 일리노이대학교 의학원 석사. 주요 분야는 생리학 및 세포생물학. 주요 저작은 《세포생물학》.

선윈강(沈允鋼)　중국과학원 상하이 식물생리연구소 연구원. 1927년 12월 저장성 항저우시 출생. 1951년 저장대학 농업화학 학사. 주요 분야는 식물생리학.

선산쯩(沈善炯)　중국과학원 상하이 식물생리연구소 연구원. 1917년 4월 쟝쑤성 우쟝(吳江)시 출생. 1942년 시난연합대학 생물학과 학사, 1951년 미국 캘리포니아이공대학교 박사. 주요 분야는 미생물생화학 및 분자유전학.

장즈이(張致一)　1990년 10월 8일 사망. 중국과학원 동물연구소 연구원. 1914년 11월 산둥성 쓰수이(泗水)현 출생. 1940년 우한대학 생물학과 학사, 미국 아이오와대학교 석사, 1952년 동대학 박사. 주요 분야는 생리학.

루바오린(陸保麟)　2004년 4월 9일 사망. 군사의학과학원 미생물유행병연구소 연구원. 1916년 6월 쟝쑤성 창수(常熟)시 출생. 1938년 둥우(東吳)대학 생물학과 학사, 1944년 칭화대학 석사. 주요 분야는 곤충학.

천중웨이(陳中偉)　2004년 3월 23일 사망. 푸단대학 중산의원 교수. 1929년 10월 저장성 항저우시 출생. 1954년 상하이 제2의학원 학사. 주요 분야는 의학.

[Appendix] 역대 중국과학원 원사명단(1955~2009) 249

천화구이(陳華癸)　2002년 11월 19일 사망. 베이징대학 농학원 교수. 1914년 1월 베이징 출생. 1935년 베이징대학 생물학과 학사. 1939년 영국 런던대학교 박사. 주요 분야는 미생물학. 주요 저작은 《미생물학》.

저우팅충(周廷冲)　1996년 10월 20일 사망. 군사의학과학원 연구원. 1917년 3월 저쟝성 푸양(富陽)시 출생. 1941년 상하이의학원 학사, 1947년 영국 옥스퍼드대학교 박사. 주요 분야는 생화약리학.

정쭤신(鄭作新)　1998년 6월 27일 사망. 중국과학원 동물연구소 연구원. 1906년 11월 푸젠성 푸저우시 출생. 1926년 푸젠협화대학생물학과 학사, 1927년 미국 미시건대학교 석사, 1930년 동대학 박사. 주요 분야는 조류학. 주요 저작은 《중국 조류분포 명록》

정궈창(鄭國錩)　란저우대학 생명과학원 교수. 1914년 3월 쟝쑤성 창수(常熟)시 출생. 1943년 중앙대학 박물학과 학사, 1950년 미국 위스컨신대학교 박사. 주요 분야는 식물세포학. 주요 저작은 《세포생물학의 진전》.

자오산환(趙善歡)　1999년 12월 2일 사망. 화난(華南)농업대학 교수. 1914년 8월 광둥성 광저우시 출생. 1933년 중산대학 농학원 학사, 1936년 미국 오레건농업대학교 학사, 1939년 코넬대학교 박사. 주요 분야는 곤충학.

뉴징이(鈕經義)　1995년 12월 16일 사망. 중국과학원 상하이 생물화학연구소 연구원. 1920년 12월 쟝쑤성 싱화(興化)시 출생. 1942년 시난연합대학 화학과 학사, 1953년 미국 텍사스대학교 박사. 주요 분야는 생물화학.

허우쉐위(侯學煜)　1991년 4월 16일 사망. 중국과학원 식물연구소 연구원. 1912년 4월 안후이성 허(和)현 출생. 1937년 난징 중앙대학 농업화학과 학사, 미국 펜실베니아주립대학교 석사, 1949년 동대학 박사. 주요 분야는 생태학.

위더쥔(俞德浚)　1986년 7월 14일 사망. 중국과학원 식물연구소 연구원. 1908년 2월 1일 베이징 출생. 1931년 베이징사범대학 생물학과 학사. 주요 분야는 식물분류학 및 원예학. 주요 저작은 《중국 식물지 제38권》.

스루지(施履吉)　2010년 사망. 중국과학원 상하이 세포생물학연구소 연구원, 푸단대학 겸임교수. 1917년 10월 쟝쑤성 이정(儀征) 출생. 1940년 저쟝대학 원예학과 학사, 1951년 컬럼비아대학교 동물학과 박사. 주요 분야는 세포생물학.

러우청허우(婁成后)　2009년 10월 16일 사망. 칭화대학 교수. 1911년 12월 톈진시 출생. 1932년 칭화대학 생물학과 학사, 1934년 링난대학 석사, 1939년 미네소타대학교 박사. 주요 분야는 식물생리학. 주요 저작은 《우리나라 북방한구(旱區)농업현대화》.

야오전(姚鑫)　2005년 11월 4일 중국과학원 상하이 생물화학 및 세포생물학연구소 연구원. 1915년 10월 쟝쑤성 창수시 출생. 1937년 저쟝대학 생물학과 학사, 1949년 영국 에딘버러대학교 박사. 주요 분야는 실험생물학 및 종양생물학.

쉬관런(徐冠仁)　2004년 2월 18일 중국농업과학원 원자력이용연구소 연구원. 1914년 3월 쟝쑤성 난퉁시 출생. 1934년 중앙대학 학사, 1950년 미네소타대학교 박사. 주요 분야는 핵농학. 주요 저작은 《논벼식물성상 유전 연구》.

가오상인(高尚蔭)　1989년 4월 24일 사망. 우한대학 교수, 중국과학원 우한바이러스연구소 연구원. 1909년 3월 저쟝성 쟈산(嘉善)현 출생. 1930년 둥우(東吳)대학 학사, 1935년 예일대학교 박사. 주요 분야는 바이러스학.

탕중장(唐仲璋)　샤먼대학 교수. 1905년 12월 푸졘성 푸저우시 출생. 1931년 푸졘협화대학 학사, 1949년 미국 존스홉킨스대학교 석사. 주요 분야는 생물학. 주요 저작은 《중국동물지》.

탄쟈전(談家楨)　2008년 11월 1일 사망. 푸단대학 교수. 1909년 저쟝성 닝보시 출생. 1930년 둥우(東吳)대학 학사, 1932년 옌징(燕京)대학 석사, 1936년 미국 캘리포니아이공대학교 박사. 주요 분야는 유전학. 주요 저작은 《유전과 종의 기원》.

황전샹(黃禎祥)　1987년 3월 24일 사망. 중국의학과학원 바이러스학연구소 교수. 1910년 2월 푸졘성 샤먼시 출생. 1930년 옌징(燕京)대학 학사, 1934년 베이징협화의학원 박사. 주요 분야는 바이러스학. 주요 저작은 《의학바이러스학 기초와 실험 기술》.

차오톈신(曹天欽)　1995년 1월 8일 사망. 중국과학원 생리생화연구소 연구원, 상하이생물화학연구소 부소장. 1920년 12월 5일 베이징 출생. 1944년 옌징(燕京)대학 화학과 학사, 1951년 영국 캠브리지대학교 박사. 주요 분야는 생물화학.

옌쉰추(閻遜初)　1994년 4월 5일 사망. 중국과학원 미생물연구소 연구원. 1912년 2월 허베이성 가오양(高陽)현 출생. 1934년 베이징 중파(中法)대학 경제학과 학사, 1944년 프랑스 리옹대학교 생물학과 학사, 1949년 프랑스 국가생물학 박사. 주요 분야는 미생물학.

량둥차이(梁棟材)　중국과학원 생물물리연구소 연구원. 1932년 5월 광둥성 광저우시 출생. 1955년 중산대학 화학과 학사, 1960년 소련과학원 원소유기화합물연구소 부박사. 주요 분야는 분자생물학.

량즈취안(梁植權)　2006년 6월 14일 사망. 중국의학과학원 기초의학연구소 연구원. 1914년 3월 산둥성 옌타이시 출생. 옌징대학 화학과, 1941년 동대학 석사, 1950년 미국 펜실베니아주립대학교 생물화학 박사. 주요 분야는 생물화학.

쩡청쿠이(曾呈奎)　2005년 1월 20일 사망. 중국과학원 해양연구소 연구원. 1909년 6월 푸젠성 샤먼시 출생. 1931년 샤먼대학 학사, 1934년 링난대학 석사, 1942년 미시건대학교 박사. 주요 분야는 해양생물학.

셰사오원(謝少文)　1995년 7월 20일 사망. 중국의학과학원 기초의학연구소 교수. 1903년 9월 상하이 출생. 1921년 둥우(東吳)대학 학사, 1926년 샹야(湘雅)의학원 의학박사. 주요 분야는 미생물학. 주요 저작은 《면역학》.

푸저룽(蒲蟄龍)　1997년 12월 31일 사망. 중산대학 교수, 생명과학학원 원장. 1912년 6월 윈난성 출생. 1935년 중산대학 농학원 학사, 1949년 미국 미네소타대학교 박사. 주요 분야는 곤충학.

츄웨이판(裘維蕃)　2000년 9월 18일 사망. 중국농업대학 교수. 1912년 5월 쟝쑤성 우시(无錫)시 출생. 1935년 진링대학 식물병리학 학사, 1948년 미국 위스컨신대학교 박사. 주요 분야는 식물병리학. 주요 저작은 《농업식물 병리학》.

바오원쿠이(鮑文奎)　1995년 9월 15일 사망. 중국농업과학원 작물육종재배연구소 부소장. 1916년 5월 저쟝성 닝보시 출생. 1939년 중앙대학 농학원 농예학과 학사, 1950년 미국 캘리포니아이공대학교 박사. 주요 분야는 작물유전육종학.

차이쉬(蔡旭)　1985년 12월 15일 사망. 베이징농업대학 교수. 1911년 4월 14일 쟝쑤성 우진(武進) 출생. 1934년 중앙대학 농학원 학사. 주요 분야는 밀재배 및 유전육종학. 주요 저작은 《작물육종과 우량종 번식학》.

슝이(熊毅)　1985년 1월 24일 사망. 중국과학원 난징토양연구소 소장. 1910년 3월 구이저우성 구이양(貴陽)시 출생. 1932년 베이징대학 농학원 학사, 1949년 미국 미주리대학교 석사, 1951년 위스컨신대학교 박사. 주요 분야는 토양학. 주요 저작은 《화베이평원 토양》.

리상하오(黎尙豪)　1993년 1월 24일 사망. 중국과학원 수생생물연구소 연구원. 1917년 3월 광둥성 메이(梅)현 출생. 1939년 중산대학 생물학과 학사. 주요 분야는 담수조류학.

지학부 (64명)

딩궈위(丁國瑜)　중국지진국 연구원, 국가지진국 부국장. 1931년 9월 허베이성 가오양(高陽)시 출생. 1952년 베이징대학 지질학과 학사, 1951년 소련 모스크바 지질탐사학원 부박사. 주요 분야는 지질학.

마싱위안(馬杏垣)   2001년 1월 22일 사망. 베이징대학 교수, 베이징지질학원 부원장. 1919년 5월 지린성 창춘시 출생. 1942년 시난연합대학 지질지리기상학과 학사, 1948년 영국 에딘버러대학교 박사. 주요 분야는 지질학. 주요 저작은 《오대산구 지질구조 기본 특징》.

왕런(王仁)   2001년 4월 8일 사망. 베이징대학 역학과 교수. 1921년 1월 저장성 우싱(吳興)시 출생. 1943년 시난연합대학 항공공정학과 학사, 1953년 미국 브라운대학교 응용수학 박사. 주요 분야는 고체역학 및 지구동역학. 주요 저작은 《고체역학기초》.

왕위(王鈺)   1984년 4월 5일 사망. 중국과학원 난징지질고생물연구소 연구원. 1907년 10월 허베이성 선쩌(深澤)현 출생. 1933년 베이징대학 지질학과 학사. 주요 분야는 지층고생물학. 주요 저작은 《중국의 데번계》.

왕즈줘(王之卓)   2002년 5월 18일 사망. 우한측량과학기술대학 교수, 상하이 쟈오퉁(交通)대학 교장. 1909년 12월 허베이성 펑푼(丰潤) 출생. 1932년 상하이 쟈오퉁대학 학사, 1939년 독일 베를린공업대학교 박사. 주요 분야는 항공촬영측량 및 원격탐지학. 주요 저작은 《촬영측량원리》.

왕웨룬(王曰倫)   1981년 7월 20일 사망. 중앙지질조사연구소 시베이분소 소장. 1903년 1월 산둥성 타이안(泰安)시 출생. 1927년 산시(山西)대학 공학원 학사. 주요 분야는 지질학. 주요 저작은 《전국 진단계 대북갈래》.

[Appendix] 역대 중국과학원 원사명단(1955~2009)   255

왕헝성(王恒升)   2003년 9월 21일 사망. 중국지질과학원 지질연구소 연구원. 1901년 8월 허베이성 딩(定)현 출생. 1925년 베이징대학 지질학과 학사, 1937년 스위스 취리히대학교 박사. 주요 분야는 암석학 및 광상(礦床)학. 주요 저작은 《대야철(冶鐵)광상》.

왕훙전(王鴻禎)   2010년 7월 17일 사망. 중국지질대학 교수. 1916년 11월 산둥성 창산(蒼山)현 출생. 1939년 베이징대학 지질학과 학사, 1947년 영국 캠브리지대학교 박사. 주요 분야는 지질고생물학. 주요 저작은 《중국 고지리 도집》.

마오한리(毛漢礼)   1988년 11월 22일 사망. 중국과학원 해양연구소 부소장. 1919년 1월 25일 저장성 주지(諸曁)시 출생. 1943년 저장대학 학사, 1951년 캘리포니아대학교 박사. 주요 분야는 물리해양학.

팡쥔(方俊)   1998년 5월 5일 사망. 중국과학원 우한측량 및 지구물리연구소 소장. 1904년 10월 광둥성 광저우시 출생. 1923년 탕산 쟈오퉁(交通)대학 수학. 주요 분야는 대지측량 및 지구물리학. 주요 저작은 《중력측량 및 지구형상학》.

예즈정(業治錚)   2003년 1월 3일 사망. 국토자원부 난징지질광산연구소 연구원. 1918년 3월 쟝쑤성 난징시 출생. 1941년 중앙대학 학사, 1948년 미주리대학교 석사. 주요 분야는 해양지질학. 주요 저작은 《둥베이지역의 조린(找磷)방향과 방법》.

예롄쥔(叶連俊)   2007년 12월 2일 사망. 중국과학원 지질 및 지구물리연구소 연구원. 1913년 7월 산둥성 르자오(日照) 출생. 1937년 베이징대학 학사. 주요 분야는 지질학. 주요 저작은 《중국 린괴암》.

예두정(叶篤正)　중국과학원 부원장. 1916년 2월 톈진시 출생. 1940년 시난연합대학 학사, 1943년 저장대학 석사, 1948년 시카고대학교 박사. 주요 분야는 기상학. 주요 저작은 《칭짱고원 기상학》.

루옌하오(盧衍豪)　2000년 2월 20일 사망. 난징대학 겸임교수. 1913년 4월 푸젠성 융딩(永定)현 출생. 1937년 베이징대학 지질학과 학사. 주요 분야는 지질학 및 고생물학. 주요 저작은 《중국의 캄브리아계》.

주샤(朱夏)　1990년 11월 25일 사망. 지질광산부 상하이 해양지질조사국 고급엔지니어. 1920년 9월 상하이 출생. 1940년 중앙대학 지질학과 학사. 주요 분야는 대지구조학 및 석유지질학. 주요 저작은 《주샤의 시가선집》.

런메이어(任美鍔)　2008년 11월 4일 사망. 난징대학 교수. 1913년 9월 저장성 닝보시 출생. 1934년 중앙대학 지리학과 학사, 1939년 영국 글라스고우대학교 박사. 주요 분야는 자연지리학 및 해안과학. 주요 저작은 《중국자연지리 강요》.

류둥성(劉東生)　2008년 3월 6일 사망. 중국과기관 관장. 1917년 11월 랴오닝성 선양시 출생. 1942년 시난연합대학 학사. 주요 분야는 제4기 지질학 및 환경지질학. 주요 저작은 《황하중류 황토 및 황토분포도》.

류광딩(劉光鼎)　중국과학원 지구물리연구소 연구원, 소장. 1929년 12월 베이징 출생. 1952년 베이징대학 물리학과 학사. 주요 분야는 해양지질 및 지구물리학. 주요 저작은 《중국해 지질지구물리 특징》.

관스충(關士聰) 지질부 석유지질국 총엔지니어. 1918년 1월 광둥성 난하이(南海)현 출생. 1940년 시난연합대학 지질학과 학사. 주요 분야는 구역지질학. 주요 저작은 《중국 중신생대 육성퇴적분지 및 천연가스》.

츠지상(池際尙) 1994년 1월 1일 사망. 우한지질학원 부원장. 1917년 6월 후베이성 안루(安陸)현 출생. 1938년 시난연합대학 학사, 1947 펜실베니아주립대학교 석사, 1949년 동대학 박사. 주요 분야는 지질학. 주요 저작은 《구조암조학》.

쑨뎬칭(孫殿卿) 2007년 6월 10일 사망. 중국지질과학원 지질역학연구소 연구원. 1910년 3월 헤이룽쟝성 하얼빈시 출생. 1935년 베이징대학 지질학과 학사. 주요 분야는 지질역학 및 제4기지질학. 주요 저작은 《지질역학 방법과 실천》.

리춘위(李春昱) 1988년 8월 6일 사망. 중국지질과학원 지질연구소 연구원. 1904년 5월 허난성 지(汲)현 출생. 1928년 베이징대학 지질학과 학사, 1937년 독일 베를린대학교 박사. 주요 분야는 구역지질학 및 구조지질학. 주요 저작은 《쓰촨 석유지질 개론》.

리싱쉐(李星學) 2010년 10월 31일 사망. 난징대학 지질학과 교수. 1917년 4월 후난성 천(郴)현 출생. 1942년 충칭대학 지질학과 학사. 주요 분야는 고식물학 및 지질고생물학. 주요 저작은 《중국 만고생대 육상지층》.

양쭌이(楊遵儀) 2009년 9월 17일 사망. 베이징지질학원 교수. 1908년 10

월 광둥성 제양(揭陽) 출생. 1933년 칭화대학 지질학과 학사, 1939년 예일 대학교 박사. 주요 분야는 지층고생물학. 주요 저작은 《중국지질학》.

우루캉(吳汝康)　2006년 8월 31일 사망. 중국과학원 고척추동물 및 고인류연구소 연구원. 1916년 2월 쟝쑤성 우진(武進)시 출생. 1940년 중앙대학 학사, 1947년 미국 성루이스 워싱턴대학교 석사, 1949년 박사. 주요 분야는 해부학 및 인류학. 주요 저작은 《인체해부학》.

구더전(谷德振)　1982년 6월 21일 사망. 중국과학원 지질연구소 연구원. 1914년 8월 허난성 미(密)현 출생. 1942년 시난연합대학 지질학과 학사. 주요 분야는 공정지질 및 지질역학. 주요 저작은 《지질구조와 공정건설》.

쑹수허(宋叔和)　2008년 2월 5일 사망. 지질부 시베이지질과학연구소 업무부소장. 1915년 7월 허베이성 첸안(遷安)현 출생. 1938년 칭화대학 지질지리기상학과 학사. 주요 저작은 《중국지질학》.

장보성(張伯聲)　1994년 4월 4일 사망. 시베이대학 부교장. 1903년 6월 허난성 싱양(滎陽)시 출생. 1926년 칭화대학 학사, 1928년 시카고대학교 학사. 주요 분야는 구조지질학. 주요 저작은 《중국대지 구조도》.

장쫑후(張宗祜)　중국지질과학원 수문지질공정지질연구소 연구원. 1926년 2월 허베이성 만청(滿城)현 출생. 1948년 베이징대학 지질학과 학사, 1955년 소련 모스크바지질탐사학원 부박사. 주요 분야는 수문지질 및 공정지질학. 주요 저작은 《중화인민공화국 수문지질도집》.

장빙시(張炳熹)　2000년 7월 17일 사망. 국토자원부 과학기술고급자문센터 주임. 1919년 6월 베이징 출생. 1940년 베이징대학 지질학과 학사, 1948년 하버드대학교 석사, 1950년 동대학 박사. 주요 분야는 광상(礦床) 지질학.

천융링(陳永齡) 2004년 8월 15일 사망. 국가측량국 과학기술위원회 교수. 1910년 11월 베이징 출생. 1939년 독일 베를린이공대학교 박사. 주요 분야는 대지측량학. 주요 저작은 《대지측량학》.

천수펑(陳述彭) 2008년 11월 25일 사망. 중국과학원 원격탐지응용연구소 연구원. 1920년 2월 쟝시성 펑샹(萍鄕)시 출생. 1941년 저쟝대학 사지(史地)학과 학사. 주요 분야는 지리학 및 지도학. 주요 저작은 《지학의 탐색》.

천궈다(陳國達) 2004년 4월 8일 사망. 중국공업대학 학술고문. 1912년 1월 광둥성 신후이(新會) 출생. 1934년 중산대학 학사. 주요 분야는 지질학 및 대지구조학. 주요 저작은 《천궈다 문집》.

웨시신(岳希新) 1994년 8월 30일 사망. 지질광산부 총엔지니어. 1911년 9월 지린성 지린시 출생. 1937년 베이징대학 지질학과 학사. 주요 분야는 광산조사탐사학. 주요 저작은 《10년이래 중국탄전지질조사탐사 성과》.

저우리싼(周立三) 1998년 5월 27일 사망. 중국과학원 난징 지리 및 호수연구소 연구원. 1910년 저쟝성 항저우시 출생. 1993년 중산대학 지리학과 학사. 주요 분야는 경제지리학. 주요 저작은 《중국농업구획》.

저우팅루(周廷儒) 1989년 7월 18일 사망. 베이징사범대학 지리학과 교수. 1909년 2월 저쟝성 푸양(富陽)시 출생. 1929년 1933년 중산대학 지리학과 학사. 주요 분야는 중국지모학. 주요 저작은 《중국 지형구획 초안》.

저우밍전(周明鎭)　1996년 1월 4일 사망. 중국과학원 고척추동물 및 고인류연구소 소장. 1918년 11월 상하이 출생. 1943년 충칭대학 학사, 1948년 마이애미대학교 석사, 1950년 미국 카스피대학교 박사. 주요 분야는 고척추동물학.

자오진커(趙金科)　1987년 5월 18일 사망. 중국과학원 난징 지질고생물연구소 소장. 1906년 6월 허베이성 취양(曲陽)현 출생. 1932년 베이징대학 지질학과 학사. 주요 분야는 지질학 및 고생물학. 주요 저작은 《중국의 3첩계》.

하오예춘(郝詒純)　2001년 6월 13일 사망. 중국지질대학 교수. 1920년 9월 후베이성 셴닝(咸宁) 출생. 1943년 시난연합대학 지질지리기상학과 학사, 1946년 칭화대학 지층고생물학 석사. 주요 분야는 지질학 및 고생물학. 주요 저작은 《중국의 백악계》.

허우런즈(侯仁之)　베이징대학 교수. 1911년 12월 허베이성 짜오챵(棗强)현 출생. 1936년 옌징(燕京)대학 학사, 1949년 영국 리버풀대학교 박사. 주요 분야는 역사지리학. 주요 저작은 《역사지리학의 이론 및 실천》.

스야펑(施雅風)　2011년 2월 13일 사망. 중국과학원 빙하 및 동토연구소 소장. 1919년 3월 쟝쑤성 하이먼(海門)시 출생. 1942년 저쟝대학 역사지리학과 학사. 주요 분야는 빙하학. 주요 저작은 《중국빙하목록》.

치신링(秦馨菱)　중국과학원 지구물리연구소 연구원. 1915년 10월 산둥성 안츄(安丘) 출생. 칭화대학 지리학과 학사. 주요 분야는 지구물리학. 주요 저작은 《통신위성 IV 전집》.

위안졘치(袁見齊)　1991년 10월 28일 사망. 베이징지질학원 부원장. 1907년 9월 쟝쑤성 하이먼(海門)시 출생. 1929년 중앙대학 지질학과 학사. 주요 분야는 광상(礦床)지질학. 주요 저작은 《광상학》.

쟈란포(賈蘭坡)　2001년 7월 8일 사망. 중국과학원 고척추동물 및 고인류연구소 연구원. 1908년 11월 허베이성 위톈(玉田) 출생. 1929년 베이징 후이원(匯文)중학 졸업. 주요 분야는 고고학 및 제4기지질학. 주요 저작은 《중국원인(猿人)》.

쟈푸하이(賈福海)　2004년 10월 3일 사망. 국토자원부 과학기술고급자문센터 고문. 1914년 8월 23일 산시성 위안핑(原平) 출생. 1941년 시난연합대학 지질학과 학사. 주요 분야는 수문지질 및 공정지질학. 주요 저작은 《산문협수고 삼문계에 대한 초보적 인식》.

구즈웨이(顧知微)　2011년 3월 19일 사망. 중국과학원 난징지질고생물연구소 연구원. 1918년 5월 쟝쑤성 난징시 출생. 1942년 시난연합대학 지학과 학사. 주요 분야는 지층고생물학. 주요 저작은 《중국의 쥐라계와 백악계》.

쉬런(徐仁)　1992년 11월 8일 사망. 중국과학원 식물연구소 연구원. 1910년 8월 안후이성 우후(芙湖) 출생. 1933년 칭화대학 생물학과 학사, 1946년 인도 Lucknow대학교 박사. 주요 분야는 고식물학. 주요 저작은

《중국권 백묘첨(柏苗尖)의 해부와 발생》.

쉬커친(徐克勤)   2002년 12월 19일 사망. 난징대학 교수. 1907년 3월 안후이성 차오(巢)현 출생. 1934년 중앙대학 지질학과 학사, 1944년 미네소타대학교 박사. 주요 분야는 지질학. 주요 저작은《화난지방 다른시대 화강암류 및 광물화 관계》.

웡원보(翁文波)   1994년 11월 18일 사망. 석유과학연구원 부원장. 1912년 2월 저장성 인(鄞)현 출생. 1934년 칭화대학 물리학과 학사, 1939년 영국 런던제국대학 박사. 주요 분야는 지구물리학 및 석유지질학. 주요 저작은《예측론 기초》.

가오유시(高由禧)   2001년 3월 3일 사망. 중국과학원 란저우고원대기물리연구소 소장. 1920년 2월 푸젠성 푸칭(福淸) 출생. 1944년 충칭 중앙대학 기상학과 학사. 주요 분야는 기상학. 주요 저작은《태풍 연구》.

가오전시(高振西)   1991년 12월 9일 사망. 중국지질박물관 관장. 1907년 7월 허난성 싱양(滎陽)시 출생. 1931년 베이징대학 지질학과 학사. 주요 분야는 지질학. 주요 저작은《중국지질박물관 사업의 발전 개황》.

궈원쿠이(郭文魁)   1999년 9월 16일 사망. 지질부 지질연구소 소장. 1915년 허난성 안양(安陽)시 출생. 1937년 베이징대학 지질학과 학사. 주요 분야는 지질학. 주요 저작은《1:3,000,000 중국 유색금속광물화 규준약도》.

궈청지(郭承基)   1997년 2월 13일 사망. 중국과학원 지구화학연구소 연구원. 1917년 1월 산시성 칭쉬(淸徐) 출생. 1943년 베이징대학 지질학과 학사, 1947년 일본 교토대학교 지질광물학 석사. 주요 분야는 지구화학. 주요 저작은 《희토광물화학》.

투광스(涂光熾)   2007년 사망. 중국과학원 지구화학연구소 연구원. 1920년 2월 베이징 출생. 1944년 시난연합대학 지질학과 학사, 1949년 미네소타대학교 박사. 주요 분야는 지구화학. 주요 저작은 《귀금속 조광의 약간 문제 토론》.

타오스옌(陶詩言)   중국과학원 대기물리연구소 연구원. 저쟝성 쟈싱(嘉興)시 출생. 1942년 중앙대학 지리학과 학사. 주요 분야는 대기환류. 주요 저작은 《중국의 폭우》.

황사오셴(黃紹顯)   1989년 8월 10일 사망. 중국핵공업 총공사 제3연구소 부소장. 1914년 7월 지질학. 1940년 시난연합대학 학사. 주요 분야는 지질학.

둥선바오(董申保)   2010년 2월 19일 사망. 베이징대학 지구 및 공간과학학원 교수. 1917년 9월 쟝쑤성 창저우(常州)시 출생. 1940년 베이징대학 지질학과 학사, 1944년 동대학 석사. 주요 분야는 암석학. 주요 저작은 《중국변질작용 및 그 지각진화의 관계》.

청춘수(程純樞)   1997년 2월 8일 사망. 중앙기상국 부국장. 1914년 6월 저쟝성 진화(金華) 출생. 1936년 칭화대학 기상학과 학사. 주요 분야는 기상학. 주요 저작은 《중국 날씨 범형》.

쩡칭춘(曾慶存)   중국과학원 대기물리연구소 연구원. 1935년 5월 광둥성 양장(陽江) 출생. 1956년 베이징대학 물리학과 학사, 1961년 소련과학원 수리과학 부박사. 주요 분야는 기상학 및 지구유체역학. 주요 저작은 《수치 일기예보의 수학물리기초》.

쩡룽성(曾融生) 중국지진국 지구물리연구소 연구원. 1924년 8월 푸젠성 푸칭(福淸)시 출생. 1946년 샤먼대학 물리학과 학사. 주요 분야는 고체지구물리학. 주요 저작은 《고체지구물리학 개론》.

셰이빙(謝義炳) 1995년 8월 24일 사망. 베이징대학 교수. 1917년 4월 후난성 신톈(新田) 출생. 1940년 칭화대학 학사, 1943년 저쟝대학 석사, 1949년 시카고대학교 박사. 주요 분야는 기상학. 주요 저작은 《일기학》.

셰쉐진(謝學錦) 국토자원부 지구물리지구화학탐사연구소 연구원. 1923년 5월 베이징 출생. 1947년 충칭대학 화학과 학사. 주요 분야는 응용지구화학. 주요 저작은 《전지구 지구화학전도》.

탄치샹(譚其驤) 1992년 8월 28일 사망. 푸단대학 교수. 1911년 2월 랴오닝성 선양시 출생. 1932년 옌징대학 석사. 주요 분야는 중국역사학 및 역사지리학. 주요 저작은 《장수(長水)집》.

무언즈(穆恩之) 1987년 4월 8일 사망. 중국과학원 난징 지질고생물연구소 부소장. 1917년 9월 쟝쑤성 펑(丰)현 출생. 1943년 시난연합대학 지질지리기상학 학사. 주요 분야는 지층고생물학. 주요 저작은 《중국의 필석》.

[Appendix] 역대 중국과학원 원사명단(1955~2009) 265

기술과학부 (64명)

딩순녠(丁舜年)　2004년 9월 20일 사망. 국가기계공업국 기계전자공정사 진수대학 전기학원 명예원장. 1910년 12월 쟝쑤성 타이싱(泰興)시 출생. 1932년 상하이 쟈오퉁(交通)대학 학사. 주요 분야는 전기공정학. 주요 저작은 《교류발전기와 전동기》.

간푸시(干福喜)　중국과학원 상하이 광학정밀기계연구소 연구원. 1933년 1월 저쟝성 항저우시 출생. 1952년 저쟝대학 학사, 1959년 소련과학원 세라믹스연구소 부박사. 주요 분야는 광학재료학.

왕서우우(王守武)　중국과학원 반도체연구소 연구원. 1919년 3월 쟝쑤성 항저우시 출생. 1941년 퉁지(同濟)대학 학사, 1946년 포드대학교 석사, 1949년 동대학 박사. 주요 분야는 반도체부품물리학.

왕서우쥐에(王守覺)　중국과학원 반도체연구소 연구원. 1926년 6월 상하이 출생. 1949년 상하이 퉁지(同濟)대학 학사. 주요 분야는 반도체전자학.

왕부쉬안(王補宣)　칭화대학 교수. 1922년 2월 쟝쑤성 우시(无錫)시 출생. 1943년 시난연합대학 학사, 1949년 포드대학교 석사. 주요 분야는 열공학.

즈빙이(支秉彛)　1997년 7월 사망. 상하이 측정기구의표연구소 소장. 1911년 9월 쟝쑤성 타이저우(泰州)시 출생. 1935년 저쟝대학 학사, 1940년 독일 라이프치히대학교 박사. 주요 분야는 전기공학측량측정. 주요 저작은 《한학부호화 신방법 건의》.

마오허녠(毛鶴年)　1988년 10월 2일 사망. 전력공업부 부부장. 1911년 9월 베이징 출생. 1933년 베이징대학 학사, 1936년 포드대학교 석사. 주요 분야는 전력공정학.

예페이다(叶培大)　2011년 1월 16일 사망. 베이징 우편전신학원 원장. 1915년 상하이 출생. 1938년 시베이공학원 학사. 주요 분야는 전자학. 주요 저작은 《양자전자학》.

스사오시(史紹熙)　2000년 9월 16일 사망. 톈진대학 교수. 1916년 8월 쟝쑤성 이싱(宜興)시 출생. 1939년 베이양대학 학사, 1949년 맨체스터대학교 박사. 주요 분야는 공정열물리학.

비더셴(畢得顯)　1992년 1월 12일 해방군 난징통신공정학원 교수. 1908년 12월 산둥성 핑인(平陰) 출생. 1934년 옌징(燕京)대학 물리학과 석사, 1941년 스탠포드대학교 석사, 1944년 캘리포니아이공대학교 박사. 주요 분야는 전자학.

스창쉬(師昌緒)　중국과학원 금속연구소 연구원. 1920년 11월 허베이성 쉬수이(徐水)현 출생. 1945년 국립 시베이공학원 학사, 1948년 미주리대학교 채광야금학 석사, 1952년 박사. 주요 분야는 금속학. 주요 저작은 《에너지 재료》.

루바오웨이(呂保維)　2004년 2월 10일 사망. 중국과학원 전자학연구소 연구원. 1916년 7월 쟝쑤성 창저우시 출생. 1939년 칭화대학 학사, 1944년 MIT 석사, 1947년 하버드대학교 박사. 주요 분야는 전파전보과학.

런신민(任新民)　하얼빈 군사공정학원 교수. 1915년 12월 안후이성 닝궈(寧國)시 출생. 1940년 충칭군정부 병공학교 대학부 학사, 1945년 미시건대학교 석사, 동대학 박사. 주요 분야는 항천기술학.

쫭위즈(庄育智)　1996년 3월 23일 사망. 화난(華南)이공대학 교수. 1946년 쟈오퉁(交通)대학 탕산공학원 학사, 1947년 영국 리버풀대학교 석사, 동대학 박사. 주요 분야는 물리야금학.

류후이셴(劉恢先)　1992년 6월 24일 사망. 국가 지진국 공정역학연구소 연구원. 1912년 10월 쟝시성 롄화(蓮花)현 출생. 1933년 쟈오퉁(交通)대학 탕산공학원 학사, 1937년 미국 코넬대학교 박사. 주요 분야는 구조공정학 및 지진공정학. 주요 저작은 《탕산대지진 지진피해》

류성강(劉盛綱)　전자과학기술대학 교수. 1933년 12월 안후이성 페이둥(肥東)현 출생. 1955년 난징공학원 학사, 1958년 청두전신공정학원 부박사. 주요 분야는 전자물리학.

리민화(李敏華)　중국과학원 역학연구소 연구원. 1917년 11월 쟝쑤성 쑤저우시 출생. 1940년 시난연합대학 학사, 1945년 MIT 석사, 1948년 동대학 박사. 주요 분야는 고체역학.

양유(楊槱)　상하이 쟈오퉁(交通)대학 교수. 1917년 10월 베이징 출생. 1940년 영국 글래스고대학교 조선학과 학사. 주요 분야는 조선설계. 주요 저작은 《주요척도분석 절차》.

양쟈츠(楊嘉墀)　2006년 6월 11일 사망. 중국 공간기술연구원 연구원.

1919년 7월 쟝쑤성 우쟝(吳江)시 출생. 1941년 상하이 쟈오퉁(交通)대학 학사, 1949년 하버드대학교 박사. 주요 분야는 공간자동제어학.

샤오지메이(肖紀美)   베이징과학기술대학 교수. 1920년 12월 후난성 펑황(鳳凰)현 출생. 1943년 쟈오퉁(交通)대학 탕산공학원 학사, 1950년 미주리대학교 박사. 주요 분야는 재료과학. 주요 저작은 《금속재료의 부식 문제》.

우쯔량(吳自良)   2008년 5월 24일 사망. 중국과학원 상하이 미시시스템 및 정보기술연구소 연구원. 1939년 베이양공학원 학사, 1948년 피츠버그 카네기이공대학교 박사. 주요 분야는 물리야금학.

우량융(吳良鏞)   칭화대학 건축학과 교수. 1922년 5월 쟝쑤성 난징시 출생. 1944년 중앙대학 건축학과 학사, 1950년 미국 소재 예술대학교 석사. 주요 분야는 건축학. 주요 저작은 《중국고대도시 사강》.

쩌우위안시(鄒元爔)   1987년 3월 20일 사망. 중국과학원 상하이 야금연구소 소장. 1915년 10월 저쟝성 핑후(平湖)현 출생. 1937년 저쟝대학 화학공정학과 학사. 주요 분야는 야금학.

왕원사오(汪聞韶)   사망. 중국수리수전과학연구원 교수. 1919년 3월 쟝쑤성 쑤저우시 출생. 1943년 중앙대학 학사, 1949년 아이오와대학교 석사, 1952년 일리노이대학교 박사. 주요 분야는 토력학. 주요 저작은 《흑의 동력강도 및 액화특성》.

선훙(沈鴻)   1998년 5월 20일 사망. 제 1 기계공업부 부부장. 1906년 5

[Appendix] 역대 중국과학원 원사명단(1955~2009) 269

월 저쟝성 하이닝(海宁)시 출생. 고등소학교 수학. 주요 분야는 기계공정학. 주요 저작은 《전기공정수첩》.

쟝시(張煦)   상하이 쟈오퉁(交通)대학 교수. 1913년 11월 쟝쑤성 우시(无錫)시 출생. 1934년 쟈오퉁대학 학사, 1940년 하버드대학교 박사. 주요 분야는 통신공정학. 주요 저작은 《장거리전화 공정》.

쟝쭤메이(張作梅)   1998년 12월 30일 사망. 중국과학원 창춘광학정밀기계연구소 연구원. 1918년 광둥성 싱닝(興宁) 출생. 1941년 광저우 중산대학 학사, 1949년 영국 셰필드대학교 박사. 주요 분야는 금속재료.

쟝페이린(張沛霖)   2005년 9월 15일 사망. 중국 핵공업공사 연구원. 1917년 12월 산시(山西)성 펑딩(平定) 출생. 1940년 시베이공학원 학사, 1949년 영국 셰필드대학교 박사. 주요 분야는 물리야금학.

쟝중쥔(張鐘俊)   1995년 12월 28일 사망. 상하이 쟈오퉁(交通)대학 교수. 1915년 9월 저쟝성 쟈산(嘉善)현 출생. 1934년 쟈오퉁대학 전기공정학원 학사, 1935년 MIT 석사 1937년 동대학 박사. 주요 분야는 전력시스템 및 자동화. 주요 저작은 《서보(伺服)기구원리》.

쟝언츄(張恩虬)   1990년 5월 7일 사망. 중국과학원 전자학연구소 연구원. 1916년 10월 광둥성 광저우시 출생. 1938년 칭화대학 학사. 주요 분야는 전자학.

루위안쥬(陸元九)   중국과학원 자동화연구소 소장. 1920년 1월 안후이성 추(滁)현 출생. 1941년 중앙대학 항공공정학과 학사, 1949년 미국 MIT

박사. 주요 분야는 자동제어학. 주요 저작은 《관성 부품》.

천팡윈(陳芳允)　2000년 4월 29일 사망. 해방군 총장비부 연구원. 1916년 4월 저쟝성 황옌(黃岩) 출생. 1938년 칭화대학 물리학과 학사. 주요 분야는 무선전전자학 및 공간시스템학. 주요 저작은 《위성관측제어 수첩》.

천쉐쥔(陳學俊)　시안 쟈오퉁(交通)대학 교수. 1919년 3월 안후이성 추(滁)현 출생. 1939년 중앙대학 학사, 1946년 포드대학교 석사. 주요 분야는 열에너지동력공정학. 주요 저작은 《보일러학》.

천쭝지(陳宗基)　1991년 9월 25일 사망. 중국과학원 지구물리연구소 연구원. 1922년 9월 인도네시아 출생. 1946년 네덜란드 드루푸 과기대학교 박사. 주요 분야는 토력학 및 암석학.

천넝콴(陳能寬)　중국공정물리연구소 연구원. 1923년 5월 후난성 츠리(慈利)현 출생. 1946년 탕산쟈오퉁(交通)대학 광업야금과 학사, 1948년 예일대학교 석사, 1950년 동대학 박사. 주요 분야는 금속물리학.

천신민(陳新民)　1992년 12월 사망. 중난공업대학 교수. 안후이성 왕쟝(望江)현 출생. 1935년 칭화대학 학사, 1945년 MIT 박사. 주요 분야는 야금과정물리화학. 주요 저작은 《물리화학》.

린웨이간(林爲干)　전자과학기술대학 교수. 1919년 10월 광둥성 타이산(台山)시 출생. 1939년 칭화대학 학사, 1951년 캘리포니아대학교 박사. 주요 분야는 마이크로웨이브 이론학. 주요 저작은 《마이크로웨이브 회로망》.

린란잉(林蘭英)   2003년 3월 4일 사망. 중국과학원 반도체연구소 연구원. 1918년 2월 푸젠성 푸톈(莆田) 출생. 1940년 푸젠협화대학 학사, 1955년 펜실베니아주립대학교 박사. 주요 분야는 반도체재료과학.

뤄페이린(羅沛霖)   2011년 4월 17일 사망. 시안 전자과학기술대학 교수. 1913년 12월 톈진시 출생. 1935년 쟈오퉁(交通)대학 전기공정학 학사, 1952년 캘리포니아이공대학교 박사. 주요 분야는 전자학.

저우후이쥬(周惠九)   1999년 2월 9일 사망. 시안 쟈오퉁(交通)대학 교수. 1931년 탕산 쟈오퉁대학 학사, 1936년 일리노이대학교 석사, 1938년 미시건대학교 석사. 주요 분야는 금속재료.

정저민(鄭哲敏)   중국과학원 역학연구소 연구원. 1924년 산둥성 지난시 출생. 1947년 칭화대학 학사, 1949년 캘리포니아이공대학교 석사, 1952년 동대학 박사. 주요 분야는 응용역학.

멍사오눙(孟少農)   1988년 1월 15일 사망. 칭화대학 기계학과 교수. 1915년 12월 후난성 타오위안(桃源)현 출생. 1935년 칭화대학 학사, 1941년 MIT 석사. 주요 분야는 자동차설계.

후하이창(胡海昌)   2011년 2월 21일 사망. 중국공간기술연구원 연구원. 1928년 4월 저장성 항저우시 출생. 1950년 저장대학 토목공정학과 학사. 주요 분야는 고체역학. 주요 저작은 《다자유도 구조의 고유진동이론》.

커쥔(柯俊)   베이징과학기술대학 교수. 1917년 6월 저장성 황옌(黃岩) 출생. 1938년 우한대학 학사, 1948년 영국 버밍험대학교 박사. 주요 분야는 재료물리학.

첸닝(錢寧)　1986년 12월 6일 사망. 칭화대학 수리학과 교수. 1922년 12월 저장성 항저우시 출생. 1943년 중앙대학 학사, 1948년 아이오와대학교 석사, 1951년 캘리포니아대학교 박사. 주요 분야는 진흙모래운동.

첸중한(錢鐘韓)　2002년 2월 8일 사망. 둥난대학 교수. 1911년 6월 쟝쑤성 우시(无錫)시 출생. 1933년 상하이 쟈오퉁(交通)대학 학사. 주요 분야는 열공자동화학.

쉬스가오(徐士高)　1990년 12월 31일 사망. 전력공업부 전력과학연구원 총엔지니어. 1908년 5월 산둥성 황(黃)현 출생. 1933년 베이핑대학 공학원 학사, 1943년 독일 베를린공업대학교 박사. 주요 분야는 고전압기술. 주요 저작은 《변압기 오일 문제》.

쉬즈룬(徐芷綸)　1999년 8월 26일 사망. 허하이(河海)대학 교수. 1911년 6월 쟝쑤성 쟝두(江都)시 출생. 1934년 칭화대학 학사, 1936년 MIT 석사, 1937년 하버드대학교 석사. 주요 분야는 공정역학.

쉬차이둥(徐采棟)　구이저우과학원 연구원. 1919년 3월 쟝시성 펑신(奉新)현 출생. 1943년 쟈오퉁(交通)대학 탕산공학원 학사, 1949년 프랑스 소재 대학교 박사. 주요 분야는 유색야금. 주요 저작은 《소용광로 제철학》.

가오칭스(高慶獅)　2011년 5월 15일 사망. 중국과학원 컴퓨터기술연구소 연구원. 1934년 8월 푸젠성 샤먼시 출생. 1957년 베이징대학 수학역학과 학사. 주요 분야는 기계공정. 주요 저작은 《벡터컴퓨터》.

가오징더(高景德)　1996년 12월 24일 사망. 칭화대학 교수. 1922년 2월 산시(陝西)성 쟈(佳)현 출생. 1945년 시베이공학원 학사, 1956년 소련 레닌그라드공학원 박사. 주요 분야는 전기공학. 주요 저작은 《교류전기와 체계 분석》.

궈커신(郭可信)　2006년 12월 13일 사망. 중국과학원 전자현미경 개방실험실 연구원. 1923년 베이징 출생. 1946년 저쟝대학 화공과 학사. 주요 분야는 물리야금학. 주요 저작은 《전자회절도》.

황홍쟈(黃宏嘉)　상하이 과학기술대학(현 상하이대학) 교수. 1924년 8월 후난성 린리(臨澧)현 출생. 1944년 시난연합대학 학사, 1948년 미시건대학교 석사. 주요 분야는 마이크로웨이브 전자학. 주요 저작은 《극초단파 원리》.

차오졘유(曹建猷)　1997년 9월 19일 사망. 시난 쟈오퉁(交通)대학 교수. 1917년 5월 후난성 창사시 출생. 1940년 상하이 쟈오퉁대학 학사, 1950년 MIT 박사. 주요 분야는 철도전기화. 주요 저작은 《전기화 철도의 공전계통》.

궁쭈퉁(龔祖同)　1986년 6월 26일 사망. 중국과학원 시안광학정밀기계연구소 연구원. 1904년 11월 상하이 출생. 1930년 칭화대학 학사, 1936년 독일 베를린공업대학교 석사. 주요 분야는 광학.

창중(常迥)　1991년 8월 8일 사망. 칭화대학 교수. 1917년 2월 허난성 카이펑시 출생. 1940년 시난연합대학 학사, 1943년 MIT 석사, 1947년 하버드대학교 박사. 주요 분야는 무선전공정학.

량서우판(梁守槃) 2009년 9월 5일 사망. 저쟝대학 항공학과 교수. 1916년 4월 푸젠성 푸저우시 출생. 1937년 칭화대학 기계학과 학사, 1940년 MIT 석사. 주요 분야는 항공발동기. 주요 저작은 《항공기 발동기 설계》.

츠윈구이(慈云桂) 1990년 7월 21일 사망. 국방과학기술대학 부교장. 1917년 4월 안후이성 퉁청(桐城)시 출생. 1942년 후난대학 학사. 주요 분야는 전자컴퓨터. 주요 저작은 《레이더 원리》.

차이치궁(蔡其鞏) 국가야금공업국 강철연구총원 고급엔지니어. 1932년 8월 인도네시아 출생. 1956년 하얼빈공업대학 학사. 주요 분야는 금속물리 및 단열(斷裂)역학. 주요 저작은 《공정단열역학》.

차이창녠(蔡昌年) 1991년 5월 8일 사망. 전력공업부 전력과학연구원 고급엔지니어. 1905년 8월 저쟝성 더칭(德淸) 출생. 1924년 저쟝공립전문학교(현 저쟝대학) 학사. 주요 분야는 전력시스템.

차이진타오(蔡金濤) 1996년 11월 28일 사망. 중국항천공업공사 연구원. 1908년 7월 쟝쑤성 난퉁(南通)시 출생. 1931년 상하이 쟈오퉁(交通)대학 학사, 1935년 하버드대학교 석사. 주요 분야는 전신공정학.

판지녠(潘際鑾) 난창대학 교장. 1927년 12월 쟝시성 쥬쟝(九江) 출생. 1948년 칭화대학 학사. 주요 분야는 용접학. 주요 저작은 《용접 수첩》.

판쟈정(潘家錚) 국가전력공사 기술고문. 1927년 11월 저쟝성 사오싱(紹興)시 출생. 1950년 저쟝대학 학사. 주요 분야는 토목공정학.

웨이서우쿤(魏壽昆)　베이징과학기술대학 교수. 1907년 6월 톈진시 출생. 1929년 베이양대학 학사, 1935년 독일 드레스덴대학교 박사. 주요 분야는 야금학. 주요 저작은 《웨이서우쿤 선집》.

1957년 중국과학원 원사
총 18명

수학물리화학부 (7명)

우원쥔(吳文俊)　중국과학원 수학 및 시스템과학 연구원 연구원. 1919년 5월 상하이 출생. 1940년 상하이 쟈오퉁(交通)대학 학사, 1949년 프랑스 과학박사. 주요 분야는 수학. 주요 저작은 《수학기계화》.

왕더자오(汪德昭)　1998년 12월 28일 사망. 중국과학원 음향학연구소 소장. 1905년 12월 쟝쑤성 관윈(灌云)현 출생. 1929년 베이징사범대학 학사, 1940년 빠리대학교 박사. 주요 분야는 물리학. 주요 저작은 《수중 음향학》.

장원위(張文裕)　1992년 11월 5일 사망. 중국과학원 고에너지물리연구소 소장. 1910년 1월 푸젠성 후이안(惠安) 출생. 1931년 옌징(燕京)대학 학사, 1938년 캠브리지대학교 박사. 주요 분야는 고에너지물리학.

장쭝쑤이(張宗燧)　1969년 6월 30일 사망. 중국과학원 수학연구소 연구원. 1915년 6월 쟝쑤성 항저우시 출생. 1934년 칭화대학 학사, 1938년 캠브리지대학교 박사. 주요 분야는 물리학. 주요 저작은 《전동역학과 협의(狹義)의 상대론》.

첸쉐썬(錢學森)　2009년 10월 31일 사망. 중국정협 부주석, 중국인민해방군 제5연구원 원장. 1911년 12월 저쟝성 항저우시 출생. 1934년 쟈오퉁(交通)대학 기계공정학과 학사, 1936년 MIT 항공공정학 석사, 1939년 캘리포니아이공대학교 박사. 주요 분야는 공정제어론. 주요 저작은 《성계항행 개론》.

궈융화이(郭永怀)　1968년 12월 5일 사망. 중국과학원 역학연구소 부소장. 1909년 4월 산둥성 룽청(榮成) 출생. 1935년 베이징대학 물리학과 학사, 1945년 캘리포니아이공대학교 박사. 주요 분야는 역학. 주요 저작은 《궈융화이 문집》.

차이류성(蔡鎦生)　1983년 10월 23일 사망. 1902년 8월 푸젠성 취안저우(泉州) 출생. 1924년 옌징(燕京)대학 화학과 학사, 1932년 시카고대학교 박사. 주요 분야는 물리화학.

생물학부 (5명)

왕산위안(王善源)　1981년 1월 1일 사망. 중국의학과학원 연구원. 1907년 11월 인도네시아 출생. 1929년 네덜란드 레이든대학교 의료학과 학사, 1938년 빠리대학교 물리수학과 석사, 1948년 런던 EMI 전자측정기구학과 박사. 주요 분야는 미생물학.

펑란저우(馮蘭洲)　1972년 1월 29일 사망. 중국의학과학원 기생충연구소 소장. 1903년 8월 산둥성 린취(臨朐)현 출생. 1929년 산둥 지난 치루(齊魯)대학 의정(医正)학과 학사, 캐나다 토론토대학교 의학박사. 주요 분야는 곤충학. 주요 저작은 《기생물학 명사》.

류쓰즈(劉思職) 1983년 8월 18일 사망. 베이징의학원 교수. 1904년 3월 푸젠성 셴유(仙游) 출생. 1926년 미국 사우스웨스턴대학교 석사, 1929년 캔자스대학교 박사. 주요 분야는 생물화학. 주요 저작은 《생물화학 명사 초안》.

탕페이판(湯飛凡) 1958년 9월 30일 사망. 위생부 베이징생물제품연구소 소장. 1897년 7월 후난성 리링(醴陵)시 출생. 1921년 샹야의학원 학사. 주요 분야는 미생물학.

장샹퉁(張香桐) 2007년 11월 4일 사망. 중국과학원 상하이 뇌연구소 연구원. 1907년 11월 허베이성 정딩(正定) 출생. 1933년 베이징대학 심리학과 학사, 1946년 예일대학교 의학원 생리학과 박사. 주요 분야는 신경생리학.

지학부 (3명)

왕주취안(王竹泉) 1975년 7월 24일 사망. 베이징대학 지질학과 교수. 1891년 4월 허베이성 쟈오허(交河) 출생. 1916년 농상부 지질연구소 졸업, 위스컨신대학교 졸업, 1931년 MIT 지질학과 석사. 주요 분야는 지질학. 주요 저작은 《산시(山西)탄광지》.

펑징란(馮景蘭) 1976년 9월 29일 사망. 칭화대학 지학과 교수. 1898년

3월 허난성 탕허(唐河) 출생. 1921년 컬럼비아대학교 지질학 석사. 주요 분야는 광상(礦床)학. 주요 저작은 《량광(兩广)지질 개요》.

푸청이(傅承義) 2000년 1월 8일 사망. 중국과학원 지구물리연구소 연구원. 1909년 10월 베이징 출생. 1933년 칭화대학 학사, 1941년 캐나다 맥길대학교 석사, 1944년 캘리포니아이공대학교 지구물리학 박사. 주요 저작은 《대륙 표류, 해저 확장 그리고 표층구조》.

기술과학부 (3명)

우중화(吳仲華) 1992년 9월 19일 사망. 중국과학원 공정열물리연구소 연구원. 1917년 7월 상하이 출생. 1940년 시난연합대학 학사, 1947년 MIT 박사. 주요 분야는 공정열물리학.

왕쥐첸(汪菊潛) 1975년 2월 27일 사망. 철도부 부부장. 1906년 12월 상하이 출생. 탕산 쟈오퉁(交通)대학 학사, 코넬대학교 석사. 주요 분야는 철로교량공정.

자오쭝위(趙宗燠) 1989년 10월 10일 사망. 석유화공과학연구원 총엔지니어. 1904년 11월 쓰촨성 룽창(榮昌) 출생. 1929년 중앙대학 화학과 학사, 1939년 독일 베를린공업대학교 박사. 주요 분야는 화학공정학.

총 172명

1955년 중국과학원 원사

물리학수학화학부 (48명)

[Appendix] 역대 중국과학원 원사명단(1955~2009) 279

천졘궁(陳建功)　1971년 4월 11일 사망. 저쟝대학 교수, 푸단대학 교수. 1893년 9월 저쟝성 사오싱(紹興)시 출생. 1923년 일본 토호쿠 제국대학 학사, 1929년 동대학 이학박사. 주요 분야는 수학. 주요 저작은 《삼각 급수론》.

돤쉐푸(段學夏)　2005년 2월 6일 사망. 칭화대학 및 베이징대학 교수. 1914년 7월 산시(陝西)성 화(華)현 출생. 1936년 칭화대학 학사, 1941년 토론토대학교 석사, 1943년 프린스턴대학교 박사. 주요 분야는 수학.

거팅쑤이(葛庭燧)　2000년 4월 29일 사망. 중국과학원 고체물리연구소 소장. 1913년 5월 산둥성 펑라이(蓬萊) 출생. 1937년 칭화대학 학사, 1940년 옌징(燕京)대학 석사, 1943년 캘리포니아대학교 버클리 분교 물리학 박사. 주요 분야는 금속물리학.

후닝(胡宁)　1997년 12월 26일 사망. 베이징대학 교수. 1916년 2월 쟝쑤성 수쳰(宿遷)시 출생. 1938년 칭화대학 학사, 1943년 캘리포니아이공대학교 물리학 박사. 주요 분야는 이론물리학.

화뤄겅(華羅庚)　1985년 6월 12일 사망. 칭화대학 교수, 프린스턴대학교 교수, 중국과학원 수학연구소 소장. 1910년 11월 쟝쑤성 진탄(金壇) 출생. 칭화대학 중퇴. 주요 분야는 수학. 주요 저작은 《고등수학 개론》.

황쿤(黃昆)　2005년 7월 6일 사망. 베이징대학 교수, 중국과학원 반도체 연구소 소장. 1919년 베이징 출생. 1941년 옌징(燕京)대학 학사, 1948년 영국 브리스톨대학교 박사. 주요 분야는 고체물리학. 주요 저작은 《결정 격자 동역학 이론》.

쟝쩌한(江澤涵) 1994년 3월 29일 사망. 베이징대학 교수. 1902년 10월 안후이성 징더(旌德) 출생. 1926년 난카이대학 학사, 1930년 하버드대학교 박사. 주요 분야는 수학. 주요 저작은 《부동점 이론》.

커자오(柯召) 2002년 11월 8일 사망. 쓰촨대학 교장. 1910년 4월 저쟝성 원링(溫岭)시 출생. 1933년 칭화대학 학사, 1937년 맨체스터대학교 박사. 주요 분야는 수학.

리궈핑(李國平) 1996년 2월 8일 사망. 우한대학 부교장. 1910년 11월 광둥성 펑순(丰順) 출생. 1933년 중산대학 수학천문학과 학사, 1936년 일본 도쿄제국대학 석사. 주요 분야는 수학.

루쉐산(陸學善) 1981년 5월 20일 사망. 중국과학원 물리연구소 대리소장. 1905년 9월 저쟝성 우싱(吳興)시 출생. 1928년 둥난대학 학사, 1933년 칭화대학 석사, 1936년 맨체스터대학교 박사. 주요 분야는 물리학. 주요 저작은 《유체(柔体)역학》.

펑환우(彭桓武) 2007년 2월 28일 사망. 칭화대학 교수. 1915년 10월 지린성 창춘시 출생. 1935년 칭화대학 물리학과 학사, 1940년 에딘버러대학교 석사, 1945년 동대학 박사. 주요 분야는 이론물리학.

첸린자오(錢臨照) 1999년 7월 26일 사망. 중국과학기술대학 부교장. 1906년 8월 쟝쑤성 우시(无錫)시 출생. 1929년 상하이 다퉁(大同)대학 학사, 1937년 영국 런던대학교 박사. 주요 분야는 물리학.

첸싼챵(錢三强) 1992년 6월 28일 사망. 중국과학원 부원장. 1913년 10

월 저쟝성 사오싱(紹興)시 출생. 1936년 칭화대학 학사, 1940년 프랑스 국가과학 박사. 주요 분야는 핵물리학.

첸웨이장(錢偉長) 2010년 7월 30일 사망. 상하이대학 교장. 1912년 10월 쟝쑤성 우시(无錫)시 출생. 1937년 칭화대학 물리학과 학사, 1942년 토론토대학교 박사. 주요 분야는 근대역학. 주요 저작은 《중국대백과 전서》.

라오위타이(饒毓泰) 1968년 10월 16일 사망. 베이징대학 교수. 1891년 12월 쟝시성 린촨(臨川) 출생. 1918년 시카고대학교 물리학과 석사, 1922년 프린스턴대학교 박사. 주요 분야는 물리학.

스루웨이(施汝爲) 1983년 1월 18일 사망. 중국과학원 물리연구소 소장. 1901년 11월 상하이 출생. 1925년 둥우(東吳)대학 학사, 1934년 예일대학교 박사. 주요 분야는 물리학. 주요 저작은 《현대 자(磁)학》.

쑤부칭(蘇步靑) 2003년 3월 17일 사망. 푸단대학 교장. 1902년 10월 저쟝성 핑양(平陽)시 출생. 1927년 일본 토호쿠제국대학 수학과 학사, 1931년 동대학 박사. 주요 분야는 수학. 주요 저작은 《미분기하학》.

왕간창(王淦昌) 1998년 12월 10일 사망. 중국과학원 근대물리연구소 부소장. 1907년 5월 쟝쑤성 창수(常熟)시 출생. 1929년 칭화대학 학사, 1933년 독일 베를린대학교 박사. 주요 분야는 핵물리학.

왕샹하오(王湘浩) 1993년 5월 4일 사망. 베이징대학 교수. 1915년 5월 허베이성 안핑(安平) 출생. 1937년 베이징대학 학사, 1949년 프린스턴대학교 박사. 주요 분야는 대수학 및 컴퓨터과학.

왕주시(王竹溪)　1983년 1월 30일 사망. 베이징대학 부교장. 1911년 6월 후베이성 궁안(公安)현 출생. 1933년 칭화대학 학사, 1935년 동대학 석사, 1938년 캠브리지대학교 박사. 주요 저작은 《열역학》.

우유쉰(吳有訓)　1977년 11월 30일 사망. 중앙대학 교장. 1897년 4월 쟝시성 가오안(高安) 출생. 1920년 난징고등사범학교 학사, 1925년 시카고대학교 박사. 주요 분야는 물리학.

쉬바오루(許宝騄)　1970년 12월 18일 사망. 베이징대학 교수. 1910년 9월 1일 베이징 출생. 1933년 칭화대학 학사, 1938년 런던대학교 석사, 1940년 동대학 박사. 주요 분야는 수학.

옌지츠(嚴濟慈)　1996년 11월 2일 사망. 중국과학원 부원장, 중국과학기술대학 교장. 1901년 1월 저장대학 둥양(東陽)시 출생. 1923년 둥난대학 물리학과 학사, 1925년 빠리대학교 석사, 1927년 프랑스 국가과학 박사. 주요 분야는 물리학.

예치쑨(叶企孫)　1977년 1월 13일 사망. 칭화대학 교수. 1898년 7월 상하이 출생. 1918년 칭화대학 학사, 1923년 하버드대학교 박사. 주요 분야는 물리학.

위루이황(余瑞璜)　1997년 5월 19일 사망. 칭화대학 교수. 1906년 4월 쟝시성 이황(宜黃)현 출생. 1929년 둥난대학 학사, 1937년 맨체스터대학교 박사. 주요 분야는 물리학.

장위저(張鈺哲)　1986년 7월 21일 사망. 중국 자금산천문대 대장. 1902

년 2월 푸젠성 민허우(閩侯)현 출생. 1926년 시카고대학교 학사, 1929년 동대학 천문학 박사. 주요 분야는 천문학.

자오중야오(趙忠堯)   1998년 5월 26일 사망. 중국과학원 원자력연구소 부소장. 1902년 6월 저장성 주지(諸暨)시 출생. 1925년 둥난대학 학사, 1930년 캘리포니아이공대학교 박사. 주요 분야는 핵물리학.

저우페이위안(周培源)   1993년 11월 24일 사망. 베이징대학 교장. 1902년 8월 쟝쑤성 이싱(宜興)시 출생. 1924년 칭화대학 학사, 1926년 시카고대학교 석사, 1928년 캘리포니아이공대학교 박사. 주요 분야는 수학.

저우퉁칭(周同慶)   1989년 2월 13일 사망. 베이징대학 교수. 1907년 12월 쟝쑤성 쿤산(昆山) 출생. 1929년 칭화대학 학사, 1933년 프린스턴대학교 박사. 주요 분야는 물리학. 주요 저작은 《핵융합반응 관리》.

푸잉(傅鷹)   1979년 9월 7일 사망. 베이징대학 부교장. 1902년 1월 베이징 출생. 1928년 미시건대학교 화학과 박사. 주요 분야는 물리화학. 주요 저작은 《대학보통화학》.

황밍룽(黃鳴龍)   1979년 7월 1일 사망. 중국과학원 상하이유기화학 연구소 연구원. 1898년 7월 쟝쑤성 양저우시 출생. 1920년 저장의약전문학교(현 저장의과대학) 학사, 1922년 스위스 취리히 대학교 석사, 1924년 독일 베를린대학교 박사. 주요 분야는 유기화학. 주요 저작은 《적외선 스펙트럼과 유기화합물 분자구조의 관계》.

황쯔칭(黃子卿)   1982년 7월 23일 사망. 베이징대학 교수. 1900년 1월 광둥성 메이(梅)현 출생. 1921년 칭화대학 학사, 1924년 위스컨신대학교 화학과 학사, 1925년 코넬대학교 석사, 1935년 MIT 박사. 주요 분야는 물리화학. 주요 저작은 《물리화학》.

지위펑(紀育洋)　1982년 5월 18일 사망. 베이징 화학시약연구소 부소장. 1899년 12월 저장성 인(鄞) 출생. 1921년 상하이 후쟝(滬江)대학 화학과 학사, 1922년 시카고대학교 석사, 1928년 예일대학교 박사. 주요 분야는 약물화학. 주요 저작은 《항말라리아약물 연구》.

리팡쉰(李方訓)　1962년 8월 2일 사망. 진링대학 교수. 1902년 12월 쟝쑤성 이정(儀征) 출생. 1925년 진링대학 화학과 학사, 1930년 노스웨스턴대학교 박사. 주요 분야는 물리화학.

량수취안(梁樹權)　사망. 중국과학원 화학연구소 연구원. 1912년 9월 산둥성 옌타이시 출생. 1933년 옌징(燕京)대학 학사, 1937년 독일 뮌헨대학교 박사. 주요 분야는 분석화학.

류다강(柳大綱)　1991년 9월 4일 사망. 중국과학원 화학연구소 소장. 1904년 2월 쟝쑤성 이정(儀征) 출생. 1925년 둥난대학 학사, 1948년 미국 로체스터대학교 박사. 주요 분야는 무기화학.

루쟈시(盧嘉錫)　2001년 6월 4일 사망. 중국과학원 원장. 1915년 10월 푸젠성 샤먼시 출생. 1934년 샤먼대학 화학과 학사, 1939년 런던대학교 박사. 주요 분야는 물리화학.

탕아오칭(唐敖慶)　2008년 7월 15일 사망. 지린대학 교장. 1915년 11월 쟝쑤성 이싱(宜興)시 출생. 1940년 시난연합대학 화학과 학사, 1949년 컬럼비아대학교 박사. 주요 분야는 물리화학. 주요 저작은 《고분자반응 통계이론》.

왕유(汪猷) 1997년 5월 6일 사망. 중국과학원 상하이 유기화학연구소 소장. 1910년 6월 저쟝성 항저우시 출생. 1931년 진링대학 공업화학과 학사, 1937년 독일 뮌헨대학교 박사. 주요 분야는 유기화학.

우쉐저우(吳學周) 1983년 10월 31일 사망. 중국과학원 창춘응용화학연구소 소장. 1902년 9월 쟝시성 핑샹(萍鄉) 출생. 1924년 둥난대학 화학과 학사, 1931년 캘리포니아이공대학교 박사. 주요 분야는 물리화학.

양스셴(楊石先) 1985년 2월 19일 사망. 난카이대학 교장. 1897년 1월 안후이성 화이닝(懷寧) 출생. 1918년 칭화학당 학사, 1922년 코넬대학교 학사, 1923년 동대학 석사, 1931년 예일대학교 박사. 주요 분야는 유기화학.

위훙정(虞宏正) 1966년 11월 11일 사망. 시베이농학원 교수. 1897년 10월 5일 푸젠성 민허우(閩侯)현 출생. 1920년 베이징대학 화학과 학사. 주요 분야는 화학. 주요 저작은 《물리화학과 콜로이드화학》.

위안한칭(袁翰青) 1994년 3월 2일 사망. 베이징대학 화공과 교수. 1905년 9월 쟝쑤성 난퉁(南通) 출생. 1929년 칭화대학 화학과 학사, 1932년 일리노이대학교 박사. 주요 분야는 유기화학 및 화학사. 주요 저작은 《중국화학사론 문집》.

윈쯔챵(惲子强) 1963년 2월 22일 사망. 중국과학원 둥베이분원 부원장.

1899년 4월 후베이성 우창시 출생. 1924년 둥난대학 화학과 학사. 주요 분야는 화학.

쩡자오룬(曾昭掄)　1967년 12월 8일 사망. 베이징대학 화학과 교수. 1899년 5월 후난성 샹샹(湘鄉) 출생. 1920년 칭화학당 졸업, 1926년 MIT 박사. 주요 분야는 화학. 주요 저작은 《원소주기표》.

장칭롄(張靑蓮)　2006년 12월 14일 사망. 베이징대학 교수. 1908년 7월 쟝쑤성 창수(常熟)시 출생. 1930년 광화대학 학사, 1936년 독일 베를린대학교 박사. 주요 분야는 무기화학. 주요 저작은 《장칭롄 문집》.

자오청구(趙承嘏)　1966년 8월 6일 사망. 중국과학원 상하이약물연구소 소장. 1885년 12월 쟝쑤성 쟝인(江陰) 출생. 1910년 영국 맨체스터대학교 학사, 1912년 스위스 공업학원 석사, 1914년 제네바대학교 박사. 주요 분야는 약물화학.

좡창궁(庄長恭)　1962년 2월 15일 사망. 중앙대학 이학원 원장, 타이완 대학 교장, 중국과학원 유기화학연구소 소장. 1894년 12월 푸젠성 취안저우(泉州)시 출생. 1921년 시카고대학교 학사, 1924년 동대학 박사. 주요 분야는 유기화학.

생물학지학부 (84명)

베이스장(貝時璋)　2009년 10월 29일 사망. 중국과학원 생물물리연구소 소장. 1903년 10월 저쟝성 전하이(鎭海)시 출생. 1921년 상하이 퉁지 의 공전문학교 의예과 학사, 1928년 독일 튀빙겐대학교 박사. 주요 분야는 생물학.

빙즈(秉志)　1965년 2월 21일 사망. 푸단대학 교수. 1886년 4월 허난성 카이펑시 출생. 1908년 경사(京師)대학당 졸업, 1913년 코넬대학교 학사, 1918년 동대학 박사. 주요 분야는 동물학. 주요 저작은 《잉어 해부》.

차이챠오(蔡翹)　1990년 7월 29일 사망. 제5군의대학 교장. 1897년 10월 광둥성 졔양(揭陽) 출생. 1918년 베이징대학 중문과 학사. 1925년 시카고대학교 심리학 및 생리학 박사. 주요 분야는 생리학. 주요 저작은 《생리학》.

차이방화(蔡邦華)　1983년 8월 8일 사망. 저장대학 농학원 원장. 1902년 10월 쟝쑤성 리양(溧陽)시 출생. 1923년 일본 가고시마 고등농림학교 동식물학과 학사. 주요 분야는 곤충학. 주요 저작은 《곤충분류학》.

천전(陳楨)　1957년 11월 15일 사망. 1894년 쟝쑤성 한쟝(邗江) 출생. 1918년 진링대학 학사, 1921년 컬럼비아대학교 석사. 주요 분야는 동물학.

천펑퉁(陳鳳桐)　1980년 10월 4일 사망. 중국농업과학원 부원장. 1897년 2월 허난성 네이샹(內鄉) 출생. 1921년 허베이성 바오딩(保定) 갑종농교 졸업. 주요 분야는 농학.

천환융(陳煥鏞)　1971년 1월 18일 사망. 중산대학 교수. 1890년 7월 홍콩 출생. 1919년 하버드대학교 삼림학원 석사. 주요 분야는 식물학. 주요 저작은 《중국 식물지》.

천스샹(陳世驤)　1988년 1월 25일 사망. 중국과학원 곤충연구소 소장.

1905년 11월 저쟝성 쟈싱(嘉興) 출생. 1928년 푸단대학 생물학과 학사, 1934년 빠리대학교 박사. 주요 분야는 곤충학. 주요 저작은 《진화론과 분류학》.

천원구이(陳文貴)　1974년 1월 1일 사망. 쓰촨의학원 부원장. 1902년 8월 쓰촨성 융촨(永川) 출생. 1929년 청두 화시협화대학 의학원 박사. 주요 분야는 미생물학.

청단안(承淡安)　1957년 7월 1일 사망. 쟝쑤성 중의학교 교장. 1899년 9월 쟝쑤성 쟝인(江陰) 출생. 1920년 상하이 중시의함수(函授, 통신교육방식) 학습. 주요 분야는 중의학. 주요 저작은 《중국 침구치료학》.

다이팡란(戴芳瀾)　1973년 1월 3일 사망. 중국과학원 미생물연구소 소장. 1893년 5월 후베이성 쟝링(江陵) 출생. 1914-1919년 위스컨신대학교, 코넬대학교, 컬럼비아대학교 석사. 주요 분야는 곰팡이학.

다이쑹언(戴松恩)　1987년 7월 31일 사망. 중국농업과학원 부비서장. 1907년 1월 쟝쑤성 창수(常熟)시 출생. 1931년 난징 진링대학 농예학과 학사, 1936년 코넬대학교 박사. 주요 분야는 유전육종학.

덩수췬(鄧叔群)　1970년 5월 1일 사망. 중국과학원 미생물연구소 부소장. 1902년 12월 푸젠성 푸저우시 출생. 1923년 칭화학당 졸업, 코넬대학교 삼림학 석사, 1928년 동대학 식물병리학 박사. 주요 분야는 미생물학. 주요 저작은 《곰팡이학 자전》.

딩잉(丁穎)　1964년 10월 14일 사망. 중국농업과학원 원장. 1888년 11월 광둥성 마오밍(茂名)시 출생. 1912년 광둥고등사범학교 졸업, 1924년 일본 도쿄제국대학 농학부 학사. 주요 분야는 농학. 주요 저작은 《우리나라 벼농사구역 구별》.

펑더페이(馮德培) 1995년 4월 10일 사망. 중국과학원 상하이생리연구소 연구원. 1907년 2월 저장성 린하이(臨海)시 출생. 1926년 상하이 푸단대학 생물학과 학사, 1933년 런던대학교 박사. 주요 분야는 신경생리학.

펑쩌팡(馮澤芳) 1959년 9월 22일 사망. 난징대학 교수. 1899년 2월 저장성 이우(義烏)시 출생. 1925년 둥난대학 학사, 1933년 코넬대학교 박사. 주요 분야는 농학. 주요 저작은 《중국 목화업》.

허우광중(侯光炯) 1996년 11월 4일 사망. 시난농업대학 교수. 1905년 5월 상하이 출생. 1928년 베이징농업대학 농화학과 학사. 주요 분야는 토양학. 주요 저작은 《토양의 염기대체 작용》.

후징푸(胡經甫) 1972년 2월 1일 사망. 군사의학과학원 연구원. 1896년 11월 상하이 출생. 1917년 둥우(東吳)대학 생물학과 학사. 주요 분야는 곤충학. 주요 저작은 《중국의 돌파리》.

황쟈쓰(黃家駟) 1984년 5월 14일 사망. 중국의과대학 교수. 1906년 5월 쟝시성 위산(玉山) 출생. 1930년 옌징(燕京)대학 학사, 1933년 베이핑협화의학원 박사. 주요 분야는 의학.

진산바오(金善宝) 1997년 6월 26일 사망. 중국농업과학원 연구원. 1895년 7월 저장성 주지(諸暨)시 출생. 1920년 난징고등사범학교 농업전수과 졸업, 1926년 둥난대학 농학과 학사, 1932년 미네소타대학교 석사. 주요 분야는 농학. 주요 저작은 《진산바오 문선》.

리지퉁(李継侗)　1961년 12월 12일 사망. 네이멍구대학교 부교장. 1897년 쟝쑤성 싱화(興化) 출생. 1921년 난징 진링대학 임학과 학사, 1923년 예일대학교 임학 석사, 1925년 동대학 박사. 주요 분야는 식물학 및 생태학. 주요 저작은 《칭다오 삼림 조사기》.

리롄졔(李連捷)　1992년 1월 11일 사망. 베이징농업대학 교수. 1908년 6월 허베이성 위톈(玉田) 출생. 1932년 옌징(燕京)대학 물리학과 학사, 미국 테네시대학교 석사, 일리노이대학교 박사. 주요 분야는 토양지리학. 주요 저작은 《중국의 토양》.

리칭쿠이(李慶逵)　1992년 1월 11일 사망. 중국과학원 토양연구소 연구원. 1908년 6월 저쟝성 닝보시 출생. 1932년 푸단대학 화학과 학사, 1948년 일리노이대학교 농학원 박사. 주요 분야는 토양농업화학. 주요 저작은 《토양분석법》.

량시(梁希)　1958년 12월 10일 사망. 농업부 부장. 1883년 12월 저쟝성 우싱(吳興)시 출생. 1916년 도쿄대학교 임학과 학사, 1923년 독일 드레스덴대학교 임학과 석사. 주요 분야는 임학. 주요 저작은 《산림 생산물 제조화학》.

량보챵(梁伯强)　1968년 11월 28일 사망. 중산대학 의학원 교수. 1899년 2월 광둥성 메이(梅)현 출생. 1922년 퉁지(同濟)의공전문학교 졸업, 1924년 독일 뮌헨대학교 박사. 주요 분야는 의학. 《병리해부학 총론》.

[Appendix] 역대 중국과학원 원사명단(1955~2009) 291

린룽(林鎔) 1981년 5월 28일 사망. 중국과학원 식물연구소 연구원. 1903년 3월 쟝쑤성 단양(丹陽)출생. 1923년 프랑스 낭시대학교 농학원 학사, 1928년 클레르몽대학교 석사, 1930년 빠리대학교 박사. 주요 분야는 식물분류학. 주요 저작은 《중국 식물지》.

린챠오즈(林巧稚) 1983년 4월 22일 사망. 중국의학과학원 부원장. 1901년 12월 푸젠성 샤먼시 출생. 1921년 샤먼여자사범학교 학사, 1929년 협화의학원 박사. 주요 분야는 의학. 주요 저작은 《농촌 부인과 유아 위생 상식 문답》.

류청자오(劉承釗) 1976년 4월 9일 사망. 쓰촨의학원 원장. 1900년 9월 산둥성 타이안(泰安) 출생. 1927년 옌징(燕京)대학 생물학과 학사, 1929년 동대학 석사, 1934년 코넬대학교 박사. 주요 분야는 동물학. 주요 저작은 《화시(華西) 양서류》.

류충러(劉崇樂) 1969년 1월 6일 사망. 중국과학원 동물연구소 연구원. 1901년 9월 상하이 출생. 1926년 칭화대학 생물학 학사, 코넬대학교 박사. 주요 분야는 곤충학.

뤄쫑뤄(羅宗洛) 1978년 10월 26일 사망. 중국과학원 상하이 식물생리연구소 소장. 1898년 8월 저쟝성 황옌(黃岩) 출생. 1930년 호카이도제국대학 농학부 박사. 주요 분야는 식물생리학.

마원자오(馬文昭) 1965년 12월 13일 사망. 베이징의학원 원장. 1886년 5월 허베이성 바오딩(保定) 출생. 1915년 베이징 협화의학원 학사. 주요 분야는 조직학.

판수(潘菽)   1988년 3월 26일 사망. 중국과학원 심리연구소 연구원. 1897년 7월 쟝쑤성 이싱(宜興) 출생. 1920년 베이징대학 철학과 학사, 인디애나대학교 석사, 1927년 시카고대학교 박사. 주요 분야는 심리학.

첸충수(錢崇澍)   1965년 12월 28일 사망. 중국과학원 식물연구소 소장. 1883년 11월 저쟝성 하이닝(海宁) 출생. 1914년 일리노이대학교 학사, 시카고대학교 석사. 주요 분야는 식물학. 주요 저작은 《고등식물학》.

친런창(秦仁昌)   1986년 7월 22일 사망. 중국과학원 식물연구소 연구원. 1898년 2월 쟝쑤성 우진(武進) 출생. 1925년 진링대학 학사. 주요 분야는 식물학. 주요 저작은 The Monograph of Chinese Ferns.

선치전(沈其震)   1993년 6월 16일 사망. 중국의학과학원 교수. 1907년 2월 충칭시 출생. 1931년 도쿄제국대학 의학원 박사. 주요 분야는 의학. 주요 저작은 《발열론》.

성퉁성(盛彤笙)   1987년 5월 9일 사망. 쟝쑤성 농업과학원 연구원. 1911년 5월 쟝시성 융신(永新) 출생. 1932년 중앙대학 동물학과 학사, 1936년 독일 베를린대학교 박사. 주요 분야는 수의학. 주요 저작은 《군마와 가축에 대한 방독》.

탕페이쑹(湯佩松)   2001년 9월 6일 사망. 중국과학원 식물연구소 연구원. 1903년 11월 후베이성 시수이(浠水)현 출생. 1925년 칭화대학 학사, 1927년 미네소타대학교 학사, 1930년 존스홉킨스대학교 박사. 주요 분야는 식물생리학.

퉁디저우(童第周)   1979년 3월 30일 사망. 중국과학원 부원장. 1902년 5

[Appendix] 역대 중국과학원 원사명단(1955~2009) 293

월 저쟝성 인(鄞)현 출생. 1927년 푸단대학 생물학과 학사, 1930년 벨기에 소재 대학교 박사. 주요 분야는 실험태아학.

투즈(涂治) 1976년 1월 1일 사망. 중국과학원 신쟝분원 제1부원장. 1901년 7월 후베이성 황포(黃陂) 출생. 1924년 칭화대학 학사, 1929년 미네소타대학교 박사. 주요 분야는 농학.

왕쟈지(王家楫) 1976년 12월 19일 사망. 중국과학원 수생생물연구소 소장. 1898년 5월 쟝쑤성 펑셴(奉賢) 출생. 1920년 난징고등사범학교 졸업, 1924년 둥난(東南)대학 농학 학사, 1928년 펜실베니아대학교 박사. 주요 분야는 동물학. 주요 저작은 《윤충류학 연구》.

왕잉라이(王應睞) 2001년 5월 5일 사망. 중국과학원 상하이 생물화학연구소 연구원. 1907년 11월 푸젠성 진먼(金門) 출생. 1929년 난징 진링대학 화학과 학사, 1941년 캠브리지대학교 박사. 주요 분야는 생물화학.

웨이시(魏曦) 1989년 5월 20일 사망. 중국의학과학원 유행병학 및 미생물학 연구소 교수. 1903년 12월 후난성 웨양(岳陽) 출생. 1933년 상하이의학원 박사. 주요 분야는 의학.

우잉카이(吳英愷) 2003년 11월 13일 사망. 베이징 심폐혈관질병 연구소 연구원. 1910년 5월 랴오닝성 신민(新民) 출생. 1933년 랴오닝의학원 학사. 주요 분야는 의학.

우정이(吳征鎰) 중국과학원 식물연구소 연구원. 1916년 6월 쟝시성 쥬쟝(九江) 출생. 1937년 칭화대학 생물학과 학사. 주요 저작은 《중국 식물지》.

우셴원(伍獻文)　1985년 4월 3일 사망. 중국과학원 수생생물연구소 연구원. 1900년 3월 저장성 루이안(瑞安) 출생. 1927년 샤먼대학 학사, 1932년 빠리대학교 박사. 주요 분야는 동물학. 주요 저작은 《중국 잉어과 어류지》.

샤오룽유(肖龍友)　1960년 10월 20일 중앙문사관 관원. 1870년 2월 쓰촨성 싼타이(三台) 출생. 중의연구원 학술위원. 주요 분야는 의학.

양웨이이(楊惟義)　1972년 2월 21일 사망. 쟝시농학원 원장. 1897년 4월 쟝시성 상라오(上饒) 출생. 1921년 난징 고등사범학교 졸업. 주요 분야는 곤충학.

예쥐취안(叶桔泉)　1989년 7월 7일 사망. 쟝쑤 중의연구소 소장. 1896년 8월 저장성 우싱(吳興)시 출생. 1928년 상하이 소재 중의학교 재학. 주요 분야는 중의중약학.

인훙장(殷宏章)　1992년 11월 30일 사망. 중국과학원 상하이 식물생리연구소 연구원. 1908년 10월 산둥성 옌저우(兗州) 출생. 1929년 난카이대학 학사, 1938년 캘리포니아이공대학교 박사. 주요 분야는 식물생리학. 주요 저작은 《식물의 기체대사》.

위다푸(俞大紱)　1993년 5월 15일 사망. 베이징농업대학 교장. 1901년 4월 저장성 사오싱(紹興)시 출생. 1924년 난징 진링대학 학사, 미국 오하이오주립대학교 박사. 주요 분야는 식물병리학 및 미생물학. 주요 저작은 《누에콩 병해》.

장징웨(張景鉞)   1975년 4월 24일 사망. 베이징대학 교수. 1895년 10월 후베이성 광화(光化) 출생. 1920년 칭화대학 학사, 1926년 시카고대학교 박사. 주요 분야는 식물학. 주요 저작은 《식물계통학》.

장시쥔(張錫鈞)   1988년 3월 20일 사망. 중국의학과학원 기초의학연구소 교수. 1899년 6월 톈진시 출생. 1920년 칭화대학 학사, 미국 시카고대학교 의학박사 및 철학박사. 주요 분야는 생리학.

장샤오쳰(張孝騫)   1987년 8월 8일 사망. 중국의학과학원 부원장, 중국의과대학 부교장. 1897년 12월 후난성 창사시 출생. 1921년 후난샹야의학원 박사. 주요 분야는 의학. 주요 저작은 《병리변화 90조의 약간체득》.

장자오쳰(張肇騫)   1972년 1월 8일 사망. 중국과학원 화난(華南)식물연구소 대리소장. 1900년 12월 저장성 융자(永嘉) 출생. 1926년 둥난대학 생물학과 학사. 주요 분야는 식물학. 주요 저작은 《중국 식물지 : 국화과》.

자오훙장(趙洪璋)   1994년 2월 7일 사망. 시베이농학원 교수. 1918년 6월 허난성 치(淇)현 출생. 1940년 시베이농학원 농예학과 학사. 주요 분야는 육종학. 주요 저작은 《작물육종학》.

정완쥔(鄭万鈞)   1983년 7월 중국임업과학원 원장. 1904년 6월 쟝쑤성 쉬저우시 출생. 1923년 난징 쟝쑤 제1농교 임학과 학사, 1939년 프랑스 툴르즈대학교 박사. 주요 분야는 임학 및 수림학. 주요 저작은 《중국 식물지 제7권》.

중후이란(鐘惠瀾)   1987년 2월 6일 사망. 베이징 열대의학연구소 소장.

1901년 6월 광둥성 메이(梅)현 출생. 1929년 베이징 협화의학원 학사, 미국 뉴욕주립대학교 의학 박사. 주요 분야는 의학.

저우쩌자오(周澤昭)　1990년 4월 12일 사망. 충칭의학원 원장. 1901년 12월 쓰촨성 쟝진(江津) 출생. 1926년 중산대학 의학원 학사. 주요 분야는 외과학. 주요 저작은 《구호 수첩》.

주시(朱洗)　1962년 7월 24일 사망. 중국과학원 실험생물연구소 소장. 1900년 10월 저쟝성 린하이(臨海)시 출생. 1931년 프랑스 국가 박사. 주요 분야는 세포학.

주푸탕(諸福棠)　1994년 4월 23일 사망. 베이징 아동의원 교수. 1899년 11월 쟝쑤성 우시(无錫)시 출생. 1927년 베이징 협화의학원 학사, 미국 뉴욕주립대학교 박사. 주요 분야는 의학. 주요 저작은 《실용 소아과학》.

청위치(程裕淇)　2002년 1월 2일 사망. 지질부 부부장. 1912년 10월 저쟝성 쟈산(嘉善) 출생. 1933년 칭화대학 학사, 1938년 리버풀대학교 박사. 주요 분야는 지질학. 주요 저작은 《변질암의 기본문제들과 공작방법》.

구궁쉬(顧功叙)　1992년 4월 14일 사망. 지질부 지구물리탐사소 소장, 국가 지진국 지구물리연구소 소장. 1908년 6월 저쟝성 쟈산(嘉善) 출생. 1929년 상하이 다퉁(大同)대학 출생. 1936년 콜로라도대학교 지구물리탐사학 석사. 주요 분야는 지구물리학. 주요 저작은 《지구물리 탐사 기초》.

허쭤린(何作霖)　1967년 11월 17일 사망. 중국과학원 지질연구소 연구원. 1900년 5월 허베이성 리(蠡)현 출생. 1926년 베이징대학 지질학과 학사, 1939년 10월 오스트리아 소재 대학교 암석광물학과 박사. 주요 분야는 광물학. 주요 저작은 《광성(光性)광물학》.

허우더펑(侯德封) 1980년 2월 24일 사망. 중국과학원 지질연구소 소장. 1900년 4월 허베이성 가오양(高陽) 출생. 1923년 베이징대학 지질학과 학사. 주요 분야는 지질학 및 지구화학. 주요 저작은 《입자지구화학》.

황빙웨이(黃秉維) 2000년 12월 8일 사망. 중국과학원 지리연구소 소장. 1913년 2월 광둥성 후이양(惠陽)현 출생. 1934년 중산대학 지리학과 학사. 주요 분야는 지리학 및 종합자연지리학. 주요 저작은 《지리학 종합 연구 - 황빙웨이 문집》.

황지칭(黃汲淸) 1995년 3월 22일 사망. 지질부 조사위원회 상무위원, 중국지질과학원 부원장. 1904년 3월 쓰촨성 런서우(仁壽)현 출생. 1928년 베이징대학 지질학과 학사, 1935년 스웨덴 소재 대학교 이학 박사. 주요 분야는 구조지질학. 주요 저작은 《중국 남부 2첩기 지층》.

러썬쉰(樂森璕) 1989년 2월 12일 사망. 베이징대학 지질학과 교수. 1899년 9월 구이저우성 구이양(貴陽) 출생. 1924년 베이징대학 지질학과 학사, 1936년 독일 마부르크(Marburg)대학교 박사. 주요 분야는 지층학 및 고생물학. 주요 저작은 《산호석화》.

리쓰광(李四光) 1971년 4월 29일 사망. 중국과학기술협회 주석, 중국과학원 부원장, 지질부 부장. 1889년 10월 후베이성 황강(黃岡) 출생. 1919년 영국 버밍험대학교 석사, 1927년 동대학 박사, 1947년 노르웨이 오슬로대학교 박사. 주요 분야는 지질학. 주요 저작은 《천문, 지질, 고생물》.

멍셴민(孟憲民)   1969년 2월 18일 사망. 중국지질과학원 부원장. 1900년 2월 쟝쑤성 우진(武進) 출생. 1921년 칭화대학 학사, 1924년 콜로라도주립대학교 광업학 학사, 1927년 MIT 석사. 주요 분야는 지층학. 주요 저작은 《중국 동광의 분포 현황과 탐사 방향》.

페이원중(裴文中)   1982년 9월 18일 사망. 중국과학원 고척추동물 및 고인류연구소 연구원. 1904년 1월 허베이성 펑난(丰南) 출생. 1927년 베이징대학 지질학과 학사, 1937년 빠리대학교 박사. 주요 분야는 고생물학. 주요 저작은 《중국 원시인 사강》.

쓰싱졘(斯行健)   1964년 7월 19일 사망. 중국과학원 난징 지질고생물연구소 소장. 1901년 3월 저쟝성 주지(諸暨)시 출생. 1926년 베이징대학 지질학과 학사, 1931년 독일 베를린대학교 박사. 주요 분야는 고식물학. 주요 저작은 《중국 중생대 식물》.

쑨윈주(孫云鑄)   1979년 1월 6일 사망. 베이징대학 지질학과 교수. 1895년 10월 쟝쑤성 가오유(高郵)시 출생. 1920년 베이징대학 지질학과 학사, 1927년 독일 소재 대학교 지질학과 박사. 주요 분야는 고생물학. 주요 저작은 《중국 북부 캄브리아기 동물 석화》.

톈치쥐안(田奇雋)   1975년 9월 15일 사망. 지질부 지질광산공사 총엔지니어. 1899년 2월 후난성 장쟈졔 출생. 1923년 베이징대학 지질학과 학사. 주요 분야는 지질학. 주요 저작은 《중국의 데번기》.

투창왕(涂長望)   1962년 6월 9일 사망. 1906년 10월 후베이성 한커우시 출생. 1929년 상하이 후쟝(滬江)대학 물리학과 학사, 1932년 런던대학교 제국이공학원 기상학 석사. 주요 분야는 기상학. 주요 저작은 《대기환류와 세계기온》.

우헝(武衡) 1999년 1월 15일 사망. 국가과학기술위원회 부주임. 1914년 3월 쟝쑤성 쉬저우시 출생. 1934년 칭화대학 지질학과 학사. 주요 분야는 지질학.

샤졘바이(夏堅白) 1977년 10월 27일 사망. 우한 측량학원 원장. 1903년 11월 쟝쑤성 창수(常熟)시 출생. 1929년 칭화대학 학사, 1935년 영국 런던대학교 제국학원 대지측량공정사. 1939년 독일 베를린대학교 측량학원 박사. 주요 분야는 대지측량학 및 천문측량학.

셰쟈룽(謝家榮) 1966년 8월 14일 사망. 지질연구소 부소장. 1898년 9월 상하이 출생. 1920년 위스컨신대학교 석사. 주요 분야는 지질학. 주요 저작은 《석유》.

쉬졔(許杰) 1989년 7월 11일 사망. 지질부 부부장. 1901년 1월 안후이성 광더(广德) 출생. 1925년 베이징대학 지질학과 학사. 주요 분야는 지층고생물학 및 지질학. 주요 저작은 《장강하류의 필석화석》.

양중졘(楊鐘健) 1979년 1월 15일 사망. 중국과학원 고척추동물 및 고인류연구소 소장. 1897년 6월 산시(陝西)성 화(華)현 출생. 1923년 베이징대학 지질학과 학사, 1927년 독일 뮌헨대학교 박사. 주요 분야는 지질학 및 고생물학. 주요 저작은 《중국 북방 설치류 화석》.

인짠쉰(尹贊勛) 1984년 1월 27일 사망. 중국과학원 생물학부 부주임.

1902년 2월 허베이성 핑샹(平鄕) 출생. 1931년 프랑스 리옹대학교 박사. 주요 분야는 지층학 및 고생물학. 주요 저작은 《중국 지층 사전》.

위졘장(俞建章)　1980년 10월 3일 사망. 창춘지질학 부원장. 1898년 4월 안후이성 허(和)현 출생. 1924년 베이징대학 지질학과 학사, 1935년 영국 리버풀대학교 박사. 주요 분야는 지층고생물학. 주요 저작은 《중국 남부 펑닝(丰宁)계 산호》.

장원유(張文佑)　1985년 2월 11일 사망. 중국과학원 지질연구소 소장. 1909년 8월 허베이성 탕산시 출생. 1934년 베이징대학 지질학과 학사. 주요 분야는 지질학. 주요 저작은 《중국 대지구조 강요》.

자오쥬장(趙九章)　1968년 10월 26일 사망. 중국과학원 지구물리연구소 연구원, 중국과학원 위성설계원 원장. 1907년 10월 허난성 카이펑시 출생. 1933년 칭화대학 물리학과 학사, 1938년 독일 베를린대학교 박사. 주요 분야는 기상학 및 공간물리학.

주커전(쓰可楨)　1974년 2월 7일 사망. 저쟝대학 교장, 중국과학원 부원장. 1890년 3월 저쟝성 상위(上虞) 출생. 1918년 하버드대학교 박사. 주요 분야는 기상학 및 지리학. 주요 저작은 《둥난계절풍과 중국의 강수량》.

기술과학부 (40명)

차이팡인(蔡方蔭)　1963년 12월 13일 사망. 건축공정부 건축과학연구원 부원장. 1901년 4월 쟝시성 난창시 출생. 1925년 칭화대학 학사, 1928년 MIT 석사. 주요 분야는 토목건축구조. 주요 저작은 《일반구조학》.

청샤오강(程孝剛)　1977년 8월 1일 사망. 상하이 쟈오퉁(交通)대학 부교장. 1892년 6월 쟝시성 이황(宜黃)현 출생. 1913년 미국 포드대학교 학사, 동대학 석사. 주요 분야는 기계공학. 주요 저작은 《최근 10년간의 철로 기차의 발전》.

추잉황(褚應璜)　1985년 4월 21일 사망. 제1기계공업부 과학기술공사 연구원. 1908년 3월 저쟝성 쟈싱(嘉興)시 출생. 1931년 상하이 쟈오퉁(交通)대학 학사. 주요 분야는 전기제조.

허우더방(侯德榜)　1974년 8월 26일 사망. 화학공업부 부부장. 1890년 8월 푸졘성 민허우(閩侯)현 출생. 1916년 MIT 학사, 1919년 컬럼비아대학교 석사, 1921년 동대학 박사. 주요 분야는 화공학. 주요 저작은 《소다 제조》.

허우샹린(侯祥麟)　2008년 12월 8일 사망. 중국 석유천연가스 집단공사 교수. 1912년 4월 광둥성 산터우(汕頭)시 출생. 1935년 옌징대학 화학과 학사, 1948년 카네기이공대학교 박사. 주요 분야는 화학공정학. 주요 저작은 《중국혈암유 공업》

황원시(黃文熙)　2001년 1월 1일 사망. 칭화대학 교수. 1909년 1월 상하이 출생. 1929년 중앙대학 학사, 1935년 미시건대학교 석사, 1937년 동대학 박사. 주요 분야는 수공건축.

진수량(靳樹梁)　1964년 1월 1일 사망. 둥베이공업학원 원장. 1899년 1월 허베이성 쉬수이(徐水)현 출생. 1920년 베이양대학 학사. 주요 분야는 야금학. 주요 저작은 《현대 제철학》.

레이톈쟈오(雷天覺)　2005년 11월 4일 사망. 국가 기계공업국 기계과학연구원 총엔지니어. 1913년 1월 후난성 류양(瀏陽) 출생. 1935년 베이핑대학 공학원 학사. 주요 분야는 기계학.

리챵(李强)　1996년 9월 26일 사망. 대외무역경제합작부 교수. 1905년 9월 쟝쑤성 창수(常熟)시 출생. 1923년 상하이 화둥대학 토목과 학사. 주요 분야는 무선전학.

리쉰(李薰)　1983년 3월 20일 사망. 중국과학원 부원장. 1913년 11월 후난성 사오양(邵陽) 출생. 1936년 후난대학 학사, 1940년 영국 셰필드대학교 박사. 주요 분야는 물리야금학. 주요 저작은 《중국대백과전서 - 채광과 야금》.

리궈하오(李國豪)　2005년 2월 23일 사망. 퉁지(同濟)대학 교수. 1913년 4월 광둥성 메이(梅)현 출생. 1940년 독일 다름슈타트 공업대학교 박사. 주요 분야는 교량역학.

리원차이(李文采)　2000년 3월 1일 사망. 야금공업부 베이징 강철연구총원 고급엔지니어. 1906년 9월 후난성 융순(永順) 출생. 1931년 상하이 쟈오퉁(交通)대학 학사. 주요 분야는 강철야금학.

량쓰청(梁思成)　1972년 1월 9일 사망. 칭화대학 교수. 1901년 4월 광둥성 신후이(新會) 출생. 1923년 칭화대학 학사, 1927년 펜실베니아대학교 석사, 1947년 프린스턴대학교 박사. 주요 분야는 건축학. 주요 저작은 《건축창조의 몇가지 중요한 문제》.

[Appendix] 역대 중국과학원 원사명단(1955~2009) 303

류두이전(劉敦楨)   1968년 5월 1일 사망. 난징공학원 교수. 1897년 9월 19일 후난성 신닝(新宁) 출생. 1921년 일본 도쿄고등공업학교 건축학과 학사. 주요 분야는 현대건축학 및 건축사학. 주요 저작은《중국 주택 개요》.

류셴저우(劉仙洲)   1975년 10월 16일 사망. 칭화대학 부교장. 1890년 1월 허베이성 완(完)현 출생. 1918년 홍콩대학 기계공정학과 학사. 주요 분야는 기계공정학. 주요 저작은《영중 기계공정명사 대조》.

마다유(馬大猷)   중국과학원 연구생원 부원장. 1915년 3월 베이징 출생. 1936년 베이징대학 학사, 1939년 하버드대학교 석사, 1940년 동대학 박사. 주요 분야는 물리학.

마오이성(茅以升)   1989년 11월 12일 사망. 철도부 과학연구원 연구원. 1896년 1월 쟝쑤성 전장(鎭江) 출생. 1916년 탕산공업전문학교 졸업, 1917년 코넬대학교 석사, 1919년 카네기이공대학교 박사. 주요 분야는 교량공정학.

멍자오잉(孟昭英)   1995년 2월 25일 사망. 칭화대학 현대응용물리학과 교수. 1906년 12월 허베이성 러팅(樂亭) 출생. 1928년 옌징(燕京)대학 학사, 1936년 캘리포니아이공대학교 박사. 주요 분야는 전자학 및 물리학. 주요 저작은《음극 전자학》.

쳰링시(錢令希)   2009년 4월 20일 사망. 저쟝대학 교수. 1916년 7월 쟝쑤성 우시(无錫)시 출생. 1936년 상하이 국립 중법공학원 학사, 1938년 벨기에 브뤼셀자유대학교 최우등엔지니어 학위. 주요 분야는 공정역학. 주요 저작은《정형구조학》.

첸즈다오(錢志道)　1989년 9월 28일 사망. 중국과학기술대학 부교장. 1910년 12월 쟝수성 사오싱(紹興)시 출생. 1935년 저쟝대학 화학과 학사. 주요 분야는 화학.

사오샹화(邵象華)　2012년 3월 21일 사망. 우한대학 야금학 교수. 1913년 2월 저쟝성 항저우시 출생. 1932년 저쟝대학 화학공정학과 학사, 1937년 런던대학교 제국이공학원 야금학 석사. 주요 분야는 야금학. 주요 저작은 《사오샹화 원사 문집》.

스즈런(石志仁)　1972년 1월 1일 사망. 철도부 부부장. 1897년 3월 허베이성 러팅(樂亭) 출생. 1922년 홍콩대학 학사, 1924년 MIT 석사. 주요 분야는 철로기계.

쑨더허(孫德和)　1981년 7월 21일 사망. 야금공업부 강철설계연구원 교수. 1911년 8월 안후이성 퉁청(桐城) 출생. 1934년 칭화대학 학사, 1938년 독일 베를린 고등공업학원 공정사 학위, 1943년 독일 소재 대학교 박사. 주요 분야는 강철야금학.

타오헝셴(陶亨咸)　2003년 6월 27일 사망. 국가기계공업국 고급엔지니어. 1914년 8월 텐진시 출생. 1939년 상하이 퉁지(同濟)대학 공학원 학사. 주요 분야는 기계공정.

완후전(汪胡楨)　1989년 10월 13일 사망. 수리부 고문. 1897년 7월 저쟝성 쟈싱(嘉興)시 출생. 1917년 난징 허하이(河海)공정전문학교 졸업, 1923년 코넬대학교 석사. 주요 분야는 수리학. 주요 저작은 《지하 동실(洞室)의 구조계산》.

[Appendix] 역대 중국과학원 원사명단(1955~2009) 305

왕다헝(王大珩)　2011년 7월 21일 사망. 중국과협 부주석, 중국과학원 창춘분원 원장. 1915년 2월 일본 도쿄 출생. 1936년 칭화대학 물리학과 학사. 주요 분야는 응용광학. 주요 저작은 《컬러텔레비전의 색도학 문제》.

왕즈시(王之璽)　2001년 1월 20일 사망. 중국 금속학회 고급엔지니어. 1906년 12월 허베이성 싱탕(行唐) 출생. 1931년 톈진 베이양대학 학사. 주요 분야는 야금학.

우쉐란(吳學藺)　1985년 9월 7일 사망. 중국과학원 난징 천문부품창 총엔지니어. 1909년 6월 쟝쑤성 우진(武進) 출생. 1930년 상하이 다퉁(大同)대학 학사, 1934년 피츠버그 카네기대학교 석사. 주요 분야는 야금학 및 기계공정학.

옌카이(嚴愷)　2006년 사망. 허하이(河海)대학 교장. 1912년 8월 푸젠성 민허우(閩侯)현 출생. 1933년 쟈오퉁(交通)대학 탕산공학원 학사. 1933년 네덜란드 델프트과기대학교 토목공정사 학위. 주요 분야는 해안공정학. 주요 저작은 《20세기 중화과기 영재록》.

양팅바오(楊廷宝)　1982년 12월 23일 사망. 난징공학원 부교장. 1901년 10월 허난성 난양시 출생. 1921년 칭화대학 학사. 주요 분야는 건축학. 주요 저작은 《종합병원 건축설계》.

예주페이(叶渚沛)　1971년 1월 1일 사망. 중국과학원 화공야금연구소 소장. 1902년 1월 필리핀 마닐라 출생. 1925년 콜로라도대학교 채광야금학 학사, 1928년 시카고대학교 석사, 1933년 펜실베니아대학교 박사. 주요 분야는 야금학. 주요 저작은 《용광로제련과정의 기본문제》.

장웨이(張維)　2011년 10월 4일 사망. 칭화대학 교수. 1913년 베이징 출생. 1933년 탕산 쟈오퉁(交通)대학 학사, 1938년 영국 런던대학교 제국이공학원 석사, 1944년 독일 베를린고등공업학교 공정학 박사. 주요 분야는 고체역학. 주요 저작은 《역학 총서》.

장다위(張大煜)　1989년 2월 20일 사망. 중국과학원 다롄화학물리연구소 소장. 1906년 1월 쟝쑤성 쟝인(江陰) 출생. 1929년 칭화대학 화학과 학사, 1933년 독일 드레스덴대학교 박사. 주요 분야는 물리화학.

장더칭(張德慶)　1977년 10월 1일 사망. 제1기계공업부 자동차 트랙터 연구소 소장. 1900년 8월 상하이 출생. 1923년 상하이 쟈오퉁(交通)대학 학사, 1926년 포드대학교 석사. 주요 분야는 내연기공정.

장광더우(張光斗)　칭화대학 부교장. 1912년 5월 쟝쑤성 창수(常熟)시 출생. 1934년 쟈오퉁(交通)대학 토목공정학 학사, 1936년 캘리포니아대학교 토목공정학 석사, 1937년 하버드대학교 토목공정학 석사, 동대학 박사. 주요 분야는 수리수전공정. 주요 저작은 《수공건축물》.

장밍타오(章名濤)　1985년 1월 9일 사망. 칭화대학 전기공정학과 교수. 1907년 7월 저쟝성 인(鄞)현 출생. 1927년 영국 뉴캐슬대학교 학사, 1929년 맨체스터공업대학교 석사. 주요 분야는 전기공정학. 주요 저작은 《전기설계》.

자오페이커(趙飛克)　1976년 2월 4일 사망. 중국과학원 기술과학부 교수. 1909년 12월 후베이성 어청(鄂城) 출생. 1930년 우한대학 공학원 학사, 1935년 리버풀대학교 석사. 주요 분야는 구조역학. 주요 저작은 《교량설계응력분석의 신방법》.

저우런(周仁)　1973년 12월 3일 사망. 중국과학원 상하이 야금연구소 소장. 1892년 8월 쟝쑤성 쟝닝(江寧) 출생. 1910년 쟝난(江南)고등학교 졸업, 1915년 코넬대학교 석사. 주요 분야는 야금학. 주요 저작은 《최근 10년간의 중국과학 - 규산염》.

저우즈훙(周志宏)　사망. 상하이 쟈오퉁(交通)대학 교수. 1897년 12월 쟝쑤성 양저우시 출생. 1923년 베이양대학 학사, 1926년 미국 카네기이공대학교 석사, 하버드대학교 박사. 주요 분야는 금속재료.

주우화(朱物華)　1998년 3월 11일 사망. 상하이 쟈오퉁(交通)대학 교수. 1902년 1월 쟝쑤성 양저우시 출생. 1923년 상하이 쟈오퉁대학 학사, 1924년 MIT 석사, 1926년 하버드대학교 박사. 주요 분야는 무선전자학. 주요 저작은 《신호론》.

국민대학교 중국인문사회연구소 지식계보 시리즈 1

중국 과학 지식 엘리트
중국과학원 원사 (1955~2009)

초판 인쇄 2012년 5월 15일
초판 발행 2012년 5월 25일

공 저 자 | 유정원 · 김판수
펴 낸 이 | 하운근
펴 낸 곳 | 學古房

주   소 | 서울시 은평구 대조동 213-5 우편번호 122-843
전   화 | (02)353-9907 편집부(02)353-9908
팩   스 | (02)386-8308
전자우편 | hakgobang@chol.com
등록번호 | 제311-1994-000001호

ISBN   978-89-6071-258-4 94300
         978-89-6071-257-7 (세트)

값 : 18,000원

※ 파본은 교환해 드립니다.